湖北省社会公益出版专项资金资助项目

珠宝首饰镶嵌学

ZHUBAO SHOUSHI XIANGQIANXUE

刘道荣　从桂新　王玉民 编著

中国地质大学出版社有限责任公司
ZHONGGUO DIZHI DAXUE CHUBANSHE YOUXIAN ZEREN GONGSI

图书在版编目(CIP)数据

珠宝首饰镶嵌学/刘道荣，丛桂新，王玉民编著. — 武汉：中国地质大学出版社有限责任公司，2011.12(2015.1 重印)

ISBN 978-7-5625-2547-9

Ⅰ.①珠…

Ⅱ.①刘…②丛…③王…

Ⅲ.①宝石-制作②首饰-制作

Ⅳ.①TS934.3

中国版本图书馆 CIP 数据核字(2010)第 179755 号

珠宝首饰镶嵌学 刘道荣　丛桂新　王玉民　编著

责任编辑：张　琰　　策　划：叶友志　张　琰　　责任校对：张咏梅

出版发行：中国地质大学出版社有限责任公司(武汉市洪山区鲁磨路 388 号)　　邮政编码：430074

电　话：(027)67883511　　传真：67883580　　E-mail：cbb @ cug. edu. cn

经　销：全国新华书店　　http://www. cugp. cug. edu. cn

开本：787 毫米×1092 毫米 1/16　　字数：355 千字　印张：13.875

版次：2011 年 12 月第 1 版　　印次：2015 年 1 月第 2 次印刷

印刷：荆州鸿盛印务有限公司　　印数：3 001—4 500 册

ISBN 978-7-5625-2547-9　　定价：54.00 元

序

珠宝首饰是一种高尚的物质财富，也是一种充满神奇色彩的精神艺术。一件小小的珠宝可以“价值连城”，也可以是权威、地位、富贵、吉祥、幸福、美好的象征。因此，珠宝首饰是人类劳动创造的一种艺术形式、一种寄托精神的崇尚之物。

中国珠宝首饰渊源流长、历史悠久，最古老的传统工艺品可以考证到几十万年以前的北京周口店“山顶洞人”使用的串饰。随着人类文明的不断进步，我们的祖先和华夏子孙以其非凡的想象力和卓越的加工技能创造了独具特色的东方珠宝首饰文化艺术，为人类文明做出了巨大的贡献。

我国珠宝首饰有着极为鲜明的民族特色，传统的珠宝首饰制作以手工工艺为主。而现代首饰的制作技术，既继承了传统的工艺方法，也吸收了外来文化艺术中的精华，创造性地发展了品种、造型、工艺、技术，形成了各具民族和地方特色的五大艺术流派，即长城以北以端庄、粗犷为特点的“蒙镶”著称；北京以传统的花丝工艺著称；上海以新颖小巧、秀丽的实镶工艺闻名；四川的镀镶工艺历史悠久，以特有的“平填”技术而著称；而沿海地区的广东、福建等地则是我国“机镶首饰”的先驱，现已迅速发展到全国。

虽然我国珠宝首饰制作有着悠久的历史，但国内有关珠宝首饰镶嵌技术，尤其是机镶制作方面的工艺技术资料却很少见到。由国家珠宝玉石质检师刘道荣教授级高工等编著的《珠宝首饰镶嵌学》全面系统地介绍了珠宝首饰制作的基本方法，首饰机镶制作的流程、设备、制版、浇铸、执模、镶石和抛光技术以及用于珠宝首饰制作的贵金属材料的特性和主要宝石的特性与保养等内容，这对遍及全国的珠宝首饰镶嵌加工行业和初学者以及珠宝首饰制作师都是非常有益的学习和参考资料。相信该书的出版有助于继承和发展我国珠宝首饰业的精湛工艺，繁荣珠宝首饰业，美化人民生活，为“东方艺术明珠”更加璀灿增添新的光辉。

前言

柜台和橱窗里琳琅满目、精美珍贵的珠宝首饰让人爱不释手,许许多多漂亮的珠宝首饰制作工艺使人惊叹不已,真难以想象人用手能制作出如此精巧美妙的艺术品。多少世纪以来,珠宝首饰及装饰工艺品的制作仍然以原始传统的手工制作为主。尽管现代已有了机器生产加工珠宝首饰,但是,各种首饰的模版必须由手工制作。显然,无论多么先进的机器,制作珠宝首饰仍离不开手工。时至今日,贵重的珠宝首饰的镶嵌加工仍以手工制作为主。世界上成千上万的人们在各自的车间,采用与原始传统工艺近乎一致的镶嵌技术加工珠宝首饰。他们的加工工具十分简单,生产程序也不复杂。然而,他们需要非凡的想象力,卓越的设计能力和熟练的制作技术,才有可能制作出超凡脱俗、流芳百年的首饰艺术品。数百年来,珠宝镶嵌工艺越来越精,制作了许许多多十分精美、闻名全球的首饰艺术品,这些珍贵的首饰艺术品往往都珍藏在王室贵族之中。继承和发扬传统镶嵌技艺历程也造就了众多技艺高超的工艺大师。例如,18世纪中叶,俄国天才的宫廷珠宝饰品制作大师波吉耶曾制作了不少闻名于世的首饰精品,其中最著名的是他为叶卡捷琳娜二世加冕典礼制作的大皇冠,以其无比的华丽精美赢得世人称颂。

当然,现代的工业机械化给传统的珠宝首饰制作带来巨大影响,笨重而复杂的机器设备能生产出光亮耀眼、精巧细长的项链,能把贵金属拉制成丝,压制成片。大型的冲床能冲压出许多不同花样的镶嵌配件。精密的铸造技术能浇铸出成批的首饰托架,为批量生产镶嵌首饰提供了可能。密封电动抛光不仅使加工更加快捷,而且还使首饰更加光亮。这种设备既能防止污染,同时还可以回收贵金属。超声波清洗机的应用大大减轻了劳动强度,成批清洗抛光后的首饰变得容易了,一些手工清洗比较困难的首饰在超声波机里清洗易如反掌。复杂的电镀和溶蚀技术能在很短时间里给珠宝首饰穿上一层漂亮外衣。

我国传统的珠宝首饰镶嵌技艺源远流长,以技术精湛灵巧闻名于世。诸如三星堆、金沙等遗址出土的精美金器,汉唐的金银珠宝首饰,北京故宫博物馆收藏众多明清王室的皇冠、珠宝首饰和镶嵌工艺品，其加工技艺之精，造型之美可见一斑。近代华人在香港、新加坡、泰国等地区开创了许多黄金、珠宝镶嵌加工基地，华人珠宝工艺师们继承和发扬中华传统文化，他们制作的黄金珠宝镶嵌工艺品大多带有中国独有的风格，不仅华人和亚洲其他民众喜欢，欧洲、美洲民众也喜欢。华人工艺师还根据欧美习惯制作出许多具欧美风格的珠宝首饰出口，由于工艺精美、质量颇佳赢得欧美的许多市场。

如今，我国黄金珠宝首饰行业有了巨大的发展。全国黄金珠宝饰品年消费远远超过 2 000 亿元，黄铂金饰品消费名列世界第一，钻石、翡翠、和田玉等饰品销售也名列世界前列。

随着生活水平的提高，人们对珠宝首饰的需求也将进一步加强，对首饰品的镶嵌加工会提出更高的要求。由于个人的审美观点不同，甚至有的人追求的是自我表现，突出自我风格，而市场上又没有自己所设想款式的镶嵌饰品可买，这样有的人就想自己亲自动手设计制作，用自己的双手制作的珠宝戒指或项链送给爱人、恋人、亲人和朋友，这是件多么令人神往的事啊！但是，国内有关珠宝首饰镶嵌技术，尤其机镶操作方面的书籍却很少。编著者曾在天津石头城珠宝有限公司创建珠宝饰品镶嵌加工厂，并参与了该工厂的建立和管理，从事珠宝首饰行业 20 多年，对这一行业有所了解，为此，编著了本书。

本书第一章主要介绍珠宝首饰手工制作的基本技术，从工作室的布置，工具配备及使用方法，到首饰制作的基本要领；第二章主要介绍失蜡浇铸机镶的基本方法和全部程序；第三章主要介绍金饰品的加工技术；第四章主要介绍制作首饰的贵金属原料，诸如黄金、白银、铂金等的特性，并介绍了制作过程中如何回收金、铂等贵金属的碎屑和粉尘；第五章就一些宝石的主要物性特征作些简要介绍，以便镶嵌加工时操作顺利，尽量避免损伤贵重的珠宝。

本书由中钢集团天津地质研究院副院长、国家珠宝玉石质检师刘道荣教授级高工，天津市金源珠宝首饰商贸有限公司总经理丛桂新高工和天津市南山庄园（阳光珠宝）有限公司总经理王玉民高工共同编著，参加编写的还有原石头城公司首饰镶嵌厂厂长黄天华、王玉富及王晓华、何平、沈建都、祝永平等专业技术人员。原天津地质检测中心伍孝余教授级高工对本书第四章进行审阅和修改。本书编著过程中曾得到原天津石头城珠宝有限公司董事长侯宗林教授的精心指导，还得到中钢集团天津地质研究院院长敬成贵教授级高工和其他院领导的大力支持。天津珠宝街首饰镶嵌高级技师邓汉龙先生、贵金属饰品制作高级技师窦笑天先生给予了许多帮助。同时给予热心帮助的还有邹玉忠、彭红和天津广播电台区县联盟电台台长邢小军先生。皇宝珠宝有限公司董事长黄树根先生为本书出版给予了热情支持。编著者曾参观了深圳一些珠宝黄金饰品公司，如金叶、金龙、粤豪、意达隆、百泰、瑞麒等知名企业。对于他们的帮助，在此一并表示衷心的感谢。

编著此书时参考了大量有关书籍，包括 Mr. Mc Grath、黄振卿、李鸿年、卢宜源、李大德、冯韵明、周国平等的专著和文章，并引用了其中部分资料和图片。对此，编著者表示最诚挚的谢意。本书列举的首饰制作加工设备和工具主要来源于深圳市成记号贸易有限公司、香港万事达国际公司、香港利达时科技有限公司、上海胜林实业有限公司和美国 KERR 制造公司的设备目录。

本书介绍的内容仅是初步的，但愿能起到抛砖引玉的作用。首饰加工、镶嵌制作既简单又复杂，要想成为珠宝首饰制作工艺大师，则需要长期实践、探索才可能实现。书中介绍的各种首饰加工技术、各种数据及操作方法仅作参考，希望初学者在实践中不断进步。由于编者能力有限，书中不妥之处难免，敬请批评指正。

编著者

2011 年 8 月

目录

第一章　手工制作的基本技艺

任何形式的珠宝首饰镶嵌加工都离不开最基本的手工设计、制版、镶石、抛光等程序。目前，所有首饰镶嵌厂包括以机镶批量生产首饰都需要以手工制作为基础，而一些真正高档贵重珠宝的镶嵌必须由手工来完成，由此可见手工制作的重要性。

第一节　制作车间

家庭的珠宝首饰手工制作所需要的空间不大，有一间十几平方米的房间就足够了。但是，工作间应精心设计和安排，使其空气流通，光线充足，让工匠能在比较舒适的工作间里工作。设备的安装要留有活动自如的空间，并为今后增加设施留有余地。一般说来，制作车间应该注意以下几个方面的问题。

（1）尽量避免把工作台置于阳光直晒之下。因为强烈的阳光将严重地影响人的视力，在镶嵌加工，尤其在焊接时很难辨别加热工件的颜色变化，对焊接的火候不好掌握，容易在焊接时因加温不够造成虚焊或温度过高造成焊塌等问题。在强光下长时间的工作对眼睛也会有损伤。因此，在制作车间安置工作台时既要光线充足，又不能受阳光直晒。

（2）设置良好的通风口。镶嵌加工过程中，为了清洁工件表面或为了把工件焊接牢固，必须频繁地将加温后的工件置入酸、白矾等化学药品中。加热的工件进入酸液后，将产生有强烈气味并具有腐蚀性的气体，这种气体不仅会腐蚀金属工具、设备，而且对人的眼睛、皮肤都有所伤害。因此，设置良好的通风口，让空气流通显得尤为重要。最好能将通风管道的出口设在房顶，避免风将排出的废气又吹回房内。

（3）车间的多数机器设备需要电源才能开动，照明也需要电源。电源插头的安装要合理，尽量靠近需要电源的设备。功率大的设备要有专用的插座，不能与其他设备共用一个插座。由于电线容易被损坏，裸露电线非常危险，因此，电线最好是暗线，避免将电线跨过工作台或靠近有火、有酸的地方。

（4）工作台上应该安装一盏可调节高度和方位的照明灯，它不仅能从各个方面照明，而且还不影响镶嵌加工。工作台的照明灯最好是用电镀金属软管和搪瓷灯罩制成的，这样的灯不仅调节灵活，且具防腐性。通常都采用白炽灯照明，灯光不能太强或太弱，一般在60W左右为宜。

（5）珠宝首饰镶嵌加工的最后工序是抛光和清洗。抛光产生的灰尘很脏，机器噪声也较大。为了减少污染和噪音，最好的办法就是将抛光设备隔离开来，或者将抛光设备密封起来。不论用什么方法都应考虑到对抛光粉尘的回收。因为，抛光粉尘中含有从首饰上抛下来的金、银等贵金属粉末。回收这些贵金属粉末是降低损耗、减少成本必不可少的一道工序。

(6) 车间里应安装自来水及陶瓷或不锈钢水盆，并要连接下水道。在进入排水管道之前，应设有沉淀池，用以沉淀用过的石膏粉或其他粉尘。这样既可以减少污染，又能回收贵金属粉末。

(7) 工作间里取暖最好是水暖或电暖，不能用煤气取暖。因为，煤气泄漏容易引起火灾，还可能造成煤气中毒。

(8) 工作间里要有工具柜，不常用的工具应放在里面。车间里由于焊接和酸洗，常常弥漫有酸气，这会使金属工具生锈。另外，尽量将常用铁制工具远离有酸的地方放置。

总之，车间的设计要考虑全面，机器安装要合理，使人感到既舒服又安全。此外，应在车间明显的地方贴上注意事项，诸如，人走关灯、关水、关闭电源等。

第二节　基本工具及设备

镶嵌珠宝首饰的工具是比较特殊的，首饰加工越复杂、越精细，所需要的工具越多。镶嵌加工最基本的设备是工作台（图 1－1），用于加工首饰的工作台通常是用木料制成的，由于镶嵌加工时常常要在工作台上用力敲击金属工件，因此，工作台一定要坚固结实，不能晃动。工作台的高度大约在 90cm 左右，这样当工匠直立坐着时，恰好可以支撑手的肘部。工作台的设计多种多样，但是，常见的工作台都有几个抽屉，其中必须有收集加工工件时锯下或锉下的贵金属碎屑和粉末的大抽屉，还应有装工具的抽屉。工作台台面上要有支架，用于挂电动吊机。为防止镶嵌加工首饰时蹦掉宝石或工件，工作台台面的左右两面及后面都应有较高的挡板。工作台的台面要平整光滑，不能有缝隙，以避免加工时小石或金属碎屑掉进缝隙中不易寻找。此外，为了加工方便，在收集贵金属粉末抽屉边框的上方正中凿一长方形小孔，镶嵌加工时在此小孔插上长约 8cm，宽约 5cm 的木条（即台塞），用于工件加工的支撑。首饰制作重执模时，镶石可依靠在此木制台塞上。

图 1－1　首饰工作台

现在无论是家庭个人的首饰加工还是专业镶嵌加工厂的镶嵌加工都采用电动吊机，因为电动吊机对镶嵌中的执模、镶石都非常有用。电动吊机有一条长约 1m 的软轴，软轴是用金属蛇皮管套着的，这种软轴可大幅度地弯曲，镶嵌加工时能灵活自如地操作使用。一般电动吊机都有两个机头，一个用于执模，一个用于镶石。执模机头粗大些，可安装较粗的铣刀（也称罗嘴），镶石机头则细小些。两种机头可根据需要自由替换，机头与软轴联接十分方便，对准卡口插进即可。电动吊机（图 1－2）的转动可以用脚控制电源踏板自由变速，电源踏板内部的数个触点是由电阻丝联接的，踩动踏板就改变电阻，从而使吊机转速变化，这样可以满足不同的镶嵌加工需要。吊机的机头需配有成套的铣刀，即成套的罗嘴，不同的铣刀有各自的用途，可用于加工各种工件。镶嵌加工过程中常需要对工件进行打孔、铣孔、削割、打磨等工作，不同的工作用的铣刀是不一样的。铣刀有桃形、伞形、球形、吸珠等，铣刀的种类多种多样（图1-3），后面章节将详细介绍。

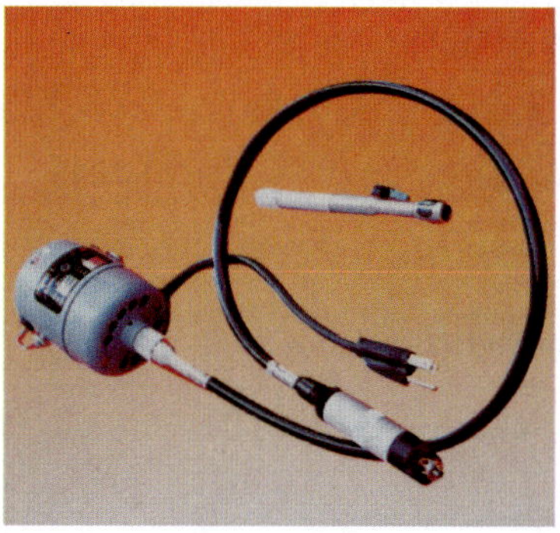

图1-2　吊机及机头

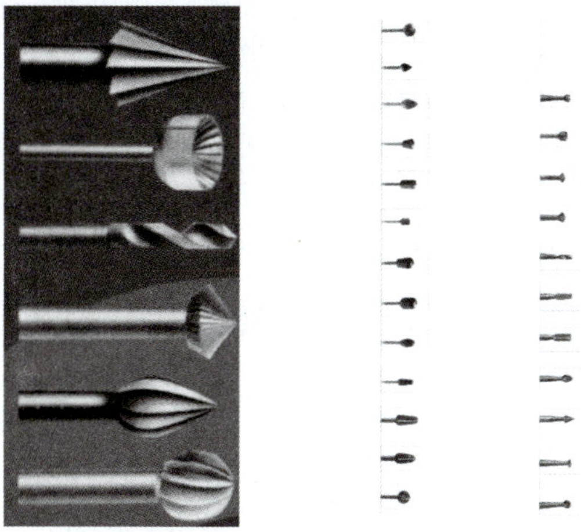

图1-3　各种铣刀（罗嘴）

一、基本工具

镶嵌加工最基本的工具是榔头（钢槌）、锉刀、手钳、弓锯和戒指铁等。

1. 榔头

镶嵌用的钢榔头多是一端为平头，另一端为球形。还有一种一端为平头，另一端为铲形或锥形的榔头。榔头的平面用来敲击工件的平面，以延展金属的平面或加工方形、菱形等工件；榔头的球形面用来加工圆形或球形工件；榔头的铲形头和锥形头用来敲击工件细小的地方，或将金属片直角弯曲。锻造和延展工件用的榔头要重些，镶石用的榔头要轻点。选择钢榔头要注意其质量，高质量的榔头不仅表面光洁，而且既坚硬又不性脆。榔头的表面光滑尤其重要，如榔头表面不光滑将直接影响加工工件的光滑程度，随着榔头的不断敲击，会在金属表面留下许多痕迹，这将给工件精加工带来困难。另外，性脆的榔头容易出现裂口，甚至崩裂，这对人容易造成伤害。除了钢榔头外，还有铜制、塑料制和木制的榔头，由于它们的硬度不一样，用途也有差别。铜榔头用于加工精细的首饰，操作时轻轻地敲打工件，而不会在工件上留下痕迹；木制榔头则主要用于延展金属片或加工大块的工件，无论怎么用力敲打工件也不会在其表面上留下痕迹（图1-4）。

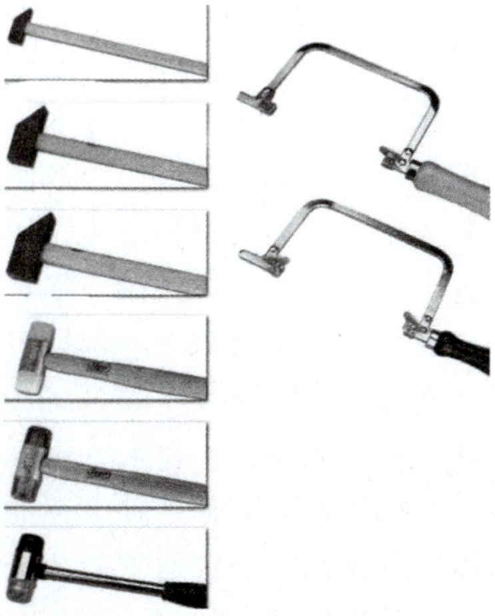

图1-4　各种榔头、弓锯

2. 锉刀

首饰镶嵌加工用的锉刀种类很多，规格大小不一的锉刀应有尽有。镶嵌加工粗执模用粗齿大锉刀，细加工则用细齿锉。锉刀又分平锉、半圆锉、椭圆锉、圆形锉、三角锉、方形锉等。粗加工多用大尺寸的平锉和半圆锉，细加工多采用什锦锉，一套形状不一的什锦锉大约有 8 支或 10 支。平锉主要用于锉工件的平面和外部直角；圆锉和半圆锉主要用于加工圆形工件的内圈或从金属板上掏圆、掏半圆等；三角锉和方形锉则多用于加工工件内角部位和从金属片上锉开三角形缺口等。此外，还有锥形、针形的圆锉、半圆锉、三角锉、方形锉等，这些锉刀多用于锉工件上细小而不易加工的地方或锉形状不一的小孔。另外，市场上还有许许多多形状特殊的小锉刀，根据加工需要可选择利用这些小锉。锉刀的质量也很重要，质量好的锉刀不仅加工快，而且使用的时间长，最主要的是质量好的锉刀加工工件既光洁，又能减少工件材料的损耗（图 1－5）。

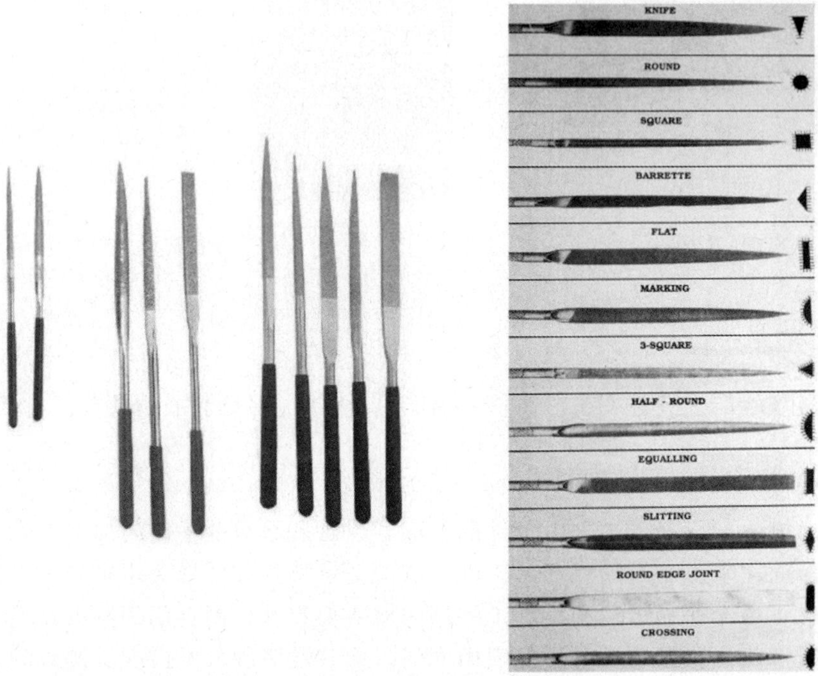

图 1－5　各种锉刀

3. 手钳

镶嵌加工用的手钳多种多样，各有各的用途。常用的钳子有尖嘴钳、圆嘴钳、弯嘴钳、扁嘴钳、平嘴钳、方口钳、双圆钳、侧口钳、圆槽钳、镶石钳、拉丝钳、水口剪钳、平头剪钳和手钳等。尖嘴钳和圆嘴钳主要用来弯曲金属线和金属片。平嘴钳和方口钳则多用来对工件弯直角等工序。圆槽钳能将金属片或金属线弯曲成固定的弧度，而在工件弯曲部位的外面不留痕迹。拉丝钳粗大的钢齿可紧紧夹住金属线的一头从拉丝板孔上通过。剪钳则主要用来剪断金属片或金属线。顾名思义，镶石钳就是用来镶石的。特殊手钳上有一固定螺丝，待加工的工件可以夹在手钳上，用螺丝将其固定，这样工件在加工时不易滑动，可以准确无误地照模板加工而不变形。除上述的手钳外，还有用来固定工件的台钳和木钳（也叫木夹）。首饰镶嵌加工用的台钳通常都比较小巧，但是，即使小巧的台钳也多固定在工作台上，这样才利于夹稳工件便于加工。镶嵌加工用的台钳应有球形接头，它可以变换不同的角度方便使用。台钳除配有钢夹具外，还要配有铜木夹具，铜木夹具对工件不会造成损伤。在台钳上加工的工件通常是不易用手拿的或体积较大的工件。台钳固定好加工工件后，操作者可利用双手工作。常用的木钳有两种，一种是像手钳一样夹口下用螺丝来固定工件的木钳；另一种是木钳下端加木楔子来夹紧工件的木钳。这种木钳主要用来夹住首饰金属托镶石，木钳不会在精加工的首饰表面留下任何痕迹（图 1－6）。

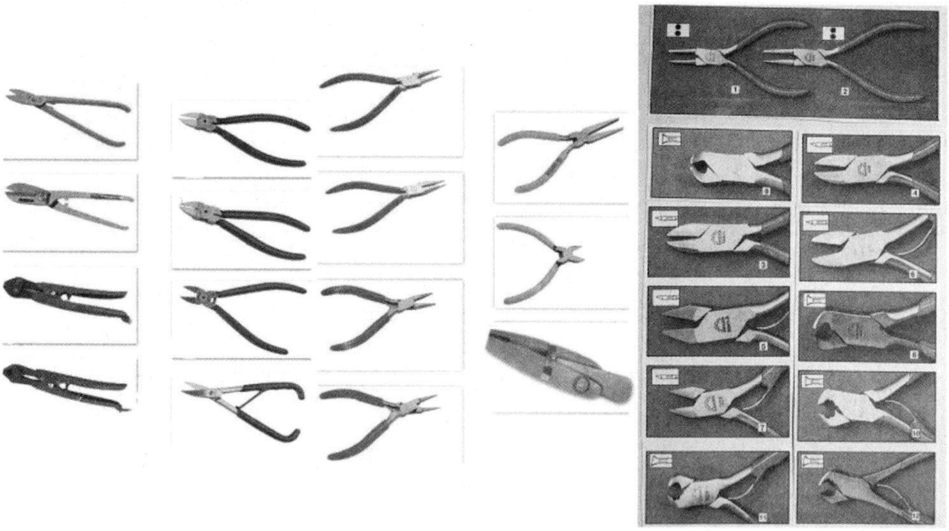

图 1－6　各种手钳

4．弓锯

镶嵌用的弓锯比较特殊，形状小巧，全长约 30cm，操作十分灵活。锯弓是用铁制作的，锯柄是木头的。锯弓两头有两个螺丝，用来固定锯条（也称卓条）。锯条有粗细之分，锯齿有大小差别。大小不一的锯条有不同的型号，如 3/0、2/0、1/0、……。相对粗大的锯条用于下料，主要锯直线或弯曲度大的工件。相对细小的锯条操作起来比较灵活，多用于“开窗”，即先在金属片钻一小孔，然后将锯条插进孔后再固定在锯弓上，按照预先画好的形状锯开，锯完后将锯条解下来。开任何式样的孔口最好要沿线边锯，给锯后精加工留有余地。细小的锯条还用于锯细小工件，在工件上锯花样等。市场上有各种规格的锯条出售，这些锯条往往是盒装的，每盒有 12 条（图 1－4，图 1－7）。

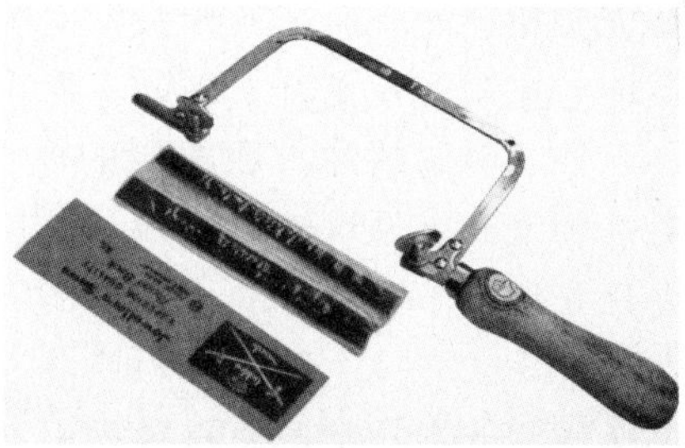

图 1－7　弓锯

5．戒指铁

戒指铁是镶嵌加工首饰必备的工具，尤其是镶嵌珠宝戒指的专用工具。戒指铁主要有两种，一种是用来测量戒指内圈大小的戒指尺，也称指棒，这种戒指尺多是用铜制的，戒指尺顶端较细，向底部逐渐增粗。戒指尺底部有木质手柄。通常戒指尺约 30cm 长，在戒指尺上刻有 33 个不同的刻度，从 1～33 号，1 号直径为 12mm，33 号的直径为 24mm。与戒指尺相配的戒指圈也是必不可少的工具，它主要用来测量手指的粗细。戒指圈也称指环，通常由 33 个大小不一的金属圈组成，根据手指粗细选择合适指环，这样就可以确定待加工戒指所需的圈号，镶嵌时按此号码加工就可以了。另一种戒指铁完全是铁制的，这种戒指铁也是一端细，而另一端粗。但是，这种戒指铁没有刻度，它只是用来支撑戒指圈，为圈口稍小的戒指扩圈和整圆，可将戒指托放在戒指铁上敲击。焊接戒指也离不开戒指铁（图 1－8）。

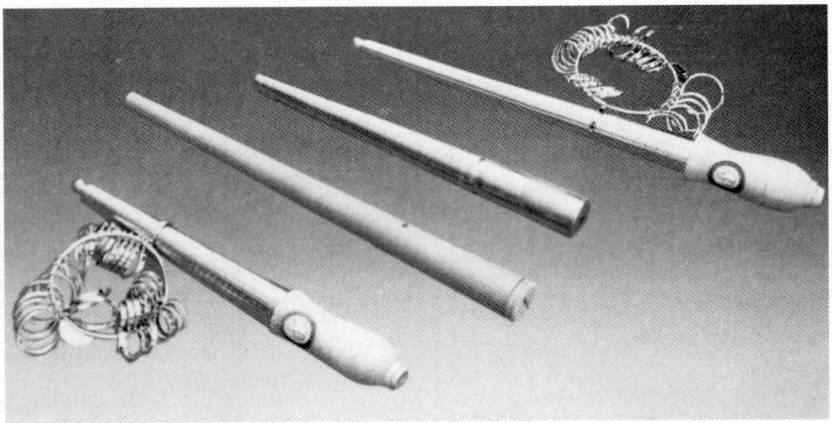

图 1－8　戒指铁和指圈

6. 铁砧和窝砧

铁砧是镶嵌加工不可缺少的一种工具，它主要用于支撑敲击金属工件。形似牛角的铁砧尖端的一头可支撑敲打弧形、圆形的工件。在铁砧的台面上可敲平金属片或砸薄金属片，能将金属条敲直或砸细，以满足首饰镶嵌加工的需要。还可将工件放在铁砧上进行剔花、刻花等加工。铁砧是敲打工件的垫板，因此需要钢质好的铁砧，既要坚硬不易被敲打变形，又不能因铁砧过于脆性而造成崩裂。铁砧的表面一定要保持平整、光洁和干燥，才方便使用，加工的工件才可能光洁、平整。此外，还有铁质窝砧或铜质窝砧，这种窝砧上有数个直径大小不一的半球状的凹坑，有的侧面还有半圆槽口。窝砧主要用来加工半球形或半圆形工件。应注意的是加工的工件的尺寸比窝砧上的凹坑略小。配套的窝砧和冲头市场都有售。在窝砧上加工还需要相应的一套球形冲头，大的冲头配大的凹坑，小的冲头则配小的凹坑。这些冲头有钢制的、铜制的，也有木制的，操作时可根据需要选用。一般说来，钢制的冲头加工材质较硬的工件，铜制的冲头和木制的冲头加工较软的工件。木制的冲头对工件加工后不留痕迹。另一种铁砧就是坑铁，这是一种长条形的，边部有大小不一的数个半圆槽口的铁砧。坑铁主要用来加工半圆工件的，作用与窝砧相近（图 1－9）。

7. 拉线板

制作珠宝首饰常常需要直径大小不一的金属线材。金属线可制花丝工艺品、编织花样、镶石的爪钉、耳钉针等。金属线材需依靠拉线板才能制成。拉线板是由钢制的。拉线板有 36 孔、24 孔等不同规格。拉线板孔口是用特殊的钢材制作的，无比坚硬，不易变形。拉线板的孔口大小不等，根据加工的需要，可选择合适的拉线孔拉丝。在拉线板上拉线，需先将金属块敲打成粗线条，并将其一端弄细变尖锐，恰好可插进拉线板最大的孔口为佳，这样将拉线板固定在台钳上或用手将它拿住，然后用拉线钳夹住穿过孔口的金属线头用力将其拉过，随后将线头插进下一个较小的孔口将其拉细，逐渐地从大到小穿过拉线板的孔口，直到

图1－9　窝铁、铁砧、冲头

获得合适的线材为止。其次，还有专用的拉丝机，将拉丝孔口模具固定在长凳的一头，另一头做一个手摇转盘，只要将金属线穿过孔口用转盘上的夹具夹住线头，摇动转盘就可将金属线拉过孔口了，这主要用来加工量大的线材（图1－10）。

8. 钢针、柄把和油石

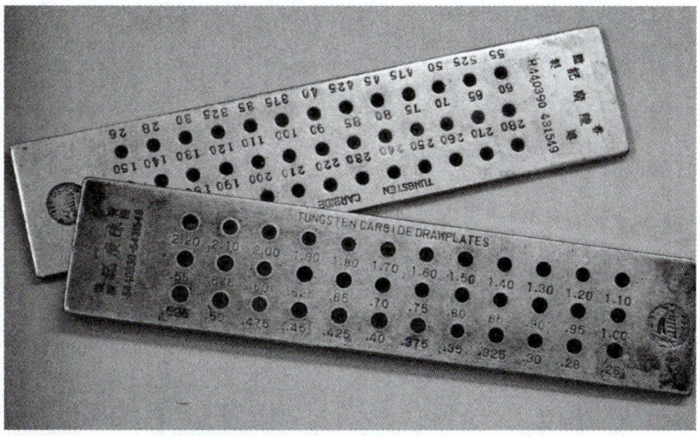

图1－10　拉线板

镶嵌时钢针的作用很大，它可在金属板上划线、画图形、刻花等。将钢针磨成平铲，可用来起钉镶石。市场上有成包的钢针出售，还有专门的镶石针，诸如尖锐形、平铲形钢针等出售。钢针需固定在柄把上才能使用。钢针配上柄把就是锥子，柄把又称为索嘴。木制柄把有的形如蒜头，有的又似葫芦。这些柄把都有卡口，可以夹紧钢针。除木制柄把外，还有铁制柄把，这种柄把直径约1cm粗细，柄身布满防滑纹。柄把的两端是开口的锥形螺母。螺母内的柄端上有锥形的四瓣夹口，把钢针放在四瓣夹口内，拧紧螺母就可以夹紧钢针了。铁制柄把两端可一端夹尖锐形钢针，另一端装铲形钢针，这样使用起来就方便多了。钢针是常使用的工具，应保持其锐利。钢针用钝后，可以将其重新磨锋利。钢针材质比较坚硬，磨钢针需要特别的磨石，这种磨石在磨钢针时需用油作磨滑剂，这样钢针的碎屑才不会损伤磨石，由此磨石又称油石。

油石要始终保持石面平滑，油石的外部都有木盒保护，不用时要盖上盒盖，一是防止灰尘污染油石，二是可保持油长期不干（图 1－11）。

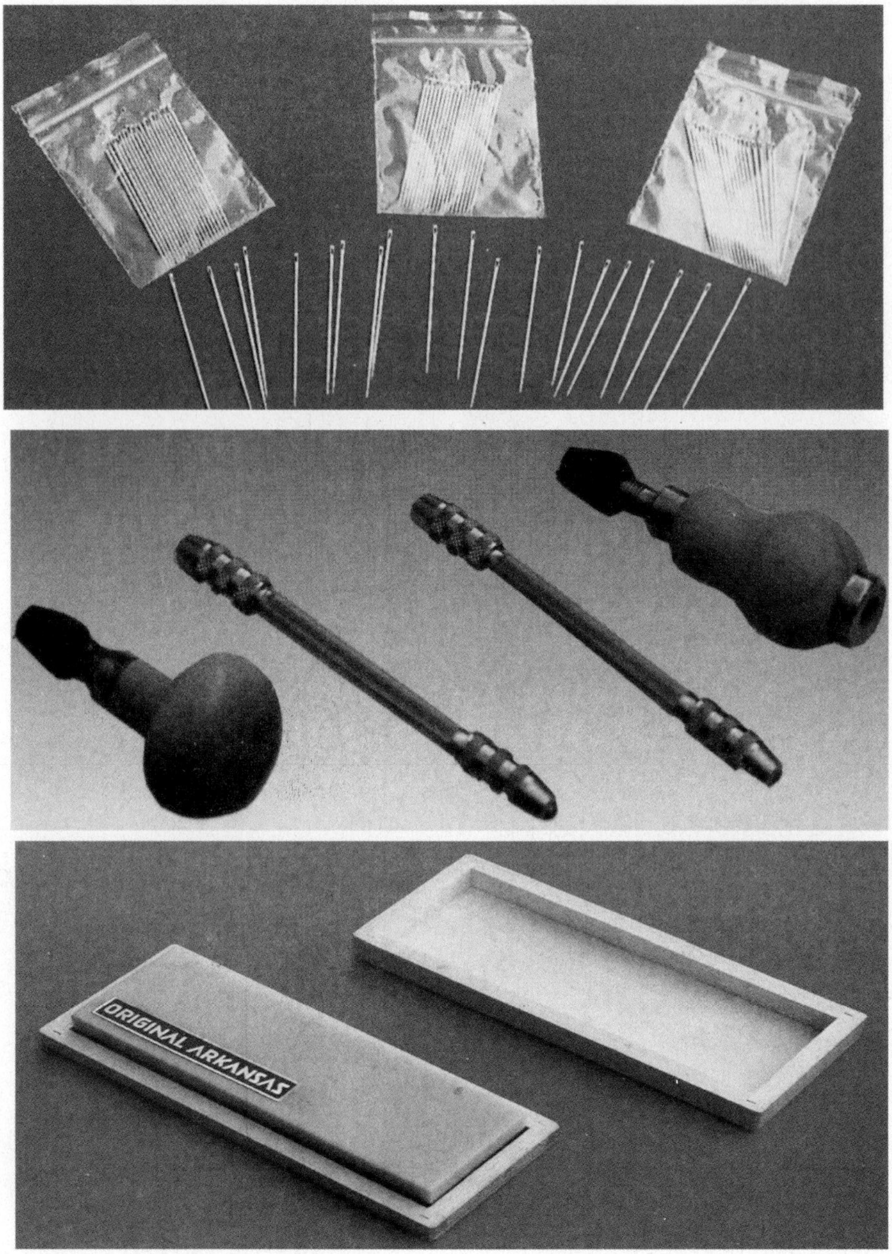

钢针

柄把

油石

图 1－11　钢针、柄把、油石

9. 镊子

镊子是镶嵌加工必备的工具。镊子的主要用途是夹镶嵌加工的工件和宝石戒面。有时工件需用镊子夹住焊接、退火和酸洗，工件焊接时需用细长的镊子向焊缝夹放细小的焊片。在金托上镶嵌宝石，尤其是镶嵌较小的宝石，需要用镊子夹在镶口上。显然，镶嵌加工中镊子主要分镶石夹和焊接夹两类。不同用途的镊子其大小形状也不尽相同。夹细小焊片的镊子，镊口要细长；夹较大工件的镊子，镊口要扁平粗大些。夹宝石戒面的镊子，镊口细长，并往往有槽口，这样夹住宝石不易滑落。熔化金属块和酸洗工件的镊子需要专用，应又大又长。夹住工件退火、熔化、酸洗的镊子因受火和酸的影响，往往容易变形和生锈。镊子用后要擦洗干净，应始终保持干燥。夹细小工件的镊子，尤其是镶石的镊子不能挪作他用以免变形，一定要保护其夹口咬合紧密（图 1－12）。

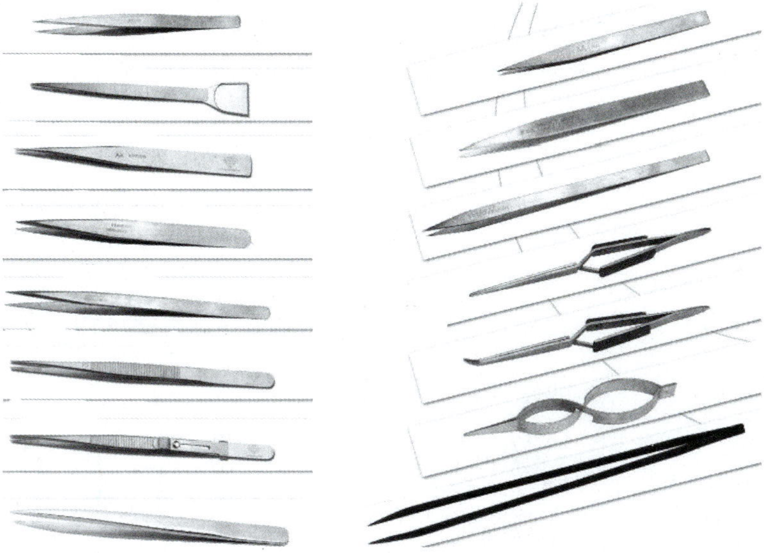

图 1－12　各种镊子

10. 风球、油壶和焊枪

风球、油壶和焊枪是首饰镶嵌加工必不可少的工具。风球、油壶和焊枪是用胶皮管联接为一体的。风球是由两块相连的似乒乓球拍的木板构成，其中上面的一块掏了一个大口，在大口上套了一块橡胶皮，胶皮上又套有线网，以防胶皮被鼓破。用脚踏木板使风球的胶皮鼓起，这样风球的气体就被挤进油壶，然后油壶的油汽化后就从焊枪口喷出，点上火就可以焊接加工了。焊枪多用于焊接、熔化和退火等工序。焊接需焊枪的火苗细长，而熔化、退火却需大火。显然，两种用途的焊枪是不相同的（图 1－13）。

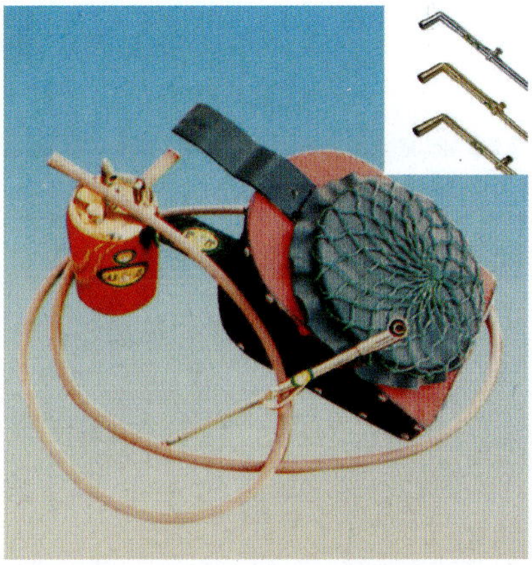

图 1－13　风球（皮老虎）、油壶、焊枪

11. 玛瑙笔

玛瑙笔的玛瑙刀有剑形和刀形等，玛瑙刀安装在木柄上才能使用。玛瑙笔主要用途就是压光纯金饰品。金饰品加工后有的地方不是很平滑，这时候就可以用玛瑙笔蘸上些水，用力在金饰品不光滑处挤压至光滑为止（图 1－14）。

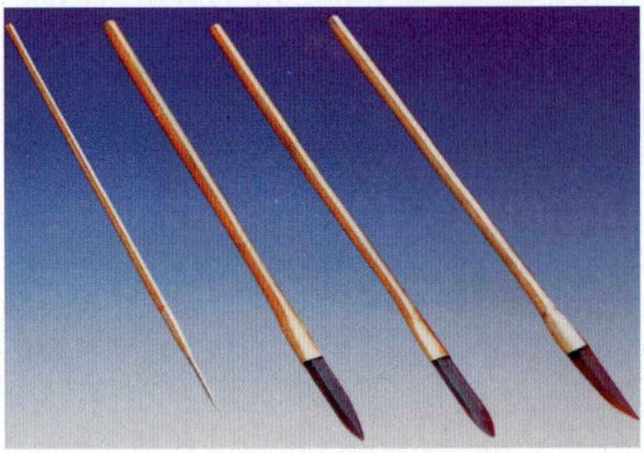

图 1－14　玛瑙笔

12. 毛刷

首饰镶嵌加工中毛刷的主要用途是清洁金属工件。首饰镶嵌加工的毛刷又分硬毛刷、黑毛刷、白毛刷和铜丝刷等。

13. 火漆碗

火漆可以直接在市场上购买，买回火漆后熔化在圆碗中就可以使用了。火漆碗可以用半球形的塑料壳制作。将盛有火漆的半球形塑料壳摆放在圆形金属环上，即可在任意角度上平稳转动，先用火将火漆烤软，将待镶石的金属托插入火漆中，火漆冷却后固定了待加工的金属托，就可利用双手镶石了。这种工具对小的饰品，如耳针、胸坠的镶石尤其有用。火漆碗一次可摆放几个或十几个小饰品加工。另外，以火漆碗为依托还可作雕花、镂花等工序。火漆还可以凝固在手柄上，将工件固定在手柄火漆上也方便加工。此外，橡皮泥又称胶泥，也有相似的作用。戒指铁套上戒托后，将其包进橡皮泥里，露出镶口就可镶石了（图 1－15）。

图 1－15　火漆及火漆碗

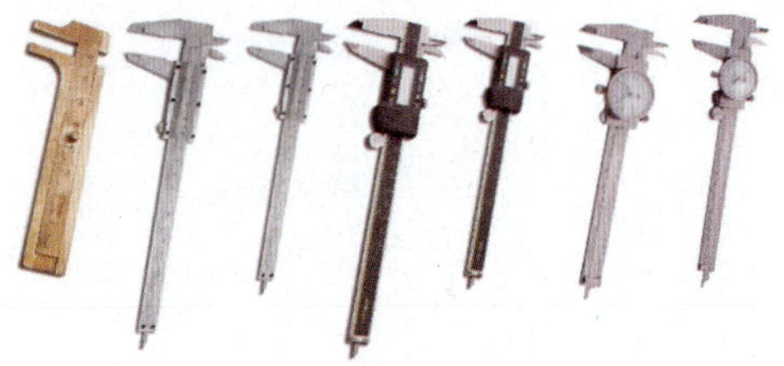

图 1－16　卡尺

14. 卡尺

卡尺有比较精确的游标卡尺，也有一般的铜卡尺。卡尺主要用来测量工件，尤其是圆形工件的内外直径，测好直径后可把卡尺口固定住，以便重复加工时使用而不必重新校正。铜卡尺可测量宝石戒面的大小（图 1－16）。

15. 字印

珠宝首饰做好后，往往需要在金属托上打上表明其成分、含量或生产厂家的不同字印。如，Au990 表明为足黄金，Au750 则为 18K 黄金，表明含金量为 75％。Pt900，表示是含 90％的铂金（图 1－17）。

16. 绘图工具

首饰镶嵌加工需要一套设计首饰款式的绘图工具，包括铅笔、绘图衬垫、橡皮和图纸等，还有分线规、圆规、钢尺、各种形状的样板和千分尺等。

图 1－17　字印

17. 酸洗碗、白矾碗

人们常说“真金不怕火炼”，首饰用的纯金不怕火烧，无论怎么烧颜色也不会变化。然而18K金、14K金和银等首饰原料火烧后就会变黑，这就需要酸洗后才能恢复其原色。一般的酸洗液是由水和硫酸混合而成，混合比例是10∶1，即10份的水，1份的纯硫酸。但是，配液时尤其要注意的是只能将酸液慢慢倒进水中均匀搅拌后才能使用，绝对不能向硫酸中倒水，否则将引起硫酸外溅，造成灼伤。酸洗液也可以由水和盐酸混合而成，混合比例是10∶3，即10份的水，3份的浓盐酸。酸洗碗通常是瓷碗或搪瓷碗，不用时要盖上盖。白矾溶解于水后也可清洗工件，将烧黑的工件放于白矾水碗中加温就可清洗干净工件。白矾水碗最好是不锈钢的。白矾水碗要用铁丝支架架起来，便于用焊枪加温。

18. 砂纸

首饰镶嵌加工中离不开打磨用的砂纸。砂纸除有纸作垫料外，还有布作垫料。布质的砂纸多为黑色，纸质的砂纸有黄色、黑色、深绿色。砂纸上的砂粒种类也有差别，有石英砂、金刚砂、石榴石砂等。砂纸的粒度划分很细，首饰镶嵌用的砂纸多是细粒的深绿色、黑色纸质砂纸，规格有p320、p400、p1200、……。首饰镶嵌加工执模时，将细砂纸裁成约3～5cm宽的砂纸条，转动吊机后将砂纸条裹在吊机头的钢针上，这样就可打磨工件了。

19. 坩埚、油槽

首饰镶嵌加工过程中剪、锉和打磨下来的贵金属碎片、粉末回收后，需将其熔成金属块，这就需要放在坩埚中熔化。熔金坩埚多是粘土烧成的，一是黏土坩埚耐高温，二是不粘坩埚。一般的熔金就是将金属碎片放在坩埚中，用焊枪的大火对着烧，同时加些硼砂，很快就熔化了，一定要待金属碎片完全熔化后，再将熔化的贵金属倒进涂油的钢模（油槽）中，冷却后的金属或是条形，或是块状，这样重熔后的贵金属就可利用了（图1-18）。

坩埚

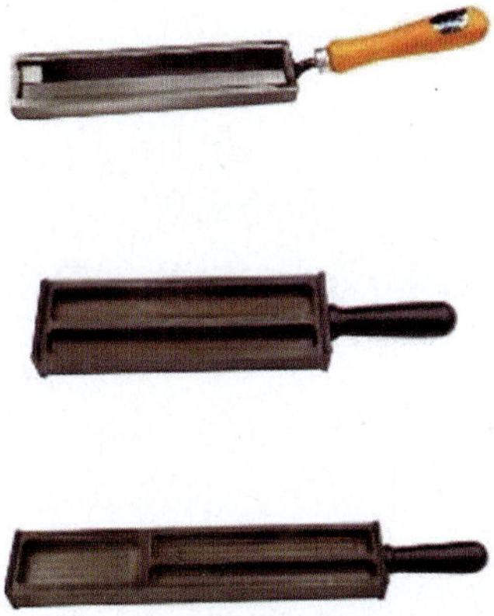
油槽

图1-18　坩埚、油槽

以上是家庭首饰镶嵌加工工作室中常用的普通工具。但是，随着社会的进步，机械化、电气化逐渐普及，许多精密机器、大型而复杂的设备进入了首饰行业，为成批的加工生产首饰，尤其是精美而复杂的项链、装饰品提供了可能。家庭手工镶嵌也引进了一些常用的机器设备，这样既大大地提高了加工精度，又提高了工作效率。

二、常用设备

下面介绍几种常见的首饰镶嵌加工设备。

1. 滚筒式抛光机

滚筒式抛光机由转动机座和透明有机玻璃滚筒组成。转动机座里有电机作动力，电机带动从动轴，从动轴又带动有机玻璃滚筒转动。滚筒内装有1/3的不锈钢抛光颗粒，这些不锈钢抛光颗粒有球形、钉形、棱锥形、柱形等，加上清洁剂或洁洁灵和半滚筒清水就可抛光了。滚筒的两端是圆形的有机玻璃板，它们的边缘套有胶皮。滚筒就是靠滚筒机座两端有机玻璃板边缘的胶皮与机座的从动轴相接触而转动的。滚筒可以随意从机座上拿下来或放上去。滚筒一端的圆形板上有一圆口，这个圆口有一密封盖，盖上盖转动滚筒不会漏水，抛光首饰时可从圆口放进或拿出待抛光的工件。滚筒式抛光机可以双向转动，并可持续转动十几至二十个小时。它适合千足金、18K黄金或白银项链以及戒指的抛光，并且可批量抛光首饰。但是，不能将镶有宝石的首饰放进滚筒式抛光机中抛光，否则将损坏宝石戒面。此外还有布轮抛光机，它大量用于已镶嵌有宝石的首饰抛光，对于布轮抛光机的运用将在下面机镶程序章节中详细介绍（图1-19）。

图1-19　滚筒式抛光机及抛光珠

2. 压片机

压片机有手动和电动的两种，但它们工作原理都相同。手动压片机有一摇把，摇把的齿轮与压片机上对辊的齿轮相连，操作者摇动手把转动对辊就可轧压金属片了。两个圆辊的相对距离通过两侧的调节螺丝来调节，调节螺丝又被压片机上的齿轮盘所控制，转动齿轮盘就可调节对辊的压缝。有的压片机的对辊边部还有压线材的槽口。当需要轧压金属片或线材时，先将待加工的金属块砸成条形或板状，把压片机对辊的压缝调合适后，转动机器将金属板插入压缝中并穿过对辊，接着进一步调紧压缝，再次将金属板压薄，这样反复多次，直到压到所需厚度为止。但是，调节压缝一次不要调得太紧，否则可能对机器造成损坏。尤其要注意的是电动压片机对辊转动较快，用手拿着金属件向压片机插入时，放手要尽量快些，以免对辊把手挤伤。压片机的对辊要保护好，只能压白银、黄金等较软的金属，对辊上出现压痕和小坑将严重影响压片的质量。压片机对辊的维修比较困难，只有专业人员才能修理（图 1-20）。

图 1-20　电动、手动压片机

3. 超声波清洗机

超声波清洗机主要应用于首饰、钟表、精密零件的清洗。它的主要优点是采用超声波振荡清洗抛光后的首饰、加工后的精密零件，不会对首饰或零件造成损伤。超声波清洗机内壁是不锈钢制成的，不锈钢筒里需装上诸如氨基清洁剂等清洗液（又称除蜡水）。较大的超声波清洗机还带有加温，温度可以调节，通常把温度调在五六十度。抛光后的首饰有许多残留下来的抛光蜡必须清洗干净，这时带加温的超声波清洗机十分有用。要清洗工件时需先把清洗机的电源打开预热，然后将首饰放在金属丝网里，将其悬挂在不锈钢筒内的清洗液中，打开振动开关就可以清洗了，一般清洗几分钟至十几分钟，要看清洗首饰的多少来定。清洗完了的首饰要用清水冲洗干净，然后用吹风机将其烘干，操作时最好戴上手套，以免在光洁的首饰上留下手印。需要注意的是，镶有宝石戒面的首饰不能在强力超声波清洗机里清洗太久，以免造成戒面的损坏，尤其要注意有裂的宝石戒面。有的宝石戒面不能放进清洗机振动清洗，如较大而有裂的祖母绿、碧玺和一些处理过的翡翠等。易碎的宝石在超声波清洗机里很容易损坏，处理过的宝石又容易在清洗过程中掉颜色。镶有这类宝石戒面的首饰最好用刷子轻轻清洗（图 1 - 21）。

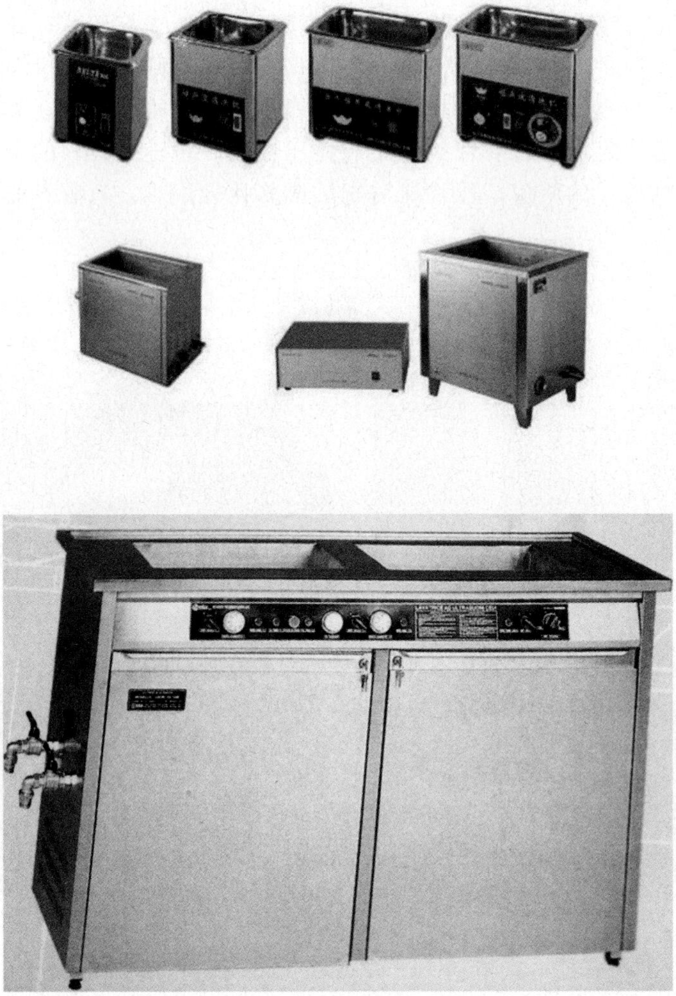

图 1 - 21　超声波清洗机

4. 天平

珠宝镶嵌首饰多用贵金属制作，需多少白银、黄金才能做好设计的饰品或操作中又损耗了多少，这都需用天平称出质量才能计算出来。天平有电子的，也有机械的，它们的精度有 1/10 000 的、1/1 000 的，也有 1/100 的。还有专门称宝石、钻石戒面的克拉秤等。镶嵌工厂需要精度高，称重大的各类天平，而家庭首饰镶嵌工作室有一台机械天平就可以了（图 1 - 22）。

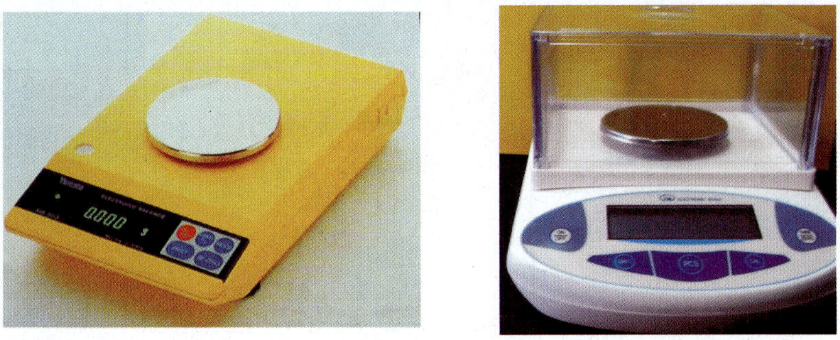

图 1－22　天平

5. 熔焊机

过去首饰手工制作时的焊接、熔金等工序离不开“皮老虎”等工具。现在首饰焊接则多采用机器来完成，可以不用脚踩“皮老虎”，即可手拿喷枪进行焊接、熔金了。目前流行一种多功能汽油熔焊机，它采用金属外壳，表面有电子开关、电位器、指示灯等部件，携带方便，美观耐用，不需乙炔和氧气，使用安全可靠。火焰温度可调到 1 400℃以上，并且有的设计了 6 个档位，有的设计 4 个档位，可以适合不同加工操作的需要。这种机器功能广、效率高、成本低，广泛应用于金银首饰行业，还运用于各种五金制品及塑料制品的焊接加工加热等，以及玻璃、石英、电子产品、石材的热熔加工及火焰处理等方面（图 1－23）。

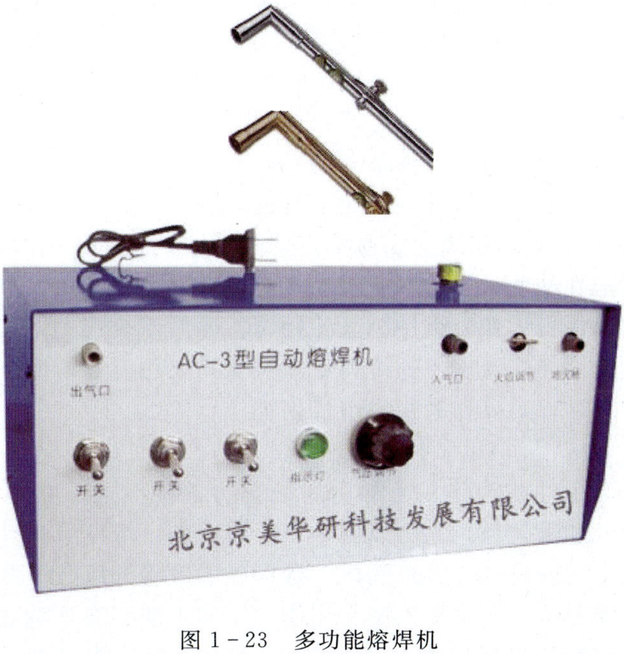

图 1－23　多功能熔焊机

各种常用首饰制作工具汇集见图 1－24。

家庭镶嵌加工车间有上述的首饰镶嵌加工工具，对于一般的首饰镶嵌加工来说基本够用了。当首饰制作需要特殊工具时可以重新添置。

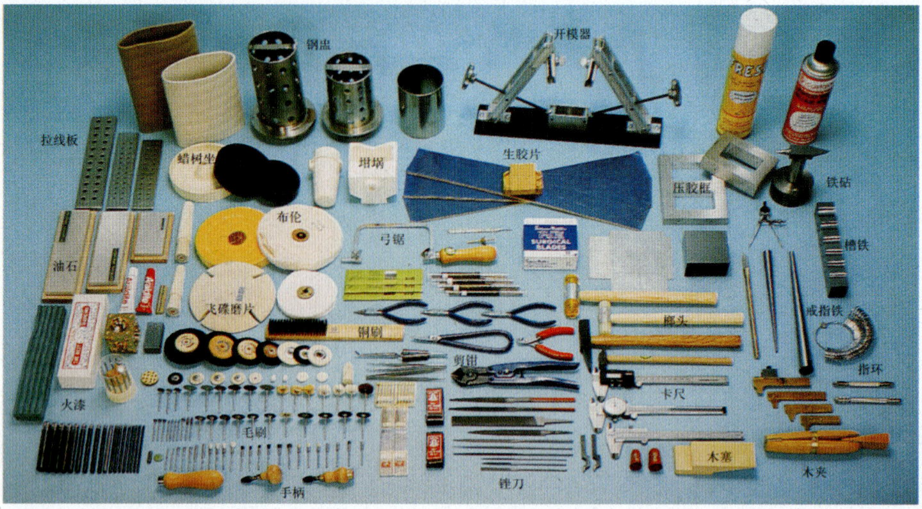

图 1－24　首饰加工工具

三、常用化学品

下面简单介绍一下珠宝首饰镶嵌加工过程中常用的化学品。

1. *硼砂*

硼砂是一种白色的结晶粉末状物质，极易溶于水，带有甜、涩味。硼砂主要是制造光学玻璃、珐琅和瓷釉的原料，也用于炼钢等冶金工业。硼砂在镶嵌加工中多用于熔金和焊接，主要起助熔剂作用。

2. *硝酸*

硝酸（俗称硝镪水）是一种无色液体，但一般都带微黄色，有强烈的刺激性气味。硝酸是三大强酸之一，具有强烈的腐蚀性，多用于制造火药、氮肥、染料等。同时，硝酸也是腐蚀剂，在镶嵌加工中用于除锈和酸洗，通常是水和硝酸之比为 3∶1 相混合成专用的酸液。当腐蚀时，将工件浸泡在酸洗液中，顺着摇动多次，以保证腐蚀均匀。眼睛要仔细观看加工工件的变化，防止它腐蚀得太快。利用硝酸除锈时，要用不锈钢丝将工件悬挂在硝酸中几秒钟。清除工件上的酸液，要在流水下冲洗，清除氧化物要用浮石粉擦洗。使用硝酸尤其要注意安全，硝酸溅出很危险，对操作者极易造成伤害。

3. *硫酸*

无水硫酸是一种无色油状液体。通常用的是它的各种不同浓度的水溶液。硫酸也是强酸，具有很强的腐蚀性和氧化性，它可以同许多金属反应。浓硫酸具有强烈的吸水性。前面已提到，硫酸同水混合时，将放出大量的热，稀释硫酸应将浓硫酸慢慢加入水中，同时加以搅拌，切勿将水倒入硫酸中。首饰加工中常用 10∶1 的水酸溶液来酸洗工件，清洗加热后的工件上的氧化物、燃烧后的焊剂和油膏。硫酸有强烈的气味，尤其把加热后的工件马上浸泡在酸液中，会挥发刺鼻的气体，这些酸气会腐蚀工具。应把工具放在距酸杯较远的地方，并给盛酸液的杯子加上盖子，不用时要及时盖上酸杯。

4. *丙酮*

丙酮是一种极易挥发、极易燃烧的无色液体，对于清除油渍和脏污效果非常好。但要注意它将分解许多胶合剂，因此使用时要小心，务必将它储藏在密封的容器中，并且只能在空气流通的房间里使用。

5. 浮石粉

首饰镶嵌加工中对工件焊接或酸洗后，应迅速用浮石粉和水刷洗工件，这样可清洗掉工件上的残留物。但要注意浮石粉对工件有磨损，不能用它磨洗抛光后的工件。当然，工件表面要求粗糙也可用浮石粉加工。

6. 苏打

苏打（碳酸钠）多为白色晶粒状。将一小勺子苏打晶粒溶于 0.5L 水中，把加工的工件放入溶液中加温煮沸可清洗工件酸洗后残留的任何酸。清洗干净残酸便于加工焊接。

7. 氰化物

氰化物主要有氰化钾和氰化钠，白色晶体，易溶于水，是一种剧毒物质。将 18K 黄金首饰毛坯放入约 100∶1 比例的水和氰化物液体中清洗，这样首饰毛坯显得十分光亮，一些不易抛光的地方也能露出黄金本色，这就是俗称的“炸金”。“炸金”时需先把水烧开，然后按比例加入氰化物块溶解均匀后，将首饰毛坯放进混合液体中，马上加入适量（极少量）的双氧水（加快化学反应速度）均匀晃动，几秒钟后倒掉废液，这样反复 2～3 次即可使坯件光洁明亮，取出用清水冲洗干净就行了。“炸金”后首饰抛光比较容易，并且抛出的首饰特别光亮。氰化物是剧毒的物质，操作时需特别注意，绝对不能将废液倒入下水道，这样不仅影响环境造成污染，还可能危及他人生命。“炸金水”处理后可以回收黄金。家庭首饰制作加工不能进行“炸金”，因为国家禁止私人拥有和保管剧毒物品。私人储存条件不好，一旦流失非常危险。

镶嵌加工中使用的化学品较多，这里仅介绍常用的、必需的化学品。镶嵌加工过程中需要什么化学品可以购买，并可不断地增加。最好在操作间里有专门的储藏柜，既要通风好又要防止阳光照射，不用化学品时最好将它们放进储藏柜中，应该加上锁，要注意安全。

第三节　手工制作的基本技术

任何复杂而精美的首饰工艺品都是从最基本的手工制作开始的，离不开基本的锯、锉、焊接、退火、打磨、抛光等工序，需要用金属片或线制造各种各样的形状，如圆形、方形、椭圆形、菱形、环形和其他不规则形状的半成品，因为它们将大量应用于首饰加工之中。其实，首饰就是由各种形状的金属半成品组合而成的。对于首饰镶嵌加工的初学者来说，最初的用料最好用银或铜，因为初学者操作不熟练，用黄金作原料将造成很大浪费。但是，为了讨论方便，本书中多用 18K 黄金为制作原料来介绍。本节我们将讨论基本技术的各个工序，各种常用的首饰半成品的制作以及首饰的组合。

1. 锯的运用

首饰加工中用弓锯（卓弓）的地方很多。加工之初需用弓锯按设计画在金属片上的线条下料，沿线条开锯时要留有余地，最好把金属片上的画线留下来，以便后面的锉、打磨等各个工序之后不至于把原定的尺寸弄小了。当初学使用弓锯切割金片时，应将锯齿向下来回锯，握紧锯把有节奏、放松地操作，不能用力压锯条，否则一是极易折断锯条，二是将影响锯线的平滑流畅。弓锯的锯条像带齿的扁细钢丝。镶嵌加工常用的锯条有 4/0～14/0 号。初学使用弓锯最好用 1/0 号的锯条，而镶嵌加工中最适用的锯条尺寸是 4/0～14/0 号。安装锯条应先把锯条插进锯弓一端的夹口中拧紧螺丝，然后将锯弓一端顶在工作台边上，稍稍用力挤压锯弓后，把锯条放进另一端夹口中拧紧螺丝即可，这样可以把锯条绷紧。锯切金属原料时要让弓锯与工件成 90°的直角，在开锯时用拇指紧靠锯条作为引导，让锯条沿线锯进金属片中。有时金属片材比较宽，弓锯的锯条可转变角度，使锯开的金属片材的一边可穿过锯条与锯弓之间的空间。有时镶嵌加工过程中需要在金属片或首饰工件上掏各种形状孔口，操作之初先在工件加工处用吊机钻个小孔，然后把弓锯的锯条卸下一头穿过小孔，再将锯条固定在弓锯上，沿着在金属片画好的曲线锯掉内圈，锯完后可把锯条卸下退出新开的孔口。弓锯还有其他一些用途，比如有的首饰托上需要刻较粗的直线几何图案，就可以用弓锯直接锯出，操作十分简单快捷。弓锯的锯条很细，要锯直线全靠手的把握，尤其锯割较大的工件是比较难掌握的，往往锯不直，而要锯割曲线工件时又锯不圆滑，出现这样的情况需用锉刀将工件的锯边锉直或锉圆，显然这既浪费贵金属原料又影响加工进度。要想熟练使用弓锯就得多练习，熟练才能生巧（图 1-25）。

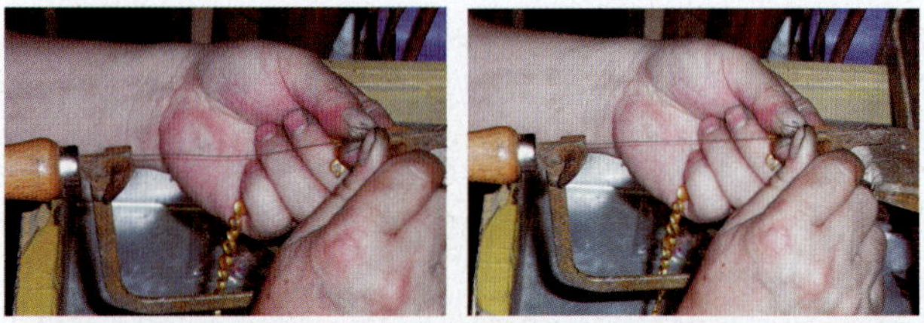

上锯条

操作弓锯

图 1-25　弓锯的操作

2. 锉的运用

锉在首饰制作加工中使用的频率很高，每个首饰的制作都离不开锉这道工序。锉刀的种类很多，各有各的用途。为完成一件首饰制品就必须经过粗锉、中锉、细锉和砂纸打磨等程序，每道程序后都要仔细检查是否留下上道工序加工的痕迹，从粗锉到砂纸打磨等各道工序完成后肉眼应看不见明显的磨痕，抛光后应光亮照人。锉刀的操作也有规律，一般说来，锉刀只能一个方向锉，不能来回锉。当用平锉锉长边或大面积工件时，首先把加工工件平行地夹在台钳上，一手握住锉柄，另一手拿住锉刀的顶端，沿着工件的对角线平稳地一下一下地锉，一边锉一边移动，用拿住锉刀顶端的手的食指控制用力强度和保持平行。首饰内曲面的加工要用椭圆锉或半圆锉，锉时锉刀要保持平稳和平直，可在工件的两边锉。通常，平锉用于锉平面，半圆锉和椭圆锉用于挫内曲面，三角锉用于槽沟和小角落，长方锉和方锉加工直角，圆锉用于开“U”形槽和开圆孔。有的锉刀每边都有齿，这对开槽很有用；而有的锉刀则为无齿边，当锉一个加工面时不会损坏另一面。另外，还有什锦锉和弯曲顶端的小锉，它们用来锉工件的死角和凹、凸面。应该注意的是，用锉刀锉贵金属工件时，要仔细回收锉掉的贵金属碎屑，所以锉刀要轻举轻放，锉完工件后要把锉刀上沾着的金属粉屑扫清，收集起来（图 1－26）。

图 1－26 锉刀的操作

3. 打磨技术

锉完了的工件表面还留下许多锉痕，这就需要用砂纸打磨。打磨的过程和用锉刀加工的方式一样，先用粗砂纸打磨（如 240～400 号砂纸），再用细砂纸打磨（可以是 600～1 200 号的砂纸），有的还需先用湿的砂纸打磨，后用干的细砂纸打磨，直到用肉眼看不到明显的锉痕、砂纸擦痕为止。首饰都是体积较小的金属制品，用手直接拿着砂纸打磨显然是不行的。没有电动吊机时，一般用木条裹住砂纸打磨，木条可以是圆形的也可以是方形的，根据需要木条可大可小。裹在木条上的砂纸根据工序变动可以变换。有了电动吊机对首饰的打磨就容易多了。现在有带孔的针，可直接将它夹在吊机机头上，然后把砂纸裁剪成细条，并把砂纸条一端剪成能穿入针孔的尖头状，这样把砂纸的尖头插入针孔，转动吊机就可裹紧砂纸，用裹有砂纸的针就可打磨首饰了。用吊机打磨首饰又快又好，尤其首饰上一些细微的，用手难以打磨的地方裹上砂纸的针操作起来方便多了。锉刀从粗到细的加工程序一步也不能缺少，要保证锉痕细小而不明显，这样打磨起来才不会留下加工痕迹，最后的抛光才能又省事又光亮，而且不浪费贵金属原料。打磨除了用砂纸以外，还有用钢棉等材料（图 1－27）。

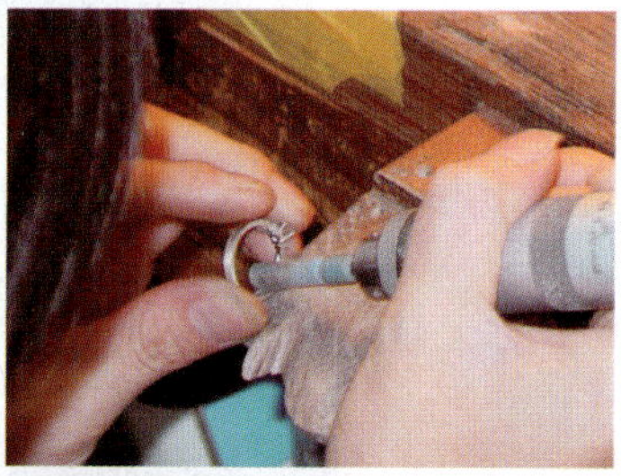
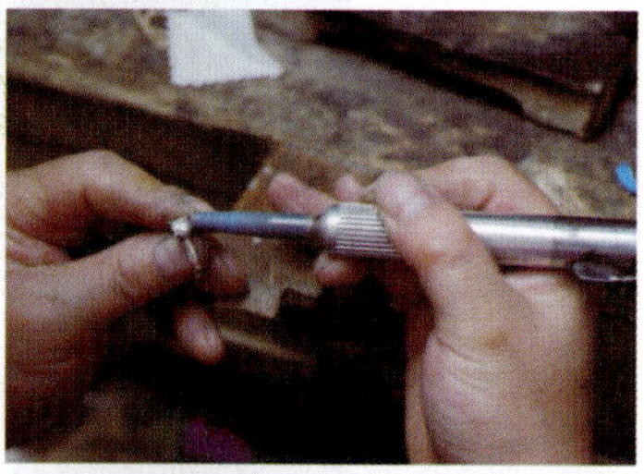
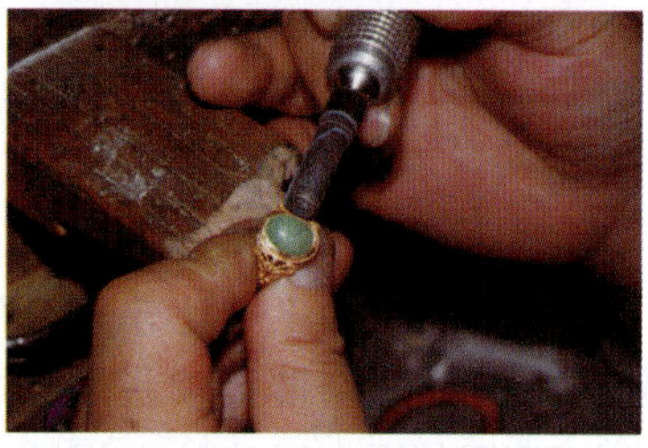

图 1－27 打磨技术

4. 抛光技术

抛光是首饰制作加工中一项重要的工序，它能使首

同焊片加热使焊片开始流动，随即立刻加热大块工件直至焊片流动。此时用隔热镊子夹住小块工件放置在大件工件的焊缝处，并继续加热使接缝焊片完全熔化，稍微冷却后淬火、酸洗，再用清水冲洗干净、烘干。如焊接的位置不正或想移动原来已焊好的部件，首先用铁丝把较大的部件拴在木炭块上，用隔热镊子夹住要移动的部件，同时在焊口处涂上硼砂后加热工件，看见焊片开始流动就用镊子拿起或移动工件。有时熔化贵金属或焊接工件时都要用木炭垫底，主要作用是加热快，并能保持热度。烧焊还有许多内容，如补砂眼、配焊片等，将在后面章节中讨论。

7. 酸洗技术

贵金属工件加热后因氧化会变黑，当工件仍然热的时候将其放入配好的酸液中浸泡除去黑色氧化物，这就是酸洗。如在酸液中浸泡时间长一点，可将加工工件上烧焦残留的硼砂等污物都清除。前面已谈到，加热的工件放进酸液时会产生酸气，因此务必在有良好通风的地方工作。尤其要注意防止酸液喷出，否则会损坏衣物，甚至灼伤皮肤，最好工作时穿上厚棉工作服或皮革围裙。酸洗还有一种方法，先将焊接后的工件放进水中淬火，然后放进温和的硫酸溶液中，保持这种温度，这样清洗起来非常迅速，这种方法尤其适合表面加工精细的工件酸洗。还可以采用冷液酸洗，即把工件放进配好的酸液中浸泡一整夜，也能清洗干净，并且很安全，只是在不急于加工时使用此法。另外，淬火和酸洗后加工的工件仍有硫酸残液存在，放在水里冲刷后，将一匙苏打粉加入水中并把工件放入后烧开，这样可清除残液。在将工件浸泡酸液之前，要去除捆绑用的铁线，金属线会污染酸液，使其变成粉红色，被污染了的酸液就不能进行酸洗工件了。应记住酸洗时要用黄铜镊子夹放工件。

8. 拉丝技术

在珠宝首饰制作中需要不同粗细和不同切面形状的金属丝，常用的有圆形、三角形、半圆形、正方形、长方形和梯形切面的金属丝。这些金属丝多需要通过拉线板拉制而成。圆形拉线板的拉丝孔直径最好在 0.5～2mm 之间，其他形状的拉线板孔径也不尽相同，可根据加工需要有所选择。拉丝时可先用压片机把金属块压制成粗线条，然后将其一头锉成长锥形，完全退火后将锥形线头穿过合适的拉丝孔口，用拉丝钳将其直直地拉过孔口，逐次拉过较小孔口，直到适用为止。当金属线变硬和很难操作时就再退火一次。在金属丝上涂点蜂蜡或油有助于拉丝。前面在基本工具中已介绍过拉线板的使用，这里不再讨论，工作中逐渐熟悉。机器压拉丝比较简单，往往都是通过专用模具来进行压拉金属丝线（图 1－30）。

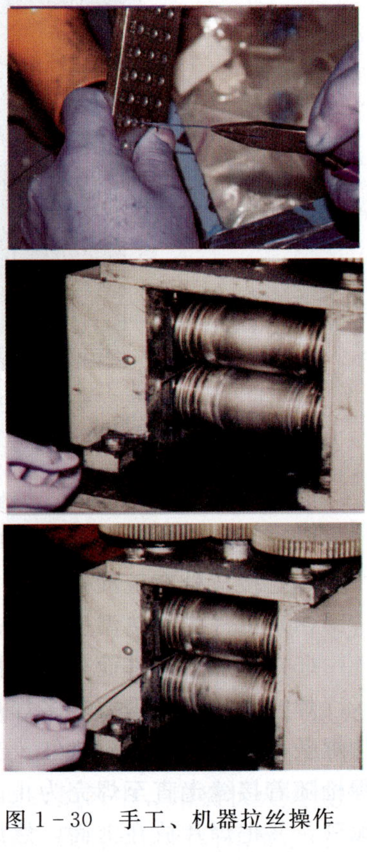

图 1－30　手工、机器拉丝操作

9. 锻平技术

有时手头只有较厚的金属板材，不适合所要的厚度，而一些工件的局部需要减薄，这样就要用榔头锻薄这些板材。先把工件放在平滑的铁砧或木桩上，用平锤沿一定方向平滑而均匀地敲打工件，敲打时尽量每一遍都敲完，敲打得越轻，工件表面上的痕迹就越不明显。不能敲击太重，否则将改变工件的形状，并在表面留下难以磨去的锤痕。

10. 冲头运用

镶嵌加工中使用冲头的地方较多。冲头不仅可冲出圆形、半圆形、方形、菱形等几何图形和凹面，还可冲出各种各样的字符、花纹图案。但要记住花纹和字符印在制品上是反向的。有的冲头可以从市场上买得到，有时也需自己制作。制作冲头需要的钢棍长 10cm 左右，直径 5～6mm，两端用锉微微锉成锥形。将设计好的图案刻在冲头顶端，并把已刻好图案的四周锉成斜角，以防冲头边部在操作时损伤工件的表面。用火把刻好图案的冲头烧成桃红至樱桃红后，迅速将其放入冷水中淬火，这样可以使冲头变硬。重新刻图案时可再次把冲头用文火加热至黄色即可，刻完图案后再次淬火，这样可制作所需的全部冲头。

用冲头加工时有时需用火漆把工件固定住。先用微火把工件和火漆加热，然后把工件放在火漆上，待它稍微冷却后用手指推火漆压住工件边缘，用手指压火漆前最好先蘸些水，以防火漆粘手。将冲头垂直放在工件上，用榔头均匀而平稳地敲击冲头顶端，围绕修饰加工面逐渐延伸。假如，操作过程中工件翘起脱开火漆，就得取出工件，退火后弄平它，再放入火漆中继续加工。结束工作后，用微火加热工件边的火漆，用钳子拔出工件，粘在工件上的火漆可以烧掉。

用冲头加工半球形、椭圆形等凹面工件的操作已在前面的章节中叙及（图 1－9），在此不再讨论。

第四节 首饰设计及首饰图绘制

一、首饰设计基本要求

多年的珠宝首饰销售经验告诉我们，首饰款式设计得好不好直接关系到市场上的销售。可以说首饰的生命在于款式的变化，款式的变化需要首饰制作者根据市场需求设计，追寻消费者的爱好及流行的款式。首饰款式设计的灵感都来自现实的生活环境，自然界的一草一木、飞禽走兽、花鸟鱼虫都是启发首饰设计的源泉。只要首饰设计者热爱工作，对首饰设计有执著的追求，就能在日常生活中见到的一些几何图形、自然或人文现象、房屋外的装饰、商店里的摆设、展览会上的展品，甚至报刊上的有趣的图画中寻找首饰设计的创作灵感。初学者要注重观察四周早已习以为常的事物，注意哪些东西让人们喜欢、感到有趣，哪些东西又会引起人们恼怒、不喜欢或不感兴趣，要留心周围环境都在不断地变化，训练自己的观察力，从平常又熟悉的物体中找出设计的灵感来。要多参观博物馆、美术馆和展览会的展览，要经常去图书馆阅读有精美图片的书，不仅看珠宝首饰专用书，艺术、瓷器、玻璃、家具等有创作性的图书都要看，它们可能成为你设计的基础。要努力记录下你真正欣赏的东西，争取理解为什么喜欢它们。考虑哪些艺术家和雕刻家影响你最深，确定什么形状和结构能吸引你。你追求飘逸的、带有罗曼蒂克的情调，还是喜欢端庄的、趋于现实主义的色彩；怀旧情感多些，还是追求全新思想。一旦确信并且理解了自己偏爱的东西或不喜欢的东西，你就对自己的设计思想开始有了信心。初学者最好随身带有速写本，无论何时看见一些感兴趣的东西，都要努力尽快地把它们速写下来，当然，这只是粗线条的，不必绘得很漂亮，用这些速写来提醒自己的想象。也可以用照相机来拍摄自己感兴趣的东西，一般说来，黑白相片比彩色相片对于展示物体的形状和结构更清晰。同时要注意从报纸、杂志等印刷品上收集自己喜欢的图案，从自然界中采集奇异的石头、漂亮的花朵、好看的树叶、美丽的动物昆虫等（图 1－31）。一旦画出草图，要从三维立体角度去考虑它，设计出组合的部位，要想到如何能平衡美观。然后计划出制作的顺序，确定什么地方最先焊接，什么地方留到最后完成。制作者头脑中要有清晰的图案，制作起来就容易多了。

图 1－31　动植物造型彩图

珠宝首饰的设计一定要表现出首饰的美观、大方、精巧，让首饰上的宝石最大限度地表露出漂亮来。另外，首饰设计要尽量合理，佩戴要舒适，不易刮伤皮肤或挂坏衣物，镶嵌的宝石戒面要牢固不易脱落。一般来说，女性的珠宝首饰首先要设计美观，款式要适应流行趋势，制作要精美、小巧。男性的珠宝首饰设计则要表现粗犷大方，能体现男人的阳刚之气，佩戴珠宝首饰要能显露出不同的风度和个性（图 1－32）。怎样才能把珠宝首饰设计出女性所爱的美，男性追求的刚，这就需要从生活中去寻找，在制作中去实践，还要努力学习和懂得有关的美学知识，力争把珠宝首饰设计和美学知识结合起来，这样才能取得意想不到的完美效果。珠宝首饰的美包含了取自生活中的自然美和经过精心设计的艺术美。自然美主要讲形式美，包含形状、线条、比例和色彩等。

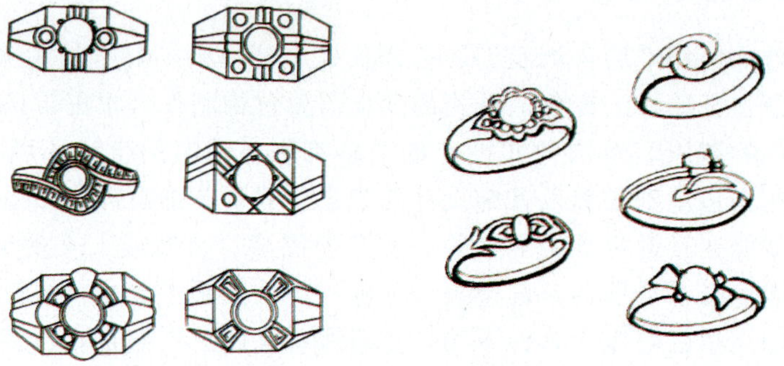

图 1－32　男、女戒指设计图

二、色彩的运用

珠宝首饰的艺术造型中，形式美的构成要素主要是色彩和形体。珠宝首饰设计中多注重形体的设计，往往容易忽视宝石颜色与贵金属托架的搭配。其实宝石和金属托架的颜色搭配对珠宝首饰的整体美观影响极大，首饰的不同形体对宝石色彩也有讲究，如透明小粒的红色宝石应配简单而精美的金属托架形体，黑色或深色的大粒宝石应配粗犷的金属托架形体。

色彩搭配十分重要，五颜六色、晶莹剔透的宝石、玉石与黄金、铂金构成了珠宝首饰的基本色彩。很久以来，人们就发现色彩对人的情绪影响极大，不同的色彩使人产生不同的联想，例如：

红色象征热情奔放、喜庆吉祥，在珠宝首饰设计时考虑采用红色的宝石有红宝石、红尖晶石、红色石榴石、红色碧玺、红色翡翠等。红色宝石配上黄色的黄金托显得富丽华贵，配上白色的铂金托就显得高雅至尊，真有点“白里透红与众不同”的感觉。

黄色历来都是皇帝的专用颜色，就像天上金色的太阳，象征着富贵、豪华、大方之意。珠宝首饰设计中可利用的黄色宝石主要有蜜黄色的金绿宝石，橘黄色或金黄色的蓝宝石，浅黄色的水晶等。黄色宝石配黄金托浑然一体，更显富贵豪华、至高无上。黄色宝石配上铂金托则更显宝石之晶莹和艳丽，白黄双色交相辉映，尽显黄色宝石的美丽。

绿色给人以清新、明快的感觉。绿色显现出生机勃勃，是充满青春活力、蓬勃向上的象征。绿色宝石主要有祖母绿、翡翠、橄榄石、绿碧玺等。绿色宝石配上黄金托显得晶莹美丽，翠绿的祖母绿、翡翠以黄金作衬托让人百看不厌。绿色宝石以铂金为托更能突出宝石的艳绿透明，高雅无比。

蓝色象征秋高气爽、白云蓝天，给人以宁静、慈祥、典雅、大方的感觉。蓝色宝石主要有蓝宝石、海蓝宝石、蓝碧玺、蓝色尖晶石等。深色的蓝宝石配上铂金托，蓝宝石颜色变得更柔和，浅色蓝宝石镶上黄金托会使其更加艳丽（图 1－33）。

图 1－33 彩绘首饰效果图

无色透明的宝石主要有钻石、白水晶、透明蓝宝石等。具金刚光泽高折射率的钻石配上黄金托就有富丽堂皇之貌，一般微黄的钻石配上黄金托后可掩饰其微黄的不足。钻石，尤其是微蓝色或纯白色的钻石，在阳光下五彩斑斓，发出耀眼的光芒，配上铂金托更显华丽高雅。

另外，黑色宝石具有刚毅、威严的感觉，这类宝石有黑玛瑙、黑碧玺等。白色宝石给人以洁白轻盈的印象，这类宝石有珍珠、月光石等。

以上简单介绍了色彩对首饰设计的影响及在首饰设计时应注意宝石与金属托色彩搭配的问题，显然这是远远不够的，需要在实际工作中多观察和比较，找出色彩搭配的规律，不断积累首饰色彩运用的经验，同时还应注意主石与副石色彩搭配的问题。

三、首饰设计基本要素

珠宝首饰的设计主要是设计首饰的款式，款式就是美学中所谓的形体，形体又是由点、线、面和体 4 个要素组成。任何形体都是由这 4 个要素组成的，珠宝首饰的款式设计也是用点、线、面和体来表现的。

首饰设计时可把宝石戒面视为点，大的戒面为大点，小的戒面为小点。一个点是孤单而稳定的，但多个点就变化无穷了，不同的排列、组合、大小点的搭配可塑造出许许多多造型，给人以不尽的美学感受。大粒宝石多单独镶嵌，如金托配以合适的花纹给人以高贵无比的感觉，在大粒宝石周围镶上小粒钻石，将更显豪华富贵，犹如众星捧月一般；小粒宝石多排镶嵌，好似群星灿烂。

线在珠宝首饰设计中很重要，圈、链、环都是线的体现，用线来表达连续、完整的抽象概念。线分直线、折线、曲线 3 种，首饰的均衡与对称往往是由线来表现的，如“S”型、“C”型线的变化就大量地应用于首饰设计中。

面是点和线的扩展，分圆面、方面、椭圆面等，圆面又分半圆面，方面又可划分菱形面。首饰设计中是离不开面的，佩戴在身上的珠宝首饰都是以其表面展示的，显然首饰表面宝石排列和金属托花纹分布一定要合理、整洁、协调。椭圆表面给人以柔和、文静之感；圆形面给人以稳固、和睦的印象；方形或长方形表面给人粗犷、稳定、大方的感受。

美学中的体实际就是点、线、面的全面组合，事实上每件珠宝首饰都是一个整体，是宝石分布、排列，首饰托圈、环、花纹的全面组合的完美体现。珠宝首饰款式的设计主要考虑是珠宝首饰的整体。但是，一个整体又是由点、线、面构成的，巧妙地运用点、线和面，才能体现出完整的美。

首饰设计中常用均齐、渐次的排列组合；对称、均衡的空间分布；对比、协调的相互搭配；比例、节奏的有序对应。均齐是指宝石的排列间隔、大小、方向都一致，给人以整齐、流畅的感觉。渐次则有排列变化，有由大变小、由薄变厚的渐进趋势，给人以动态的美。对称是指在一轴线的两端宝石分布从数量上、形状上都完全相同，均衡则是轴线两边造型和宝石数量大致相像。对称和均衡在珠宝首饰设计中大量运用，给人庄重、稳健的感觉。对比是形状上圆与方、直与曲、大与小的剧烈变化组合，协调则是大圆与小圆、椭圆与圆、长方形与正方形的相似变化搭配组合（图 1 - 34）。多粒宝石颜色的配置也有强烈对比和相似的协调，如红与绿、白与黑的颜色对比，红与橙、橙与黄的颜色协调。在珠宝首饰设计中强烈对比的运用给人以醒目、活泼、鲜明的感受；相似协调的采用给人以和谐、协调、自然的感觉。比例是长与宽、宽与窄、粗与细之比，选择合适的比例，设计出来的珠宝首饰就美观大方。所谓的黄金分割比例，即 1∶1.618，按这一长宽比例设计的方形饰品比较合理好看。节奏是有规律的变化，不同大小的宝石、花饰以及宝石颜色交替排列，如一大一小、一石一花、一红一绿的变化，很有规律，这是在首饰项链、手链设计时常常采用的手法。节奏设计给人以错落有序、起伏不定的动感。有时，多种设计手法运用于一件首饰的制作中，要做到统一协调，力争达到完美和谐。但这是很不容易的，只有多实践，多设计才能做到这点。

以上简单介绍了如何从日常生活中获取首饰设计的素材及灵感，从美学角度如何去设计珠宝首饰的款式，追求完美的款式组合。珠宝首饰的设计首先要用笔和颜色画出来，根据画出来的设计图才能进行首饰制作。一般说来，首饰设计图主要有 3 种：一是设计的珠宝首饰

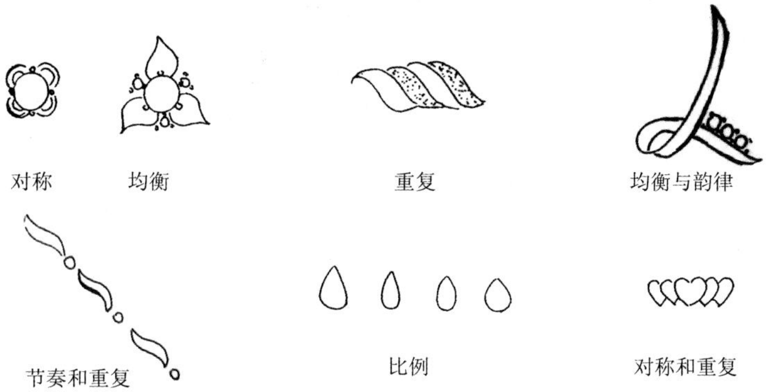

图 1－34　常见图形的空间分布、搭配及排列组合

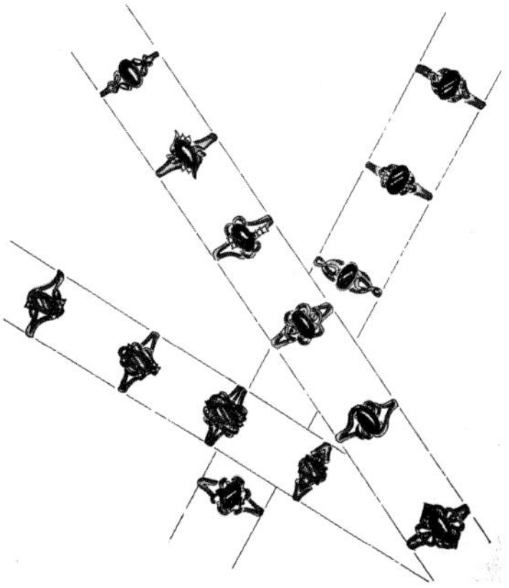

图 1－35　女戒图

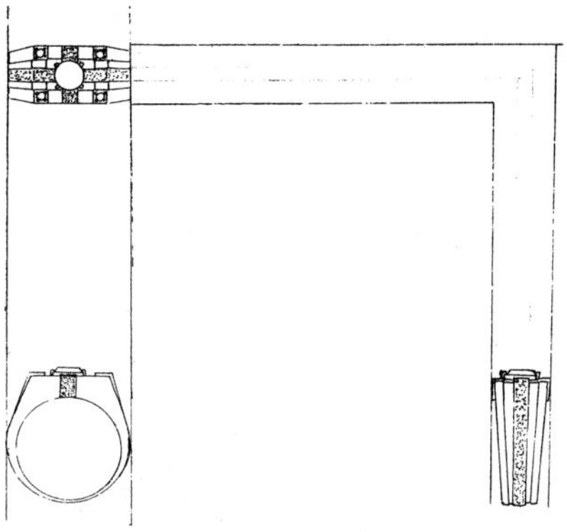

图 1－36　首饰设计三视图

制成后的效果图（图 1－35），这种设计图多用浅彩或水粉画法来绘制的，常常用来参加首饰设计展或为需要看首饰设计效果的人画的，这样给人以完整和直观的印象，即使不懂首饰设计的人（往往是订货或来料加工的人）也能明白设计的意图，并可能提出意见；二是直接为首饰制造服务的三视图，按正确的比例大小绘制出首饰的正面、侧面和顶面，这样首饰制作就很方便（图 1－36）；三是兼顾效果和制作的综合设计图，它一方面是按制作要求绘制的，另一方面又有彩色效果，在现实珠宝首饰设计中这种综合设计图最实用（图 1－37）。

首饰设计图只是珠宝首饰制作的最初环节。显然，首饰设计图要清晰地表示出首饰各个部位的结构，要让首饰制作者明白设计的要求，由首饰制作者根据设计图将其付诸实施，在制作过程中不会因设计图的随心所欲而感到困惑。当然，有时首饰制作者在制作时要受到工艺技术和制作材料的制约，这样就会影响首饰的制作了。首饰设计的三重性，即追求首饰款式新颖漂亮的艺术性，能佩戴，具有使用价值的实用性和能满足市场需求、迎合消费者心理、适销对路的商品性。尽管首饰的三重性都很重要，缺一不可，但从某种意义来看，艺术性越高，实用性越强，其商品性就越好。应该说首饰的艺术性、实用性都是为其商品性服务的，也就是说市场上流行红蓝宝石，流行小粒钻石的饰品，中老年人喜欢庄重大方的首饰，年轻人喜欢鲜艳漂亮的首饰，就应根据市场需求去设计，这样设计的首饰才有销路，才有生命力。首饰设计不实用，没有商业价值，其艺术性再高也是没用的。

该准确，金属托的形状、圈口也应准确。珠宝首饰设计中常常要画出方形、圆形和椭圆形等图形。文具店里有专用的绘制这些图形的曲尺板，用尺板绘制的图形很规范，但有时一件首饰要画许多圆形或椭圆形的图形，如果能随手画出准确尺寸的圆形或椭圆形等图形就方便多了。一个好的首饰设计者应具备这样的技能。首先要熟悉常见尺寸的椭圆形和圆形图形，如4mm×6mm、5mm×7mm、6mm×8mm 的椭圆，直径 2mm、3mm、4mm 的圆等。还应熟悉方形、长方形、心形、马眼形、水滴形、梯形等常见的图形，争取做到信手画出，尽可能画得准确。

首饰设计人员应熟悉常见宝石的规格和形状，并应了解宝石的性质和特性，应该注意什么样的宝石多磨制成什么样的形状，如祖母绿多磨成长方梯形。初学者要记住的常见宝石形状有圆形、椭圆形、方形、长方形、梯形、橄榄形、水滴形、鸡心形、马眼形等（图 1－40、图 1－41），要区分宝石是素面还是刻面的。这是首饰设计者的基本功，只有多学习观察才能熟悉。初学者应多描摹他人的首饰画稿，琢磨他人画稿是如何着手的，有哪些高明之

图 1－40　常见刻面宝石画法

处，如何才能画好。另外，初学者要多参照首饰实物临摹，从简单的珠宝首饰入手，要画得真实、漂亮、有立体感。这些都是首饰设计的必修课，初学者应认真练习。首饰设计绘图还应了解珠宝首饰镶嵌的生产工艺，这样才知道首饰图应怎样画，让首饰制作者能看懂设计图，并能制作出来。珠宝首饰设计首先要把宝石的美丽尽量表现出来，设计时还要考虑到宝石镶嵌在金属托上的各种镶嵌方法，如爪镶、包镶、起钉镶、群镶、轨道镶等（图 1－42）。初学者掌握了上述的珠宝首饰设计绘画基本技巧后，就可以开始实践绘制首饰图了。

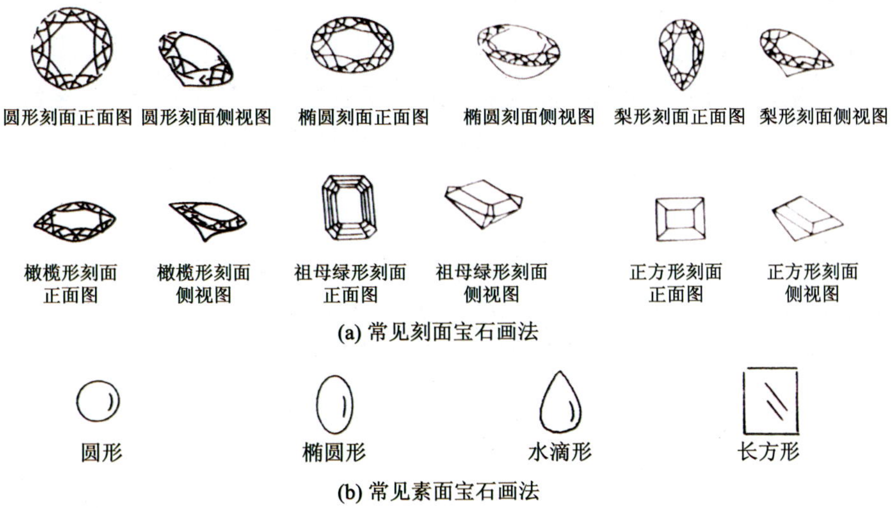

图 1－41　主要宝石立体平面图

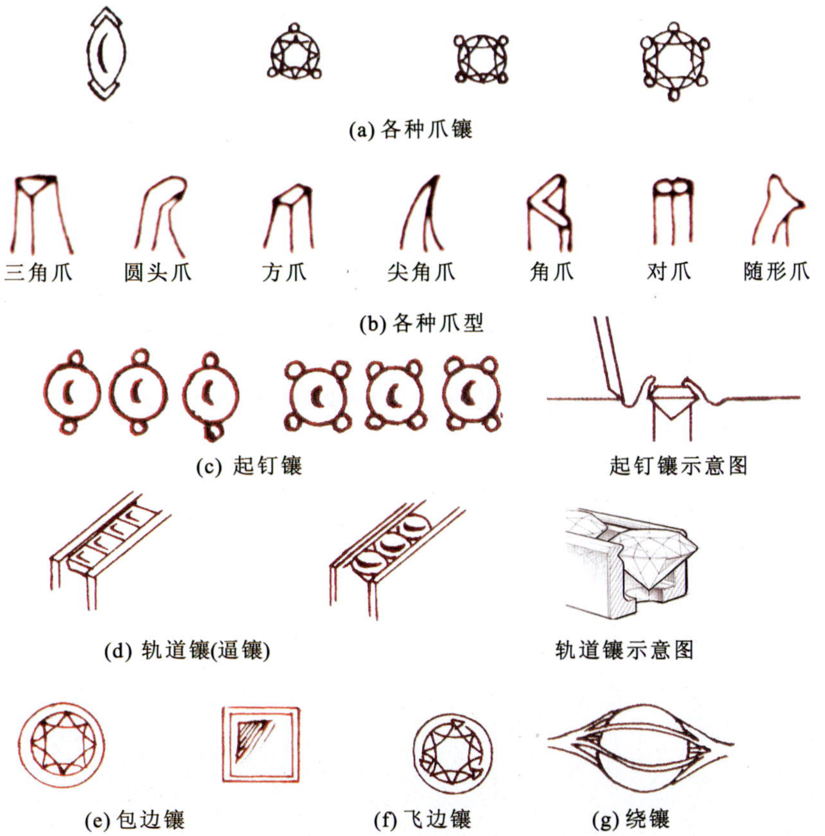

图 1－42　各种镶嵌法示意图

五、首饰设计图具体画法

一般说来，首饰设计图绘制有这样几个步骤。

(1) 首先决定画什么样的饰品，这是根据自己的设想，市场的需要，顾客的要求来决定的。最好用铅笔在纸上多画些设计草图，将画好的草图进行比较，选出较理想的草图进一步修改（图 1-43、图 1-44）。

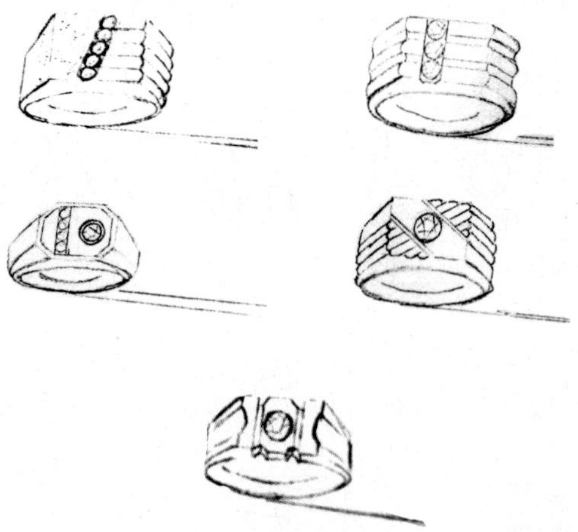

图 1-43　男款戒指铅笔画

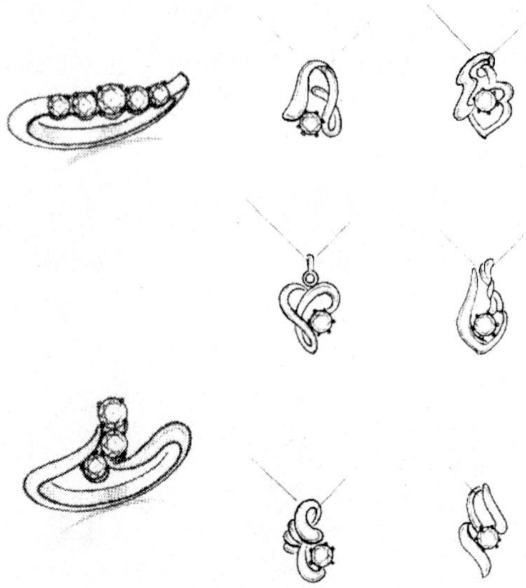

图 1-44　首饰设计铅笔草图

(2) 在选好的铅笔草图上，用 0.2mm 的绘图笔依照草图的线条准确地勾画出图形来，再用较细的绘图笔（0.1mm）把刻面宝石的棱角勾画出来。随后用较粗的绘图笔（0.3mm）描绘图上拐角、弯曲、增厚的地方，让其显现出立体感。另外，首饰图上绘制宝石爪镶的爪头要用 0.5mm 的绘图笔来描点（图 1-45、图 1-46）。

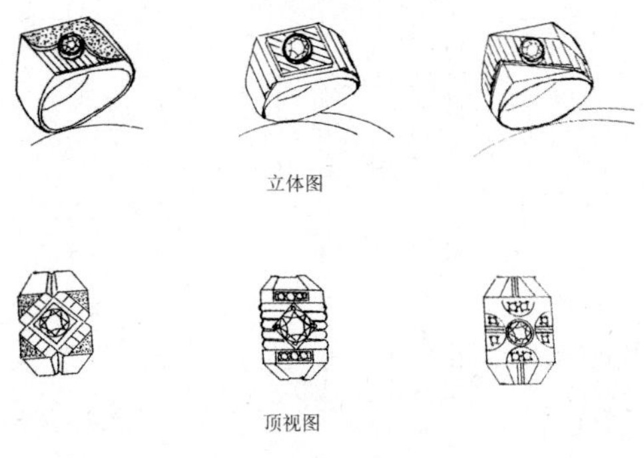

图 1-45　男款戒指碳墨水画

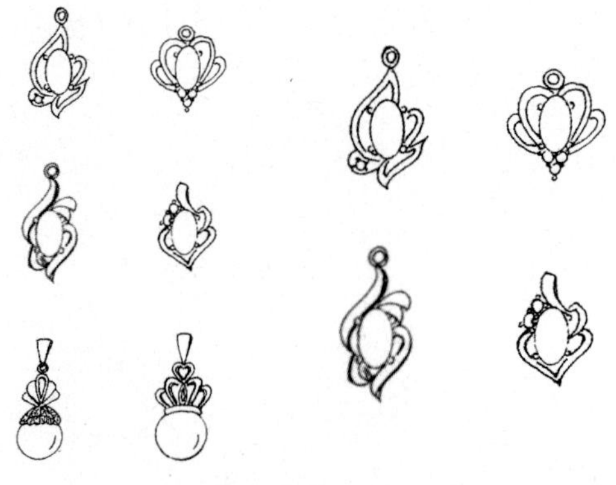

图 1-46　项坠的画法

（3）用绘图笔把修改好了的草图上的铅笔线描黑，待描绘墨水干了之后再用橡皮把残留的铅笔线轻轻擦掉（图 1－47 至图 1－53）。

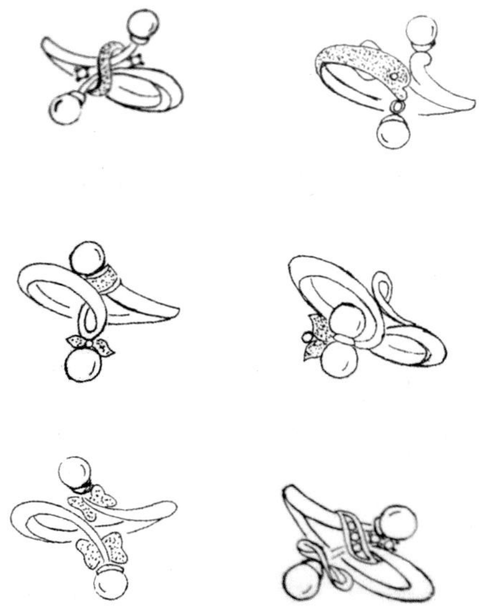

图 1－47　珍珠戒指设计

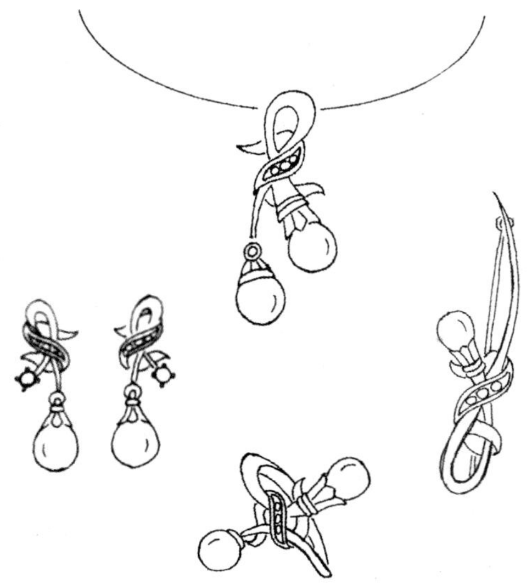

图 1－48　珍珠首饰套件设计图

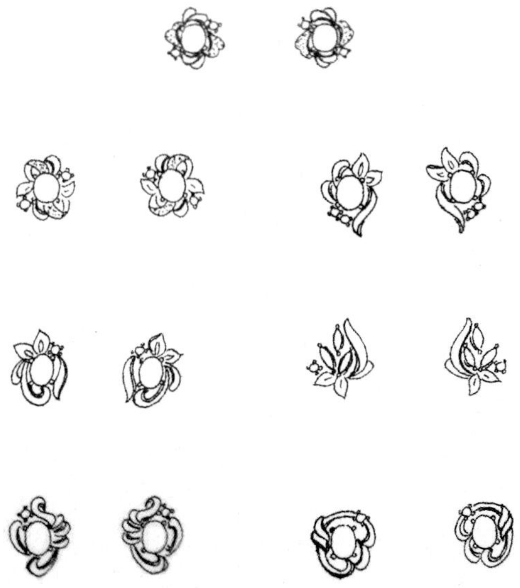

图 1－49　各种耳钉素图

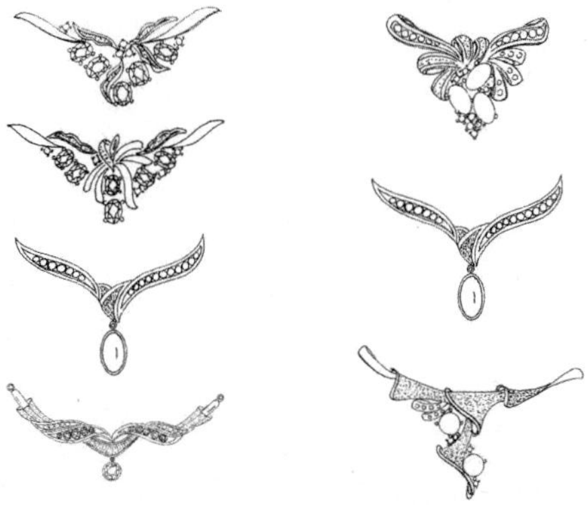

图 1－50　各种挂牌素图

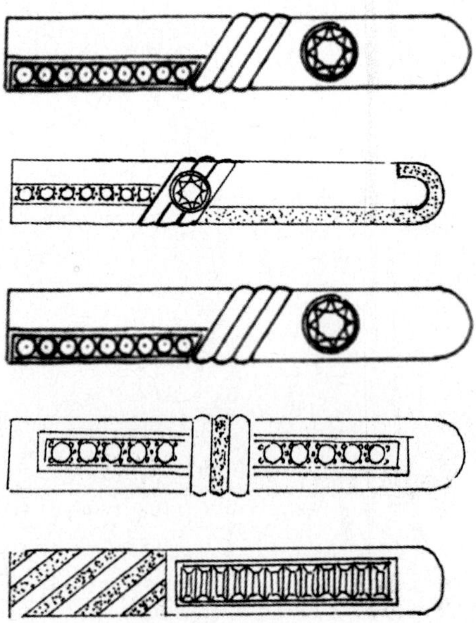

图 1－51　各种镶嵌领带夹素图

图 1－52　套饰素图

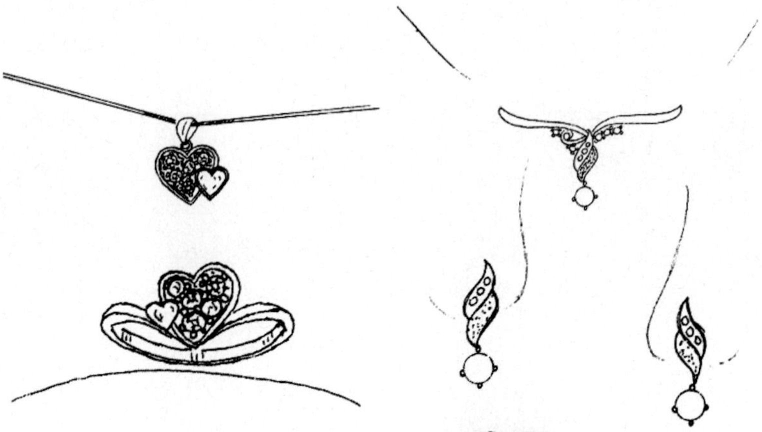

图 1－53　首饰套装素图

（4）用油性彩绘笔给设计图上的首饰涂色，如首饰托是黄金就涂黄色，宝石是红宝石就涂红色，让色彩把珠宝首饰的整体效果表现出来（图 1－54 至图 1－57）。

图 1－54　各种挂牌设计彩图

图 1－55　女戒彩图

图 1－56　珍珠坠彩色图

图 1－57　耳钉彩色图

首饰设计图的绘制过程看似简单，但是，要把首饰设计图画得又好又快却十分不易，这需要有艺术天分，更需要多年的练习和日常知识的积累才可能做到。首饰设计图不仅是效果图，也是生产图和配石图，所以设计图一定要画得准确，还要适应市场的需要，要随市场变化而变化，要尽可能地快。常见首饰主要是戒指、项链、项坠、耳钉、手链等。设计最多的是戒指，戒指款式众多，尺寸大小又不尽相同，各个部位形状变化很大，因而绘画起来难度较大。初学绘制首饰图以画戒指为重点，画好了戒指图，画其他首饰就容易了。一般说来，戒指由 3 个部分组成，一是戒面，即戒指的主体，中心主石部位；二是戒面周围的装饰部分，即连接戒面和戒圈、烘托主石的部位；三是戒圈，手指佩戴的部位，它起到支撑戒面和装饰部件的作用。戒面和装饰部件是主体，是设计表现的中心，画好主体配上戒圈就绘制成了一幅戒指图。画好了戒指就可以画其他饰品。

第五节　首饰的基本制作

前面已介绍了一些珠宝首饰镶嵌加工中的基本方法和注意事项，任何复杂的首饰都是由基本的圈、环、链等部件组合的，显然要想制作复杂而精美的珠宝首饰，就必须从制作最简单的部件开始。

一、首饰基本部件制作

这里简单讨论几种基本首饰工艺部件加工制作方法。

1. 圆环的制作

圆环在项链、手链及其他首饰中常常采用，用途比较多。制作步骤如下：①首先选好所需直径的金属线，将其退火，再找一根合适的钢轴，也可以用钻头把或锉柄底端代替；②把钢轴的一端平行地夹紧在台钳上或拿在手上；③将金属线紧紧绕在钢轴上，努力使每圈线彼此都能紧密排列，直到把金属线绕完；④如金属线没绕完就用剪子剪除多余部分，如线圈排得较多，可用胶纸裹住钢轴上的金属线，以免散落；⑤用弓锯锯开胶布里的金属线，锯条微斜于钢轴开锯，也可以用剪子剪开线环；⑥把锯开的金属环取下来，用两把平嘴钳或镊子将金属环彼此挂好，将线环两端搬平后夹拢，随后用焊枪将它们的接口焊牢（图 1－58）。

2. 别针的制作

镶嵌珠宝的胸花或胸针都需要别针。别针的制作比较简单，首先选一根大约 1mm 粗细的金属丝，长度可根据实际需要确定。金属丝的一端焊接一小块金属片，金属片厚度与金属丝直径相同。把焊在金属丝上的金属片打磨成圆弧形，再用金属薄片做一个恰好可夹住针头圆弧形金属片的槽口，然后把针端的弧形金属片放进已做成的槽口中，临时固定好后在其中间钻一小孔，并用合适的金属丝插进孔中，让线的两侧微伸出槽口，用榔头将伸出的线头轻轻敲紧。除去临时固定后，槽口与针可以活动。针头要磨尖以便能穿透衣物，把槽口焊接在胸花的背面即可。

3. 拧线的制作

首饰加工中常用金属拧线，就是把两根或多根金属线拧成一股。这里主要介绍两根金属线的拧制。首先取出 50～60cm 长的金属线从中间对折，将其两头夹在台钳上，用一铁钩子钩住金属线，绷紧金属线后转动铁钩子，把它拧到合适的紧度为止。然后在拧紧的金属线上涂上硼砂，并放些细小的焊片，用焊枪把拧紧的金属线焊牢。拧线有多种用途，可做戒圈、项链和耳环，也可用于圆边石头的镶嵌或作普通的装饰。

4. 椭圆环的制作

预做几个椭圆环就裁剪出几根相同长的金属丝，先把金属丝弄弯，两头相接焊牢，用戒指铁把焊好的金属丝弄圆，然后把调圆了的金属环套在圆嘴钳上，最好将焊接口放在钳嘴处，张开钳口就可把金属圆环拉伸成椭圆形。椭圆环可做项链、环扣等部件。较宽的椭圆圈镶口也可以这样制作（图 1－59）。

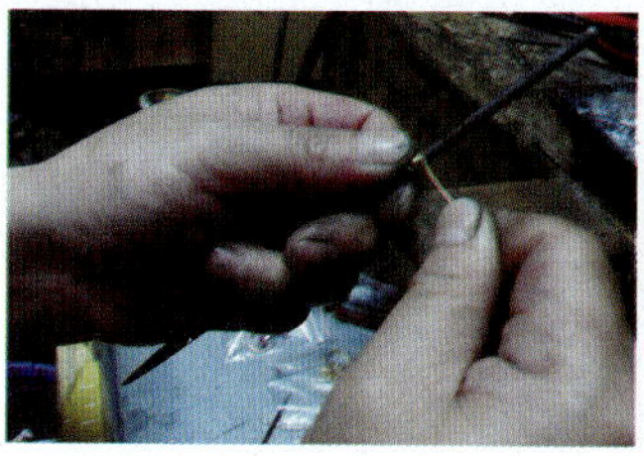
(a) 缠绕圆圈

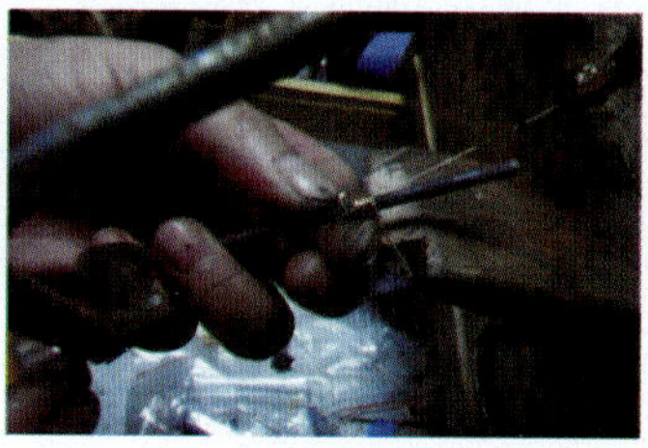
(b) 可锯开圆环

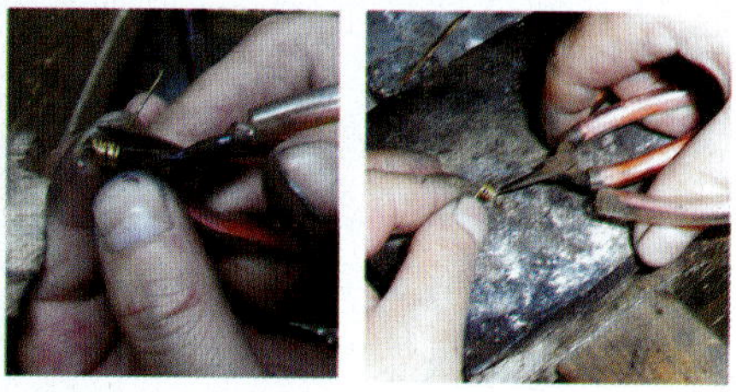
(c) 可剪开圆环

(d) 挂好圆环

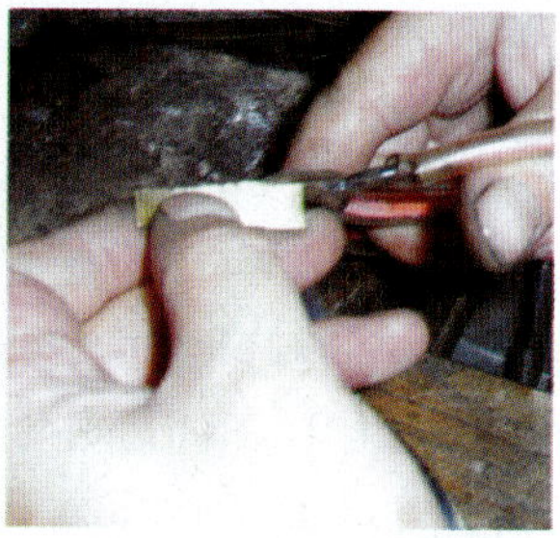
(e) 准备焊片

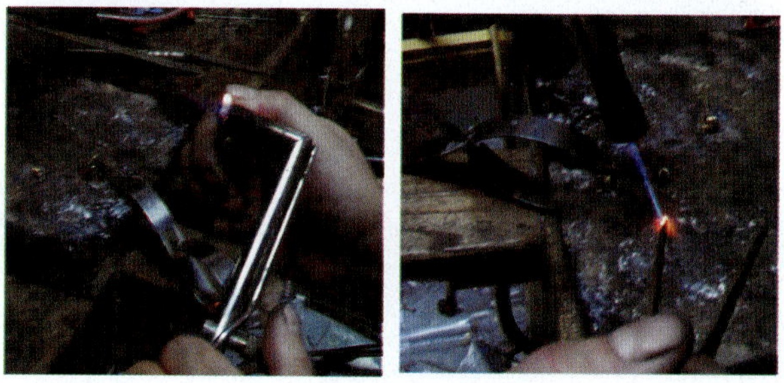
(f) 焊接圆环

图 1－58　圆圈的制作

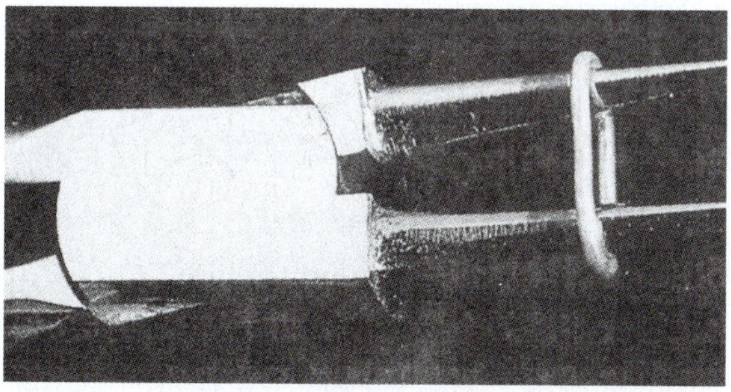
图 1－59　椭圆环的制作

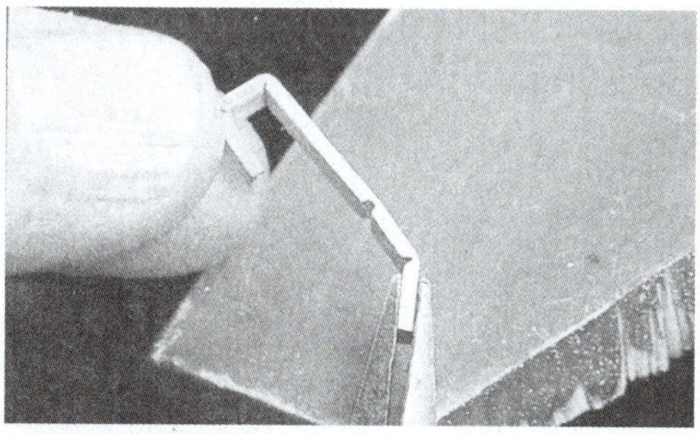
图 1－60　长方环的制作

5. 长方形环的制作

制作长方形环时，需要几个环就切出几根长度相同的金属丝，金属丝的断面形状可以是圆形的，也可以是长方形的。最好把接口放在长方形环的长边中间，用分规仪在金属丝上标明弯曲处，然后用锉刀锉出槽口，深度略多于金属丝的一半。用平嘴钳仔细弯曲金属丝成直角，并把每个角都焊牢。长方形环多用于做项链等，较高的长方形或方形镶石的镶口也可这样做（图 1 - 60）。

把这些环联接起来就可制作项链、手链等饰品或作为镶嵌宝石项链、手链的辅链。制作的项链应能自由转动，柔软自如。

另外，还有珠宝首饰中的胸针、耳钉、耳环用以佩戴的卡扣、耳背（图 1 - 61）的制作。耳钉的针可用约 12mm 长的金属线来做，将一头焊接在耳钉背后，另一头磨得略细些，在大约 1/3 的地方方锉一圈小槽，耳背的孔恰好能插进耳钉中并能卡在小槽上不易脱落。耳背可以在冲压机的模具上压出来，也可用手工制作。耳背的两端稍窄，中间有槽并将其相对卷起，卷起的耳背淬火后有一定弹性，可紧紧抱住耳钉。这样将耳钉的针穿过耳朵的小孔后，再把耳背插入耳针推至到小槽处卡住才不易脱落。除耳钉之外，还有用钩子挂耳环的耳饰，挂耳环的钩子制作较容易，这种耳钩弯曲弧度较大，可根据佩戴者的需要来定，但钩子挂耳环的一端要能保持垂直，悬挂的耳环要旋转灵活自由。有的穿孔的耳饰还采用传统的“卡蹦”作佩戴卡钩，这种卡钩与挂钩不同之外在于前者的挂钩有一定弹性，并有一个卡口可挂紧挂钩，形成一个封闭的挂环，佩戴在耳朵上不易脱落。不穿孔耳环的佩戴要借用夹子扣或螺丝扣，也就是说佩戴耳饰要用夹子夹在耳朵上。这种夹子可用金属片制作，先按夹子的模样锯出其形状，用金属线弯曲成簧，将它装在夹轴处，使其有一定弹力，让夹子的夹力大小适宜，做到既能夹紧不脱落又不夹疼耳朵。螺丝扣需专用设备才能制作。

图 1 - 61　常见耳钉挂钩

二、链和链扣的制作

手链或项链的接口有多种部件，如有弹性的链环、插扣、柳钉扣和挂钩等（图 1 - 62）。

1. 链环

链环是较普通的链扣，链环的大半圆是用空心金属线制作的，里边有弹簧。闭合半圆缺口的金属线是由较细的实心金属丝制作的，它包在大半圆的金属线中，由于弹簧的作用使闭合的细线能插紧于大圆的另一头，这样形成一个封闭圆圈，可挂住项链不易脱落。用于闭合的金属丝上有一小把，按下小把可分开链环取出项链。注意链环不能用火烧，退火后弹簧就没有弹性了。现在市场上出售的链环都带有连接链条的小环，小环上有封闭的开口，如果链环坏了，可以掰开小环挂上链条后合拢小环的开口。这种链环多用于 18K 细链［图 1 - 62(a)］。

2. 插扣（又称箱扣）

这种扣多用于手链的连接。根据手链的宽窄选材，先用金属片做一长 5～8mm，宽 3～

图 1-62 各种挂扣

4mm 的“扣箱”，一端要灵活连接手链，另一端可插入带链条的簧扣（扣舌），并设有卡口，簧扣插入“扣箱”后不易脱落。簧扣的大小长短要恰好能插入“扣箱”中。簧扣用一金属片对称弯折一个锐角，簧扣的下片要与链条灵活连接，上簧片需焊一按钮，簧扣插入“扣箱”卡住后按下按钮就可退出。关键的是簧扣一定要有弹性。另外，还需在“扣箱”与簧扣之间加一个保险扣。保险扣制作简单，用一金属丝弯折个扣，将其安放在簧扣侧面上，使其能左右活动，在“扣箱”相同侧面焊一合适扣鼻就行了。首饰插扣多种多样，可以是长方形，也可以是圆球形等，但其原理都一样［图 1-62（b），图 1-62（i）］。

3. 挂钩

挂钩是手链或项链最常用的一种连接。这种连接挂钩需要韧性好的足金或纯银来制作，因为佩戴项链时需频繁地开闭挂钩，用韧性不好的材料作挂钩很容易被掰折。挂钩制作比较简单，剪切一段长约 4cm 的金属丝（约 1mm 粗细），用绝热镊子夹住金属丝，将需加热的一头放在木炭上，集中火焰熔融这一端，当其熔化后形成小球形就可以了。用同样的方法再加工另一头。金属丝两端都成球形后，用圆嘴钳子将金属丝弯成“S”型或“W”型，挂钩的一端挂住链条后用焊枪把其焊牢，链条的另一端要有小环，挂钩通过小环可以挂住［图 1-62（c）至图 1-62（e）］。

4. 挂扣

挂扣也是手链和项链的一种连接。项链的一端是金属片制作的扣眼，另一端是圆头的扣钉，将扣钉插入扣眼拉入扣槽（长孔）就连接好了。扣眼由一较大圆孔和较小长孔组成，圆孔和长孔是相通的。扣钉是圆头细腰，圆头与扣眼的圆孔大小合适，细腰的直径与扣眼的长

孔宽窄一致，并且扣钉细腰的长度只比扣眼金属片的厚度略高点。总之，挂扣制作既要扣钉能插进扣眼又要戴取方便才行［图 1－62（f）］。

另外，还有钩扣、簧片扣等（图 1－62（g）至 1－62（i）］。

三、首饰托架的制作

无论是珠宝戒指、胸坠、耳钉还是镶嵌宝石的手链、项链都需要制作托起宝石的金属托架。最简易的珠宝镶嵌至少需要有镶口（图 1－63）、镶边、镶爪和花饰（图 1－64）等部件。任何复杂的珠宝首饰都是由简单的部件拼凑而成的。

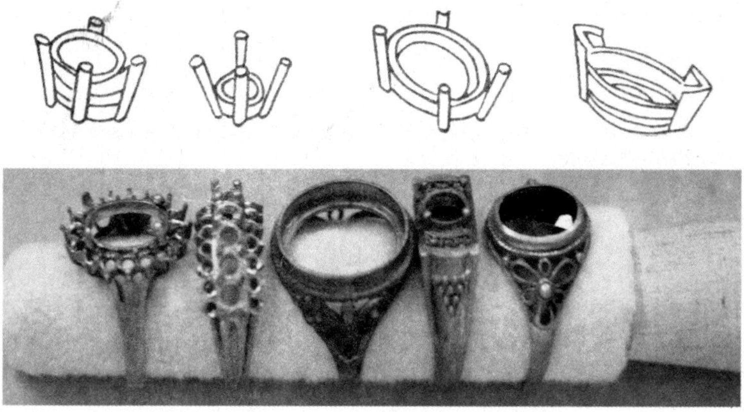

图 1－63　常见主要镶口

图 1－64　各种首饰花饰配件

（一）包边镶口制作

（1）首先，量好圆形素面宝石的直径，然后计算出宝石的周长。例如，宝石直径为 10mm，其周长＝$2\pi r$＝2×3.14×5（半径）＝31.4（mm），这就是宝石镶边的长度。也可以直接用金属片原料围住宝石，比画合适后剪去多余部分，焊接好金属片的焊口就制出镶口（图 1－65）。选材时尽量找厚度合适的板材，太厚的包边不易镶好宝石，并且在加工过程中容易损伤宝石，制作出来的首饰也不精美。通常 8～10mm 直径的宝石，选用 0.6mm 厚度的金属板材较为合适。考虑到板材的厚度，就要适当加长镶边长度，计算方法是宝石的周长加上板材厚度乘以 1.5，例如宝石周长为 31.4mm，镶边长度＝31.4＋（0.6×1.5）＝32.3（mm）。用卡尺量好宝石的高度，制作的镶边不能太高，也不能太低，通常镶边的高度是素面宝石高度的 1/3。太高的镶边镶嵌宝石会使镶边不直，且使镶边显得太宽不好看，镶边太

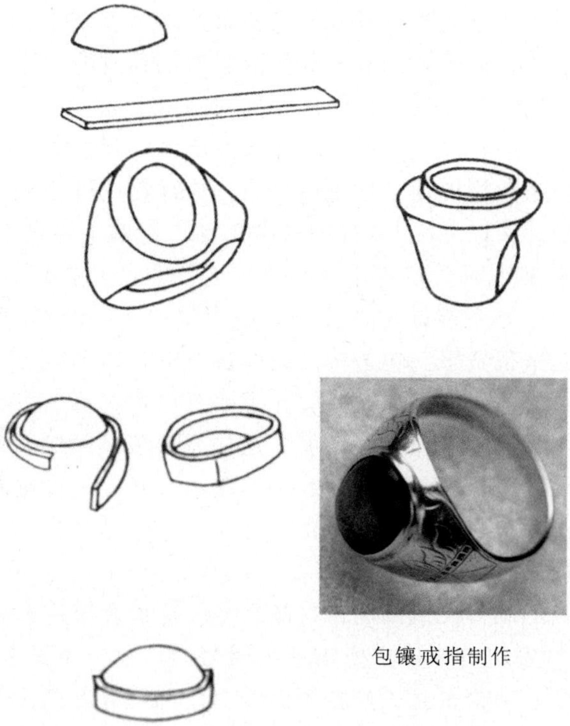

包镶戒指制作

图 1-65　包镶戒指制作示意图

低又包不住宝石。

(2) 镶边的周长和高度确定后，用弓锯下好料，一定要使镶边的两端平直，镶边退火后用半圆钳子将其弯曲，两端对齐后用高焊焊接牢固，这样圆形镶边的直径才能上下大小一致。用戒指铁将镶边撑圆，并用锉刀把镶边的内外不平的焊点锉光滑。然后，将待镶嵌的宝石放进镶口中试一试，最好让宝石在镶口中有一丝空隙，不能用力挤压宝石。如镶口大小不合适，应做必要的修改。

(3) 将圆形的镶口放在较大号的平锉上磨平，一定要保证镶边高度都相同。将磨平的镶口放置在 1～1.5mm 厚的板材上，沿接缝涂上焊剂，并在镶口外边撒些剪成细粒的焊片，最好用中焊。最后用焊枪熔化焊片成液状流入接缝中将其焊牢。酸洗、漂洗干净后将镶口外部多余部分锯掉，用锉刀把镶边锉平滑，用砂纸将其打磨干净，这样镶口就做好了。

(4) 有时一些宝石包镶需要光线透过才能使其更加美丽，这样就必须在镶口底部开个孔，如是开小孔直接用吊机钻孔就行了，如果是开较大的孔就要用弓锯锯出。具体操作时要先用吊机钻一小孔，将锯条插入小孔，再安好锯条锯出开口后退出，用什锦锉将开口锉光滑。一般说来镶口底部开口时至少要保留 2mm 内边。

椭圆宝石的镶口制作与圆形宝石的镶口制作差不多，计算镶边长度时略有差异，也就是椭圆宝石的长度与宽度相加除以 2，再乘以圆周率（3.14）就等于镶边的长度。例如，计算 7mm×9mm 椭圆宝石的镶边长度，即长度=（7+9）÷2×3.14=25.12（mm）。如果金属板材的厚度为 0.6mm，镶边的最终长度就应是 25.12+（0.6×1.5）=26.02（mm）。椭圆

宝石镶边高度的确定与圆形宝石镶边一样，只是镶边焊接好后要用圆嘴钳把它撑成椭圆形，椭圆的长宽可根据宝石的大小调节。其他形状镶口的制作也大同小异，方法都基本一样。镶口做好后就可以配上各种各样的花饰（或戒指的披肩）和戒圈、挂钩等部件，构成完美的戒指、挂坠等首饰。配好戒圈、披肩、挂钩后才能向镶口上镶石。如果镶嵌圆形或椭圆形宝石的戒指，就将做好的戒托夹在木夹上或放置在火漆碗中，圆形或椭圆形的素面宝石表面光滑用手不好拿起，最好用条状橡皮泥粘住光面宝石，这样就比较容易将宝石放进镶口了。把宝石完全放进镶口后，用冲头以 45°对着镶边顶端外部，用榔头轻轻敲打冲头，沿一个方向逐渐敲打，逐渐移动直至镶边完全包牢宝石为止。要注意的是，敲打冲头时，用力要轻而均匀，手要把握住冲头，千万不能让冲头损伤宝石，同时也不能敲打镶边其他部位而留下痕迹，留下痕迹后抛光起来很费事。包边镶嵌既要镶牢宝石又不损伤宝石，这需要长期练习才行。方形或长方形宝石的包边镶嵌，尤其要注意 4 个包角，不小心容易损伤宝石的角边。镶口的四边要镶得平直，镶边外沿应有些斜度，这样显得镶口边细小而紧贴宝石，美观好看。

一般说来，镶口做好后，先将戒圈与镶口焊接组合好后，将花饰披肩分布好，固定焊牢后，再进行镶石。

（二）戒圈的制作

下面简单介绍戒圈的制作和戒圈与镶口的组合。这里介绍一种简单而实用的测量戒圈长度的方法（图 1-66），先用指圈量出所需的指圈号，将这一指圈套进戒指铁中，然后在紧靠戒圈处拴一条细铁丝，用钳子将铁丝拧紧后取出，再用剪刀把铁丝剪断伸直，用直尺就可以量出戒圈的长度。但是，戒圈的最终长度还应加上金属片的厚度乘以 1.5，例如，计算的戒圈长度是 50mm，金属板材厚度为 0.6mm，那么戒圈最终长度 $=50+0.6\times1.5=50.9$（mm）。知道戒圈长度后，在金属板上画出一条中线，以中线为准画出两端略窄、中间稍宽的图形，用弓锯将图形锯下来，再用平锉把锯下来的戒圈片内外锉光滑，并将两端锉平直。然后退火、酸洗，清洗干净后将其烘干，用钳子将戒圈片弯曲，把两端连接在一起不留空隙，用高焊将其焊牢后，再用锉刀把戒圈上的焊接残留物锉掉，把戒圈套进戒指铁中将其撑圆，这样戒圈就制作好了。如何组合镶口和戒圈，前面介绍过根据宝石大小制作镶口。镶口内壁有一圈小边，宝石戒面恰好可放在上面，镶口外边可包住宝石。镶口制作好后，用半圆锉的曲面把镶口底部锉成内弧形，使其与戒圈的宽边紧密吻合。用细铁丝把戒圈和镶口捆住，在接口处涂上焊剂，用低焊将所有接缝焊牢。有的戒指需配上一些花饰，诸如树叶、鱼鸟等花纹部件，可以预先制作好，待戒托做好后将这些花饰部件用低焊焊接上去。完整的戒托制作好后一定要先进行酸洗，然后用清水冲洗干净后烘干，用吊机裹上砂纸把戒托打磨平

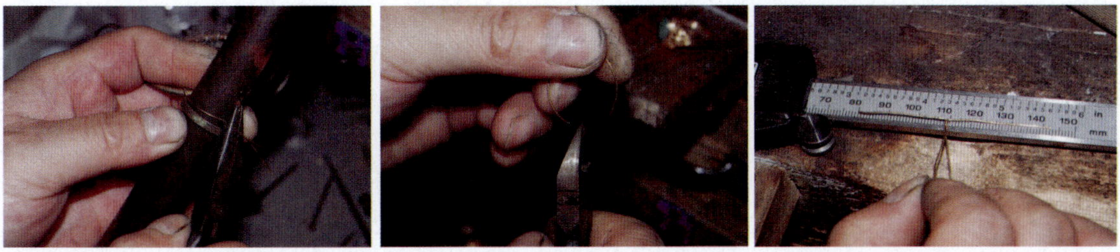

图 1-66 指环的长度测量

整，然后将抛光完的戒托夹在木钳上，或放在火漆碗中就可以往戒托上镶嵌宝石了。镶完宝石后就可以在布轮抛光机上抛光，先用粗粒抛光蜡进行粗抛，把戒指上的打磨痕迹尽量抛掉，再用细粒抛光蜡细抛，直至光亮。最后在超声波清洗机中清洗几分钟，捞出后用吹风机烘干就可以了。也可以先抛光清洗，后镶石。

素面宝石镶嵌除用包镶方法外，还有爪镶。所谓的爪镶就是镶嵌时往戒托固定宝石戒面不是完全包边，而是用四爪或六爪抓住宝石戒面。这种戒托的制作与包镶的戒托制作大致相同，但是它们的镶口有区别。爪镶的镶口相对浅些，有的宝石戒面底部成锥筒形，那么镶口也应制作成合适的锥筒形，这样戒面可以放进镶口中而不会下落，上部用爪抓住宝石戒面又不易掉出。小一点的戒面通常用 4 个爪即可，而大些的戒面可以用 6 个爪。固定较大戒面的爪，其金属丝可粗些，较小戒面的爪用的金属丝可细些，爪的长短要根据宝石戒面的高低来确定。素面宝石爪镶尤其要注意爪一定要抓牢宝石戒面，爪与戒面之间不能有空隙，爪的头部既要圆滑又要尽量细小些，否则爪很容易挂衣物或手套等纺织品，并且爪松动后宝石戒面易脱落。爪镶镶口的制作也是要先选择合适的金属板材，通常用 0.6～0.8mm 厚的板材。在金属板上画好图形后裁剪出镶边，如做锥筒形镶口，则应画扇形图形，上下镶口的大小要根据宝石戒面的形状来确定。镶口可以是圆的，也可以是椭圆的。镶口的爪常见的是 4 个，当然大的宝石戒面镶嵌可以用 6 个爪。四爪通常用低焊对称地焊在戒圈两侧的镶口外边，底部与镶口的底齐平，上部爪的长度可根据宝石的高低确定（图 1－67）。其他部件的制作和组合与包边镶嵌一样，这里不再复述。

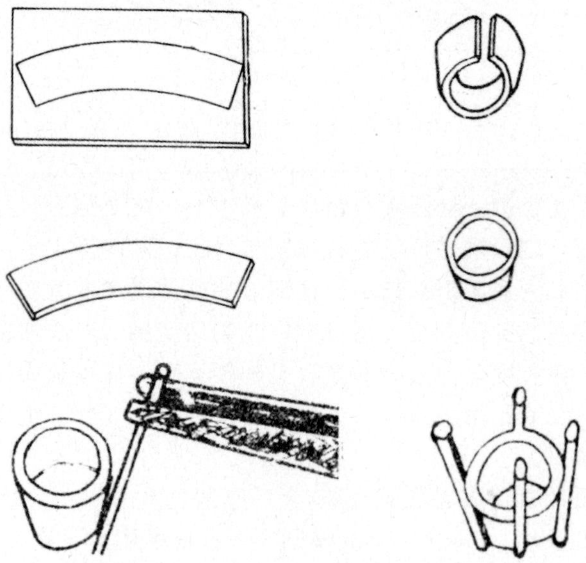

图 1－67　爪镶镶口制作示意图

常见的素面宝石主要有翡翠、金绿宝石猫眼，其他类的猫眼石有月光石、欧泊、星光红蓝宝石等。它们的特点是本身不透明，但是这些宝石大都有特殊的光学特性，如星光、变彩、猫眼等现象。而透明的宝石大多被磨制成各种各样的刻面戒面，如钻石、透明的红蓝宝石、祖母绿、紫水晶等。这些刻面宝石多呈圆形、椭圆形或正方形、长方形，它们共同的特

点就是都有尖锥形的底部，宝石种类的不同其锥形的角度也有变化，这主要是让各种宝石能更大限度的反射出光芒。刻面宝石的镶嵌多采用爪镶、轨道镶、钉镶等，包镶相对来说少些。下面简单介绍刻面宝石爪镶戒托的制作。

（三）镶嵌实例

这里仅以一个普通简单的爪镶女戒为例（图 1－68），宝石戒面是 5mm×7mm 的蓝宝石，要求宝石的长轴方向与戒圈（指环）垂直，并且两边对称地配上 4 粒 2 分（直径约 1.7mm）大小的“水钻”，即合成立方氧化锆。女戒设计图形比较简单，椭圆的主石镶口，

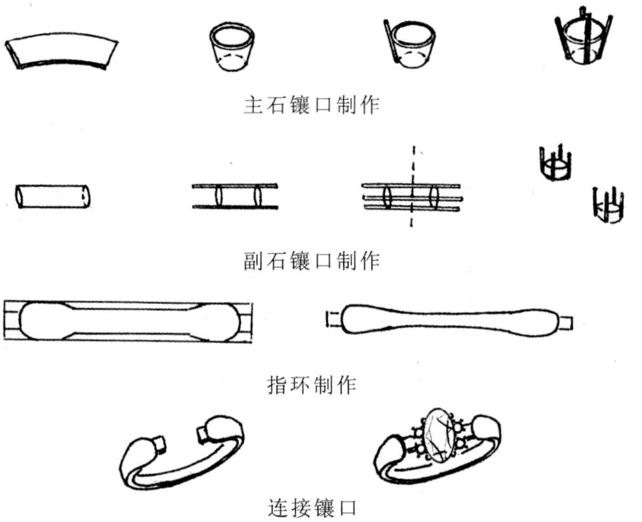

图 1－68　戒指制作示意图

圆形的副石镶口，都是 4 个爪。椭圆主石镶口上大下小，略显锥形。主石镶口的四爪位于椭圆顶部弯度较大的四角。副石镶口位于主石椭圆镶口长边的两侧正中，一边两个，恰好是戒圈与主石镶口相接处中央。戒圈下部细小，往镶口处延伸逐渐变宽变厚，最宽处可以略超过椭圆长边的一半，当戒圈达到最宽接近主石镶口时突然变细，形成细腰与主石镶口相接。也就是“一字型”的款式略有变化，戒指的披肩是细腰宽背，显得款式简捷明快，更加突出宝石。显然，这个款式的女戒是由主石镶口、副石镶口和戒圈 3 部分组成。

1. 主石镶口的制作

主石镶口所用金属片材（多是银或 18K 金）厚约 0.8～1mm，做爪的金属丝多用直径 1mm。先计算出镶边的长度，5mm×7mm 椭圆宝石戒面的镶边长度＝（5＋7）÷2×3.14＝18.84（mm），如选择 0.8mm 厚的金片，那么镶边的最终长度应＝18.84＋（0.8×1.5）＝20.04（mm）。也可以直接围住主石，比试出合适的镶口。刻面宝石的高度就是镶边的宽度，用卡尺很容易量出宝石的高度。镶边宽了，镶嵌宝石后会显得太高不好看，镶边太低，镶嵌宝石后会露出宝石尖锐角，容易伤手指。主石镶口直径应上部大些，底部略小些。上面计算的长度是镶口顶部的周长，镶口底部周长略短些。可根据实际需要确定底部周长，也就是说锥形镶口的锥形尖些，底部周长就短些，相反就要长些。由于镶边上下长度不一样，显然平底立体圆锥形的平面图画出后的图形应是扇形，知道镶边上下边的长度，画扇形图就容

易了。在金属片上画好扇形图，用弓锯依线将其锯下来，然后充分退火。用圆嘴钳将扇形金属片弯曲成锥筒状，锥筒接口一定要平整紧密，并且必须垂直于切线成 90°，这样焊接就能顺利和平直。焊接镶边接缝要用高焊，然后用圆嘴钳和牛角铁砧等工具将焊接好的锥形筒调整成椭圆形，使它与椭圆形的宝石戒面相吻合。宝石戒面的腰部（最宽处）恰好放在镶口边上，要求宝石的腰边不能超越镶口边，宝石与镶口要完好接合不能有缝隙。焊好锥形镶口后要用锉刀修理毛边和焊缝接口，尽量让它光滑。寻找出 4 段直径 1mm 的金属丝作镶嵌宝石的爪，将它们对称地焊接在椭圆锥筒的长边外部，分别位于长边急转弯的四角。做爪的金属丝的下边与锥形镶口底边齐平，金属丝的上部高出镶口约 3mm 作爪用，根据宝石戒面的高低可调节爪的长短。这样主石镶口就制作完成了。

2. 副石镶口的制作

副石镶口多采用 0.6mm 的板材，做爪常用直径 0.6mm 粗细的金属丝。先计算出副石镶口的周长，方法同上述主镶口周长计算方法相同，不同的是副石镶口更细小，有 4 粒副石就要做 4 个镶口。质量一样的刻面宝石，由于厚度不同其直径也会不一样，故而制作镶口时要用卡尺测出戒面准确的直径。如副石直径 1.7mm，计算出副石镶口的周长为 5.4mm，这样就确定了下料的宽度。副石镶口的高度可根据实际需要确定，其镶口应与主石镶口的高度一致或略低些，如确定其高度为 4mm，4 粒副石镶口就应裁剪出长 $4\times4=16$（mm），宽 5.4mm 的板材。考虑到加工中的损耗，板材长宽都要适当加多些，并应把板材的一端剪成 50°左右的楔形，便于以后加工方便。将裁剪好的材料充分退火后，把金属片放在坑铁中合适的坑位上，寻找一段大小合适的钢丝作卷副石镶口长轴的钢心，用榔头从头到尾地轻轻敲打钢心，坑位上的金属片就会卷起成筒形。然后拔出钢心，用高焊将其接缝焊好，将筒管的楔端插入拉线板相应的圆孔，用钳子将筒管拉过，可反复数次，直到获得大小合适的筒管。用弓锯将筒管锯成两段（长 8mm），锉平筒管的两端。剪切 8 段长约 12mm 的金属丝（直径 0.6mm）做爪，将 8 段金属丝分别等距对称地焊接在两根筒管上，筒管两端各探出 2mm 金属丝做爪，然后，用弓锯将两根筒管从中锯断，这样制作出 4 个副石小镶口。

3. 指圈的制作

前面已介绍过指圈的长度计算及简单而直接的测量方法。戒圈的周长要考虑到主石镶口底部的直径，因为指圈的两端是焊接在主石镶口上的，计算出戒圈的周长要减去镶口的增加部分。如计算出或测出指圈的实际长度是 50mm（减去了镶口的增加部分），其宽度根据 5mm×7mm 戒面可确定为 4mm，那么就可裁剪出所需的板材。指圈板材的厚度略厚些，通常采用 1.2mm 的金属板。然后沿金属板长轴方向上画一中线，并确定其两端的正中点。指圈的正中也是其最窄处，大约 2mm 宽，从最窄处逐渐向最宽处过渡，离主石镶口 2mm 处时突然缩窄到 2mm 宽。要求宽处的指圈披肩成弧形圆滑。用锉将指圈最窄处锉薄一半（约 0.6mm），然后向两边逐渐加厚到两端点，用戒指铁把指圈弯曲成环形。

4. 戒托的组合

主石镶口、副石镶口和指圈做好后，要将这些部件组合在一起，才是一个完整的戒托。戒托部件的组合焊接是制作中很重要的一个环节，部件焊接不好会使整个戒托不美观，可能会出现不对称、不协调、有偏向、歪斜的视感。一般说来，先量好指圈和主石镶口间的长度，确定好指圈的最终尺寸，把主石镶口准确对称地放置在指圈的接口处，用低焊将镶口与指圈两侧接口焊牢。然后，将 4 个副石镶口对称地放置于主石镶口的两边，一边两个副石镶

口并排在主石镶口外部与指圈接口的正上方。用低焊将它们依次焊牢，焊接时一定要注意主副石镶口的协调和对称，组合完成的戒托要从不同的方向观察，发现戒托有不协调或不对称的地方必须要调整。最后将组合好的戒托用锉刀把不平的地方锉平，用吊机裹住砂纸把戒托全面打磨一遍，再用白矾水将戒托煮开数分钟，洗净戒托表面的氧化物，这样一个完整的戒托就制造好了。戒托制造好后就可以镶嵌宝石戒面，具体操作是先把副石镶上，然后再镶主石。有的镶嵌就是把四爪的顶端锉细而扁平，爪端弯曲，抓紧宝石就行了。尽量让爪端贴近宝石戒面，这样爪端才不会挂衣物。现在，机镶宝石首饰往往是采用圆头爪，也就是在四爪顶端合适的地方预先锉一道浅槽，这一浅槽恰好可卡住宝石戒面的宽腰，用钳子将四爪夹拢，抓紧宝石后，用侧口钳剪断爪上多余部分，再用吊机装上吸珠，打磨爪的顶部，使其成圆形，这样的镶嵌既不挂东西又很美观。宝石戒面镶嵌到戒托后，就可进行抛光和清洗，最后用吹风机将洗净的戒指吹干，一枚金光灿灿的珠宝戒指就完全制成了。

镶嵌珠宝首饰除戒指外，还有胸坠、耳钉、手链等。它们的制作方法大致相同，胸坠通常需要挂环，耳钉则需要耳背和耳针，手链必须有连接扣或挂钩。但是，这些镶嵌珠宝首饰的制作都有相通之处。制作的基本技巧是必须要掌握的，最主要的是珠宝首饰的设计。设计的款式是否能够适应消费者的要求，能否适应市场的需求是关键。

第二章　机镶的基本方法和流程

随着社会的进步和繁荣，人们生活水平的不断提高，珠宝首饰只属于达官贵人的时代已经不复存在。珠宝首饰已走进千家万户。

随着珠宝首饰市场需求的不断增加，靠人工一件一件地生产加工首饰已经不能适应市场的需求了，批量生产已成为必然。这就要借助于现代化的机器和一些先进技术方法。其实现在人们常常谈到的机镶方法就是失蜡浇铸法，以此方法为主再辅以一些相关的机器设备，构成一套完整的机镶加工程序。所谓的失蜡浇铸法早在几千年前就有了，古代工艺师发现蜂蜡有可塑性和易挥发性，就先将蜂蜡雕塑成所需的造型，然后将蜡模放进无底瓷容器中，随后将调制好的可烧制陶瓷的粥状黏土倒进瓷容器中，在蜡模顶端放一条圆柱，并让其伸出黏土壳以作为出气孔。等到粥状黏土晒干后，将含蜡模的黏土从瓷器中取出，这样就可以放进土窑中焙烧。烧制过程中蜡模熔化成气体后从出气孔逐渐挥发掉，黏土则变成含蜡模阴模的陶瓷硬壳。其后将熔化好的金属液体沿陶瓷上的小孔倒进，待陶瓷内的金属液体凝固后，打破陶瓷外壳就得到所需的金属毛坯。随后修补金属毛坯上的砂眼，将金属工件表面打磨光滑，这样一件失蜡浇铸的金属工件就完成了。现在，珠宝首饰业的机镶过程（失蜡浇铸方法）与古代的蜂蜡浇铸技术相似，只是电气化和机器的介入大大提高了工艺水平和生产能力。前面亦已叙及，珠宝首饰的制作不论采用多么先进的机器和设备都离不开手工制模，珠宝首饰的手工制版是失蜡浇铸机镶的基础，机镶的款式均来源于手工的最初制作，显然手工技术是非常重要的。

近代，国际珠宝行业广泛采用失蜡浇铸技术，先进的浇铸新工艺已相当成熟，大量应用先进的真空离心式直铸机、高频（周波）吸引压力铸机、高频（周波）铸机等浇铸设备。采用这些浇铸机精密铸造的首饰铸件水平非常高，浇铸的成功率也很高。经过近百年的发展，国际珠宝镶嵌技术水平取得了飞速进步，尤其以意大利、日本、瑞士、美国和香港的浇铸技术水平最高，镶嵌加工的珠宝首饰质量、款式以及数量均领先世界水平。多少年来这些国家生产加工出大量而精美的珠宝首饰，极大地满足了市场的需求。随着时间推移，潮流的不断变化，镶嵌珠宝首饰的款式也随之变化，为世界上众多的珠宝首饰消费者提供了非常精美的珠宝工艺品。

中国传统的珠宝镶嵌技艺是为世人称道的，古代的工匠给我们留下许多镶嵌珠宝的传世之作，诸如古代帝王镶嵌宝石的皇冠、凤冠等精美艺术品，其镶嵌加工技艺至今仍然令人赞叹不已。失蜡浇铸技术在我国有悠久的历史，考古发现这一技术可能在新石器晚期就已使用，迄今已有 5 000 年了。现今保存下来的一些古代铜镜、铜鼎、宫灯、铜马等工艺品，许多就是采用蜂蜡浇铸技术铸造出来的。古铜器上精美的纹饰和无与伦比的造型说明当时的浇铸技艺已是相当精湛，远远领先其他国家。然而，中国近代不仅失蜡浇铸技艺落后于世界，珠宝首饰行业的其他方面也落后了。我国在改革开放初期，珠宝首饰行业才开始采用失蜡浇铸技艺，进行批量的珠宝首饰生产。最初北京花丝厂从日本引进真空加压浇铸机和相关设备，采用其浇铸技术，取得一些经验，并在国内推广这一技术。随后，天津手表厂，上海、广州、江苏的几家首饰厂，也从日本引进了失蜡浇铸技术和设备，扩大了珠宝首饰的生产能力，大大提高了珠宝首饰的质量，许多世界同期流行的首饰款式也进入了国内，极大地刺激了封闭已久的珠宝市场。进入 20 世纪 80 年代的中后期，随着改革的进一步深入，人民生活的不断提高，对珠宝黄金的需求也达到前所未有的高峰，抢购黄金珠宝的风潮遍及全国大江南北。珠宝市场的抢购热潮全面带动了国内的珠宝制造业的发展。但在这个发展过程中，一些老的黄金制造企业因跟不上形势、资金困难等原因，造成技术人才流失。这些老厂设备及工艺落后，不能适应市场的需求，产值和利润都上不去，生产也处于停滞状况，一些老的企业名存实亡。据说，当时在轻工产品中珠宝首饰的产值仅列第 13 位。1988 年，为了改变我国珠宝首饰制造业的落后面貌，我国从意大利引进了 12 条首饰生产线，耗资 2 000 多万美金，由于黄金的政策限制等因素，12 条生产线只有深圳华意公司一条生产线在生产。然而在经济特区，在黄金政策相对灵活的地区，一些资金雄厚的投资者纷纷加入黄金珠宝制造行业，珠宝首饰制造业有了极大发展。入围厂商之多，规模之大着实让世界同行大吃一惊。毗邻香港的深圳、广州、番禺等城市率先开办了具现代水平的珠宝首饰加工厂，很快发展了数十家首饰工厂，并且大都是中外合资或国企名义下的外资黄金首饰制造公司。当时较大的珠宝首饰制造公司有万雅、金阳、鹏盈、高德等。之后短短的几年间，由南向北迅速发展了 200 多家珠宝镶嵌加工厂，有的地区聚集十几、二十家具相当规模的镶嵌工厂，如深圳、番禺等地。当时国内著名的黄金镶嵌企业有深圳高德金银有限公司、桂林万雅珠宝有限公司、福州福辉珠宝首饰有限公司、珠海珠宝集团有限公司、上海老凤祥首饰总厂、南京金陵首饰厂、北京戴梦得珠宝有限公司等。这些国内较大的珠宝首饰制造企业，多与香港、国外地区的黄金珠宝首饰制造厂商有联系，有的是合资经营的。通过对外交流了解到世界珠宝首饰制造技术的发展，学习到国外先进的生产工艺，使这些珠宝首饰制造厂家迅速发展起来。有的珠宝首饰企业规模相当大，企业员工达到两三千人，这在世界上也是罕见的。它们拥有一流的先进设备和加工技术，以及科学的管理方法，生产加工出大批量的珠宝首饰，其质量达到国际标准，款式也能跟上世界新潮流。尤其合资企业生产的珠宝首饰批量出口，每年出口额达 12 亿美元左右，原料加工出口 8 亿美元，这是一个很了不起的进步。10 多年前，福州福辉珠宝公司经过多年的发展，形成了 11 大类，4 000 多个品种，自己设计出 1 万多种首饰款式，面向欧美、日本市场出口珠宝首饰，据称该企业年产值 1 亿多美元。这说明先进的技术、设备和科学的管理方法必将极大地促进首饰制造业的发展。下面介绍机镶的基本流程。

第一节　机镶流程

机镶所需的设备较多，工艺流程也比较复杂，但是就其实质来说，机镶的主体是失蜡浇铸，也就是先制金属模版（即阳模），然后压制胶模（即阴模），随后注蜡模，植蜡树，再灌石膏模，烘干后浇铸。这样就经历了从阳模（原版）到阴模（胶模），再从阴模（胶模）到阳模（蜡模），阳模再到阴模（石膏模），最后浇铸出首饰毛坯的过程（图 2－1）。首饰毛坯浇铸出来后，一般还要进行执模、镶石、抛光、清洗等程序，才能完成珠宝首饰的制作。金

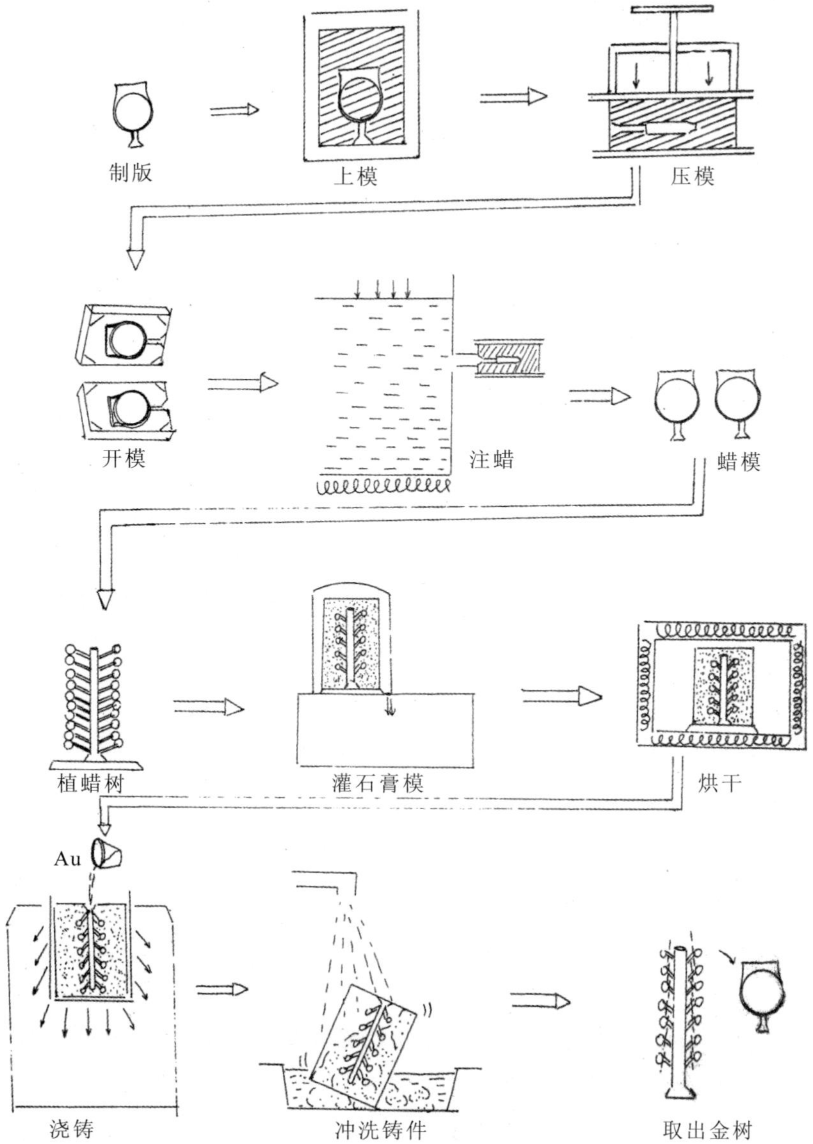

图 2－1　浇铸示意图

属模版是根据首饰设计图纸制作的，制作金属模版的材料多采用银或铜。模版的制作也称为起版，起版工作需要制作首饰工艺水平较高的师傅来担任。原模版是失蜡浇铸的关键，需要精心制作，制作的模版不变形，才能给以后的压模、浇铸、执模提供方便。如首饰模版设计不合理，起版不精确，可能给注蜡带来困难，浇铸出来的首饰毛坯可能出现镶口不正或花纹、小镶口不对称等毛病。这对大批量浇铸首饰毛坯来说是不行的，因此，必须提前对原阳模版进行修版，达到要求后才可以压胶模（阴模）。所谓的胶模就是将金属阳模包在硅橡胶片中，经过加热硫化后，使生胶片变成熟胶，成为硬的橡胶模。然后，用手术刀片割开胶模，将其对称地分割成两片，取出金属模版，胶模上就留下阳模的阴模了，这就是可注蜡模的母模。有胶膜后就可以在真空注蜡机上注蜡模，注蜡机内备有已溶化的蜡液，用胶模口对准注蜡机出蜡口，踩下踏板气压使蜡液灌进胶模之中，待蜡液凝固成蜡模后，打开胶模取出蜡模，这样就经历了从金属阳模到蜡制阳模的一个过程。随后，将众多蜡模聚集在一起，植在一根蜡柱（芯）上。先将蜡树的蜡柱插入橡胶底座的中孔上，可根据需要在一支蜡柱上植几十或上百个蜡模，蜡模一圈一圈有序地排列酷似（蜡）树，所有蜡模与蜡柱成45°相交，向浇铸下方倾斜。蜡树植好后，就可以在蜡树外套上钢筒，底部托蜡树的胶座恰好可卡住钢筒，随后将按一定比例调好的铸粉浆（石膏粉）灌进钢筒中，底部密封的胶托可阻止铸粉浆漏出。把灌好铸粉浆的钢筒放在阴暗处，让其晾干，注意最好不要直接暴晒，以防铸粉凝固时出现裂缝，否则将影响浇铸的成功。铸粉晾干后从筒上取下胶座，就可以将它直接放进电烘箱中烘烤。根据需要调好烘烤时间，温度要逐渐升高。这个过程中铸粉中的蜡模将变成气体全部挥发，而在铸粉中留下了阴模。达到所需温度后趁热马上将熔好的金属液体浇进铸粉阴模（也称石膏模）中，浇铸时可借助真空泵或离心力的作用快速浇铸，以保证浇铸完全和减少铸件的砂眼。待铸粉模中金属液体稍稍冷却后放入冷水池中炸洗，清除金属毛坯上的残留石膏粉，就获得树状金属毛坯，也称之为金树。显然这些金属毛坯与原金属模版是一样的。这样又经历从蜡模（阳模）到石膏模（阴模）再到金属毛坯件（阳模）的转换过程。

用偏口钳（也称水口钳）把金树上的毛坯一一剪下，然后用弓锯把毛坯上的水口锯下，随后再用吊机配上各种铣刀和砂纸条打磨首饰坯件，这道工序称“执模”。为清除毛坯上的污物使抛光更加容易，让首饰成品更加亮泽，要对执好模的首饰坯件进行化学处理，这道工序称为“炸金”。首饰毛坯炸金后显得干净光亮，随后就可以进入珠宝镶嵌工序。镶好宝石的首饰要再仔细打磨一遍，把镶嵌时留下的痕迹打磨干净，这样抛光起来就容易多了。镶嵌好的首饰必须经过抛光才会美观光亮，抛光机上的抛光布轮配以抛光蜡，很容易将首饰抛亮。抛光工序完成后，要在超声波清洗机中清洗首饰表面残留的抛光蜡等污物。超声波机中的清洁剂是专门清洗抛光蜡的，也称除蜡水，用这种除蜡水在超声波机中清洗首饰比较容易。用除蜡水把首饰清洗好后，再用清水冲洗一遍，最后用电吹风机将首饰吹干就完成首饰制作的整个工序。要注意的是有的宝石戒面，如祖母绿、处理过或染色的翡翠、有裂纹的红宝石等是不能在超声波机中震荡清洗的，超声波的震荡极易损伤诸如祖母绿等性脆的宝石，而处理过或染色的宝石很容易褪色。对于这些宝石首饰应先抛光清洗，最后再镶石。

第二节　机镶设施

前面谈到，机镶的实质是失蜡浇铸，浇铸需要浇铸机及相关配套设施，机镶车间的设备摆放要合理，才能有效地利用场地，使车间整洁明快，既能节省材料，又能提高工效。应该说讨论机镶设施首先要考虑的是车间，根据需要确定车间的大小。如果设计生产的首饰批量较大，那么需要的机器、员工就多，显然车间占用的面积就要大些。当然，有雄厚的资金，可购买自动化程度高的精密仪器和设备，失蜡浇铸的许多工序可以在少量的机器上完成，这样车间的面积可小些。不同的机镶工序要有不同的车间。一般说来制造金属模版需要技术高超的制版师傅，较大的珠宝镶嵌企业都有包括首饰设计在内的制版师傅，通常只有3～5人，小的镶嵌厂家仅有1～2人。较大且条件好的镶嵌企业有自己的首饰设计室，配备有必要的绘图台、绘图仪器、计算机、绘图纸、笔、尺等工具。设计室往往只有1～2位设计师，所以设计室面积不一定要大，但应光线充足，环境要安静。制版师傅可相对多些，每个师傅都应配以工作台、吊机及其他必需的工具。由于制版师傅制作时要潜心琢磨和思考，最好给制版师傅专门的制版车间。如企业的厂房不多，制版工序也可以放在执模、镶石车间里。压模、开模和注蜡是机镶重要的工序，这必须要有专门的车间。金属模版制好后，要压制胶模，车间里可根据生产需要来配备压模机。胶模压制好后可用手术刀将其割开，将金属阳模从胶模中取出，然后注蜡。大的珠宝首饰镶嵌企业生产的珠宝首饰数量很大，需要的蜡模也很多，这些大的企业通常要有几台、甚至几十台注蜡机才能满足生产的需要。注蜡机还需要电气泵加压才能注蜡。注蜡后，要将蜡模植成蜡树，这需要配有几个或几十个种植蜡树的调温电烙铁（焊蜡机）。

随后将蜡树灌制石膏模，需要搅拌石膏浆的搅拌机和除去石膏中气泡的真空泵机，这些设备可以放在浇铸车间里。浇铸设备比较大，必要的浇铸设备有浇铸机、抽粉机、电烘箱（电炉）、排蜡烟雾的排风机等。浇铸完成后需要在装有冷水的水池中炸洗金属坯，随后需要高压水枪冲洗金属坯上残留的铸粉，高压水枪的压力可来自注蜡电气泵。冲洗时电气泵的噪音较大，影响其他人的工作，故而需把电气泵单独安装在车间外面。浇铸车间温度高、烟雾多、噪声大、危险性高，浇铸又多是黄金、白银等贵金属，需要严格的安全措施。显然浇铸车间必须与其他工序分开，要有单独的车间。大的珠宝镶嵌企业首饰加工量较大，需要的浇铸设备多，车间占有的面积就大。浇铸车间必须有良好的通风设备，浇铸设备所需的电负荷高，因此必须配有高压动力电源。金属首饰毛坯浇铸后通常要用滚筒滚抛，然后才送去执模和镶石。

执模、镶石车间是首饰镶嵌的主要环节。执模、镶石都是人工操作，一个工人一个工作台，工厂越大需要的工人越多，车间占用的面积就越大。一般说来，大型珠宝镶嵌企业将执模和镶石分为两个独立的车间，这样便于管理。较小的镶嵌工厂执模和镶石可以不分开。首饰毛坯执模后，一般要炸金，这样使首饰便于抛光，首饰也会更加光亮。炸金用的化学药品是有剧毒的，一定要将其分开为单独的操作间，必须配备良好的通风设备，排气筒出口要接到高楼房顶上。电镀工序可以安排在炸金车间里。珠宝首饰镶石后要进行抛光，抛光车间应是独立的，珠宝首饰抛光要配备抛光机。排除尘埃必须有排风机，排风机应配有回收贵金属粉尘的回收装置。另外，还要有清洗珠宝首饰的超声波清洗机和清水池。一个完整的珠宝首饰镶嵌工厂还必须有调度产品批次、品种和检查产品质量、核算贵金属损耗的调度室以及工具备品库房和介绍本公司产品的陈列室。上述表明，珠宝首饰镶嵌全过程所需车间和必需的设备主要包括：

（1）首饰设计室：绘图台、绘图仪、计算机及纸、笔、尺等；

（2）首饰制版室：工作台、吊机、压片机、各种铣刀及相应工具等；

（3）植（蜡）树车间：压（胶）模、开（胶）模、注（蜡）模、压（胶）模机、注蜡机、调温电烙铁和电气泵等；

（4）浇铸车间：抽真空机、熔金机、电烘箱（电炉）、浇铸机、大型排风机、滚筒抛光机、炸洗池和压力冲洗水枪等；

（5）执模车间：工作台、吊机、各种铣刀、焊枪等；

（6）炸金车间（可与电镀车间合并）：电炉、各种容器、电镀设备和排风机等；

(7) 镶石车间（可与执模车间合并）：与执模设施相同；

(8) 抛光清洗车间：抛光机、排尘回收机、超声波清洗机、电吹风机、清洗水池等；

(9) 调度室：应配备电子天平、计算机等；

(10) 库房：计算机等；

(11) 产品陈列室：产品款式，陈列橱柜等。

以上讨论的设施和车间仅供参考，筹建珠宝首饰镶嵌工厂要根据实际情况来确定配置什么设备和如何安排车间（图 2－2 至图 2－4）。

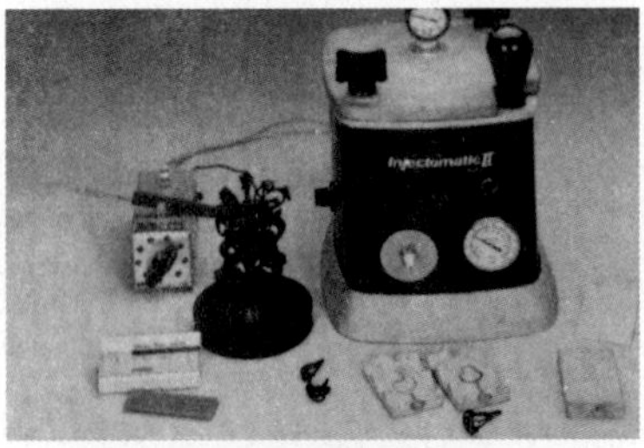

注蜡模

灌制石膏模

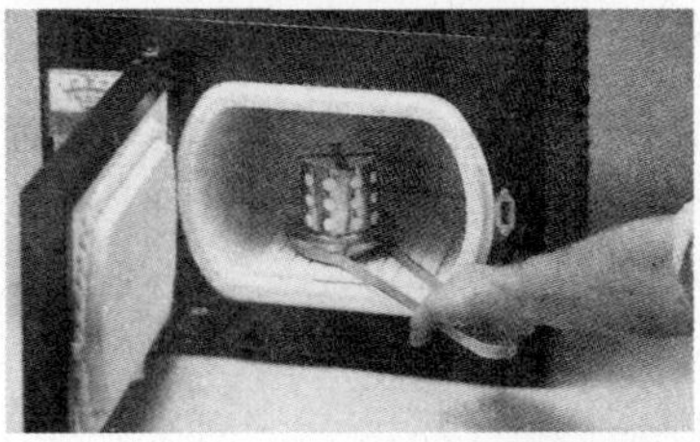

烘烤石膏模

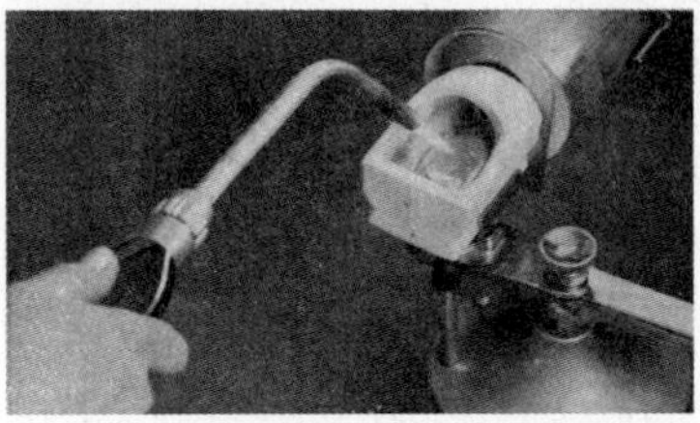

熔金

浇铸

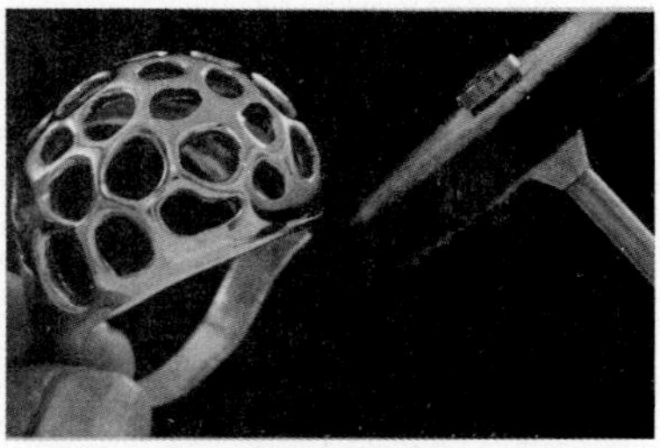

执模抛光

图 2－2　机镶主要工序

图 2-3　首饰陈列室

图 2-4　首饰陈列道具

第三节　机镶制版和开模

一、制模版

机镶制版工序大致与手工制作首饰一样。首饰模版的制作必须根据设计图纸款式的要求来做，这种制版也称之为起版。由于失蜡浇铸流程始于模版，要以模版为基本模型重复铸造，因此对模版的制作要求很严格，不能让模版有任何缺陷，否则会给机镶及以后工序带来许多麻烦，不仅会增加工作量，还会出现不协调现象，从而影响首饰的质量和美观。对模版的要求归纳起来有以下几点。

（1）严格依据首饰设计图或实物样板的尺寸大小来制作模版，以三维空间思维来体会设计者的设想以及首饰设计的主题。

（2）制作模版时除要考虑设计要求外，还要注重模版的整体性、美观性、实用性和可行性。就是说不能只考虑模版的局部，而忽视了模版的全部；侧重了首饰设计要求，不顾模版立体的美观；只追求艺术的漂亮，不考虑是否适合长久佩戴等实用性；重视了设计图的要求，没有顾及设计是否合理，模版的石蜡浇铸是否可行。技术高超的起版师傅可以根据实际情况随时调整制作模版的设计，让其达到完美的境地。

（3）对模版的制作要精益求精，必须精雕细琢。主石镶口与模版整体要协调，主线条要流畅，凸面、凹面要圆滑，花纹、副石镶口要分布合理。模版不能留下焊缝、焊点、锉痕，表面要光滑，棱角要分明。尤其注意模版表面凹陷、镂空和背面凹陷等不易抛光地方一定要打磨光洁，不能留下任何痕迹，以致影响首饰浇铸的质量。

制作首饰模版的材料有石蜡、铜、铝、银和金等。由于铜铝等材料性脆不易制好版，而用黄金制版损耗又大，这样会造成浪费，所以现在最常用的制版材料是银。制版用的银不是纯银，是含银92.5%的钯银合金。制版银合金硬度适中，有较好的韧性和延展性，很容易加工各种各样的模版。这种合金不仅适合造型设计而且又符合压制胶模的要求。

前面谈到珠宝首饰的手工制作，而模版制作与首饰手工制作基本一样，只是手工制作的首饰金托架不要镶石，而需要在首饰金属模版上焊接一节15mm长，直径3mm的铜线作为浇铸水口。要注意把焊接点打磨光滑、平整，不要在模版上留下任何痕迹。有的首饰模版造型复杂，层次较多，尺寸较大，一股浇铸水口是不够的。因而，一些首饰模版浇铸时需要双叉水口和三叉水口。给模版焊接水口主要是为了注蜡和浇铸的需要，水口的粗细应根据模版的体积和质量来确定。一般的女戒和胸坠的水口用一股直径3mm的铜线，焊接前将铜线焊接一端稍稍压平，然后焊接在戒圈或胸坠边缘。体积较大或较重的女戒和男戒主水口用较粗的直径4mm铜线，分叉的水口可用细些的铜线。有的耳钉、手链节、胸坠和坠环需用双叉水口，一次可浇铸出来，这样既省时，同时又为以后加工提供了方便。体积大的胸牌等首饰需要三叉水口，主水口应采用直径5mm的铜线，这样才能满足注蜡和浇铸的需要。制作水口的材料可用金、银和铜线，因铜材价格较低，又不影响工件的质量，由此通常都采用铜线制作水口（图2-5）。

双叉水口　　三叉水口

图2-5　模版水口焊接

目前，制版技术已有较大改进，新的制版工艺更加精确、简单、可行。下面介绍这种制版工序。

（1）依据首饰设计图样要求，选择适合规格的金属原料加工成各种零件，包括主石镶口、副石镶口、花饰及戒指两边的肩头等。

（2）选择一块面积大约8cm²、厚5mm的铜板，将橡皮泥放在上边并堆起成为半圆压实（半圆的大小可根据制作戒圈的大小来定）。

（3）将制作好的首饰零件按图的要求逐一摆在橡皮泥上，依主石镶口、副石镶口、花饰和戒圈肩头的顺序摆放。

（4）摆放好后要仔细调整，俯视观察要求各部件对称、协调、层次分明，平视观察要求两边高低相同。对于定好位的部件要将其轻压一下，使其粘在橡皮泥上，但要注意不能将零件压入橡皮泥中太深。

（5）用铁皮做一高3cm、直径3cm的圆筒，将圆筒套在摆好的组合戒指部件上，并插入橡皮泥中。然后调制出石膏浆灌入筒中，凝固1h后轻轻拿起铁皮筒。将粘首饰部件的橡皮泥与铁筒分离，这时原先摆在橡皮泥上的首饰部件完整地嵌在石膏筒的底部，并全部显露在表面。

（6）用软毛刷蘸上高标号的汽油清洗石膏嵌住的部件，将各部件接缝中的橡皮泥全部清洗干净。注意不能用力刷，以免将部件刷掉。

（7）接缝清洗好后即可焊接，用高焊将各焊口全部焊牢。注意不可用焊太多，焊好后即可放入凉水中洗去石膏，这样就制成了戒指模版的半成品。

（8）接指圈。按要求选合适的材料，将戒圈完整焊接好，随后用指棒把戒圈撑圆。

（9）接底片。选择厚0.6mm的材料，将其制成半圆，插入戒圈内，与主石镶口的底部留出适当距离，即可将片的两头与戒圈的中部用中焊焊好。

（10）修整底片。先将底片的外边修整成与戒托外部相同，再将底片内部修整成留有1mm宽的底丝。

（11）焊爪与支撑点。根据戒指造型，选择合适的金属线材连接镶口、花饰与底丝连接。连接前要将连接部位修出明槽，其深度可视连接线的粗细而定，连接线放入槽中与其相平为好。连接支撑点要两边、两面对称。用低焊焊接支撑各点后将连接线的多余部分剪去，并修整平滑（注意有些部位需要将镶石爪与支撑点用一根线来连接）。

（12）最后将焊好的戒指修整、打磨，并在戒圈最下部位外圈焊一浇铸用的水口，将其完全抛光后便可进行下一工序，即压模的制作。

二、压胶模

模版制作完后，焊接好水口就可以制胶模了。压制橡胶模需要压模机（又称硫化机），常用的压模机机型有（图2-6）如下几种。

ROMANOFF（Deluxe）热板：$6''\times8\ (\frac{1}{8})''$

尺寸：$(15\frac{1}{2})''\times(9\frac{1}{2})''\times(20\frac{1}{2})''$

电源电压：220V，单相

质量：24kg（净重）

GEMS（Deluxe）热板：$6''\times8''$

电源电压：220V，单相

GEMS（Junior）热板：$5''\times8''$

电源电压：220V，单相

还有特殊用途的大型压模机，如热板为$8''\times8''$，尺寸17cm×17cm×24cm。压模时不仅要施加压力还要加热。压模机上都有加压螺栓和加温热板，温度可以调节。与压模机配套的有各种模框，有单框、双框和四框的，模框多用铝合金制成。标准双框的规格为$(1\frac{7}{8})''\times$

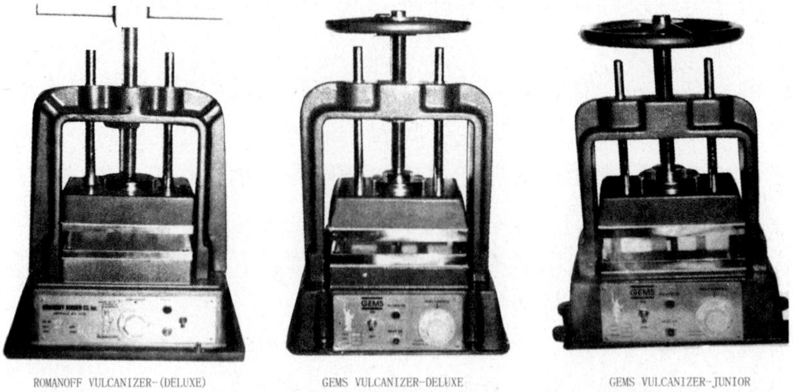

图 2-6　各种压膜机（硫化机）

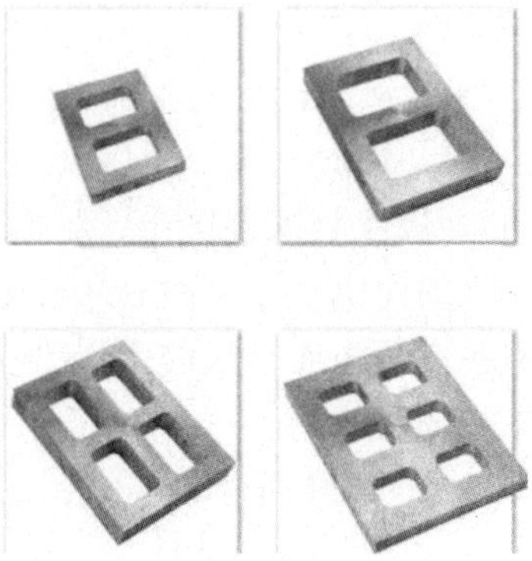

图 2-7　各种压制胶膜的铝框

图 2-8　压模生胶片

$(2\frac{7}{8})''$，标准四框的规格为 $(1\frac{7}{8})''\times(2\frac{7}{8})''$。还有在大型压模机上压大件模版的加厚铝框，规格为 $(2\frac{1}{2})''\times(3\frac{3}{4})''$（图 2-7）。压模的主要材料是生胶片，生橡胶片制成胶模的操作过程非常重要。现在首饰制造用的生胶片多是进口的，有名的进口胶片品牌有 CASTALDO 等（图 2-8）。CASTALDO 牌生胶片有两种品种，一种是含纯树脂橡胶较少的白牌胶片品种，相对来说此种生胶片硫化后较硬些，但是这种生胶片价格比较便宜，有经验的开模师傅喜欢用这种胶开模，因为它适合于压制普通模版，而且制作的时间较短。另一种含纯天然树脂橡胶较多的金牌胶片品种，其质地更加柔软，可用于凹陷明显难以加工的模版压模，这种胶片良好的性质可大大节省人工成本，如开模时其细微之处容易保留，注蜡后易脆的蜡模容易取出。

压制胶模前要将打磨光滑的金属模版清洗干净，最好用超声波清洗机清洗后烘干，有的精细模版还可以用铑电镀后压模，以保证模版的干净和胶模的完美。需要说明的是，铜制的模版最好电镀后再压模，因为铜容易与橡胶结合而不易分开。压胶模的过程实际是生胶转化为熟胶的硫化过程（图 2-9），生胶片生产厂家对确定硫化温度有明确的规定，一般定在 152℃为最佳。显然，胶片的硫化时间就非常重要了，而硫化时间的长短主要取决于胶模的

图 2-9　压制胶膜

厚度，每层胶片大约 3.2mm 或 ($\frac{1}{8}$)″厚，在 152℃下硫化时间需要 7.5min，如是 4 层生胶片（4mm×7.5mm）就需要 30min，6 层生胶片（6mm×7.5mm）则需时 45min。表 2-1 列出各种厚度胶片硫化时间。

有时一些结构比较复杂精细的首饰模版压制胶模时需要硫化时间较长，同时温度也必须降低。这样可以让橡胶完全注入模版所有细致而复杂的部位，硫化后就能得到完美的胶模。具体做法是将硫化温度降至 143℃，将硫化时间增加一倍。硫化温度太高会使橡胶注入困难。

表 2-1　各种厚度胶片硫化时间

建议硫化时间		
胶片总厚度	胶片层数	152℃下的时间（min）
($\frac{1}{2}$)″　(13mm)	4	30
($\frac{5}{8}$)″　(16mm)	5	37
($\frac{3}{4}$)″　(19mm)	6	45
1″　(25mm)	8	60
($1\frac{1}{2}$)″　(32mm)	10	75
($1\frac{1}{4}$)″　(38mm)	12	75

如何把金属模版埋入生胶片中呢？其过程是：首先根据模版的大小和高度选用合适的铝合金模框，然后按框模的内径裁剪生胶片。胶片的白色布衬可以放在模框的顶面和底面，夹在中间的胶片则要去掉布衬，而生胶片另一面的蓝色保护塑料薄膜必须撕下来。然后将两片按模框大小剪好的生胶片去掉保持层后重叠粘在一起，把金属模版平放在胶片的中央，让水口伸到胶片边缘，注意在覆盖上层胶片时要用碎胶片将模版四周的空隙全部填满，有的复杂花纹的细小孔隙要用镊子夹住细粒胶片往里充填，不能留下任何细小空间。为了注蜡方便，要在水口端头套上金属注蜡嘴，因此在水口端处剪一锥形缺口以便安放注蜡嘴。重叠多少层生胶片取决于模版的大小，一般要求模版上下两面各自至少垫两片胶片。由于模版的高低大

小不一，中间胶片的多少根据实际需要而定，但是必须将其垫平，胶模中间模版处稍微凸出一些也行。要求整个生胶模能将铝合金模框封实，并且要使胶模高出模框 2～3mm。

这样压制出来的胶模既充实又有弹性，而且不会太硬。如将模框填的太死或压力过大会使硫化后的胶模变得太硬或弹性过大而无法切削开模。模框装填不实，硫化的胶模会出现胶片层次分明，大量气泡的存在使胶模呈海绵状，胶模的上下表面出现十分明显的凹陷。这样的胶模会变形，直接影响蜡模和首饰毛坯的质量。硫化胶模前先预热压模机，然后将充填好胶模的模框置于压模机两块热板之间，两三分钟后慢慢旋转压紧胶模，注意不要用力过大。硫化温度调好后观察胶模的硫化效果，逐渐会看见一些橡胶溢出模框，如没有出现这种现象，说明表面模框装填不够紧密，注意在以后装填胶模时应更紧密些。当然有时可能是因为压模机压的不紧，在硫化过程的最初十分钟可以检查一下其松紧程度，如有必要可以拧紧一些。到了确定的硫化时间后马上取出已成型的橡胶模，最好让其慢慢冷却，也可以直接将胶模浸入冷水中冷却。压制好胶模后要用刀子（通常用新的手术刀）把胶模割开，这称为开胶模。最好带着压模后的余温就开始开模，这样切割更容易一些。

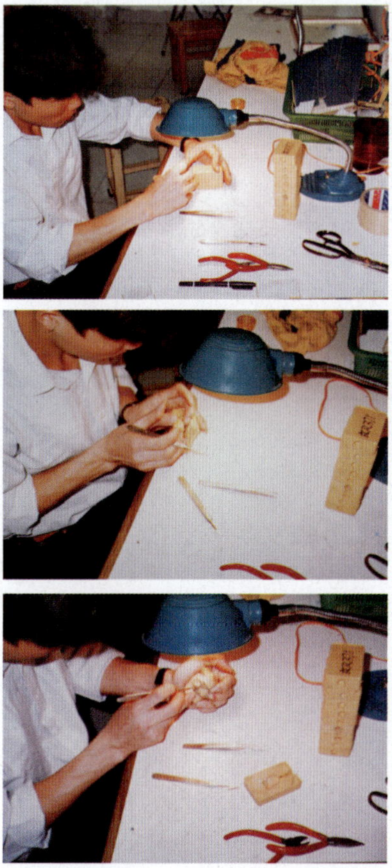

图 2－10　开胶模过程

三、开胶模

开胶模并不只是把金属模版从压好的橡胶模里取出来那么简单，这是一门要求技术很高的工艺（图 2－10）。开胶模的好坏直接关系到能否保持模版原型蜡模质量乃至金属毛坯质量，并且还关系到胶模的使用寿命。胶模切割的合理可减少重复注蜡和修复蜡模的工序，这样可以节省工作时间，提高生产效率。切割胶模首先根据模版的形状、大小来确定开模的方式。现在，多采用直线或四角定位切割方法，也有采用曲线切割方法。切割胶模之前要把注蜡嘴取出，将胶模外部四周的多余胶片割掉。直线切割就是从胶模的侧面中线平直切割，先从胶模的角端开刀，切至模版水口，这样比较容易切割一些。然后沿模版水口一刀一刀逐渐向两侧切割，每刀切进 2～3mm 为宜。靠近金属模版时要分外小心，有些细微之处不能被切断了，如副石的小孔、花纹的凹凸部分等，否则将损坏模版的原型，甚至损坏整个胶模而不能使用。另外，注意刀尖不能划伤金属模版。四角定位切割方法同直线方法基本相同，只是在胶模的四角割出 4 个对应的凹凸三角形，一片胶模内侧是凹陷三角形，另一片则是凸起的三角形，两边胶模恰好可紧密拼合，这是为了防止注蜡时胶模错位特别割制的。曲线开模则是开模时将胶模边部切割成锯齿状，这样也是为了注蜡模时胶模不会错位。有时为了注蜡后取蜡模方便和省力，可以根据金属模板的工艺、形状和大小在胶模内部切割几条深深的刀口，这就是所谓的切块式。还可以在胶模一边注蜡口的外部切割一条宽 6～8mm 的槽沟，从注蜡口由浅到深延伸，最后到金属模版中央，将模版中心块切透并与槽沟的胶条相连，注完蜡后拉下这个条块就容易取下娇脆的蜡模，这种方式叫做条块式。切割胶模不仅需要娴熟的技巧，还需要强壮有力的手扳开逐渐切割开的胶模。现在市场上有一种造型简单的开模器出售，当你开模时可以用开模器两边的钳子夹住胶模的两侧，调节螺丝可以向外拉开胶模，这样就可以比较轻松地切割胶模了。切割胶模多采用医用手术刀，在切割时要经常换刀片，并不时将刀片蘸些水或家用洗涤剂，这样可起到润滑作用，切割起来比较容易。特别注意的是用钝刀片切割胶模容易出事故，如割伤手指等。

金属模版有严格要求，橡胶模也有严格的要求。首先胶模必须保持金属模版的整体原型，不能有任何缺陷，如缺角少边、花纹不清，该镂空的地方要镂空，该圆滑的地方要圆滑。否则注出的蜡模是残次品，浇铸出来的金属毛坯也会是残次品。另外，胶模切割要合理，让胶模既能紧密接合，又能轻松打开，既有利于注蜡，又方便取出蜡模。质量不好的胶模会直接影响首饰制作，最好将其废弃，重新压制新的胶模。

注意生胶片应保存在阴凉处，温度不能高于 21℃，这样环境下其性能至多可保持一年。温度适当降低但不低于 0℃的冷藏条件下生胶片可以保持长久些。由于温度过高受热会使生胶片报废，因此务必让橡胶片远离火源。生胶片储藏在较冷处容易变硬，但可以将其慢慢回升到室内温度或稍微加温，保持 1h 后可恢复性能。另外要注意的是不能用棉花球清洁胶片，以免棉花纤维粘在胶片上不好去除。同时要留意除去胶片布衬的散线，避免让其嵌入胶模中。装填模框时尽量不用手触摸胶片，以免手上的油垢粘在胶片上影响胶模质量，尽可能用镊子来装填模框，一定要手拿时只能拿胶片的边缘。装填模框时要注意胶片要按一个方向放置，防止硫化后胶模太硬。硫化后的胶模也要像生胶片那样保存，这样胶模的寿命可达一二十年。注意胶模受热会变脆，阳光照射后会变颜色。当温度过低时胶模会变硬，但温度恢复正常时胶模又会变软，不会影响使用。

在压制胶模过程中可能遇到压制的胶模又黏又软或胶模太硬、弹性太大等一些问题，如何解决这些问题呢？下面列举一些问题和解决办法（表 2－2）。

表 2－2　在压制胶模过程中常出现的一些问题及解决办法

问　题	原　因	解决办法
胶模黏而软	硫化时间短和（或）温度太低	采用规定时间和温度
胶模硬而弹性大	压力太大，硫化时间太长和（或）温度太高	减少压力，采用规定时间
胶模层部分脱开	可能由于手的油脂等污染而致	去除污垢保证胶片清洁
胶模有大量气泡，上下表面有较大凹陷	模框装填不够紧密	模框装填再紧密些
生胶片太硬无法硫化	生胶片受热和（或）老化	废弃，换新胶片
生胶片坚硬	胶片长期处于低温环境	将其置于 38℃下慢慢升温
生胶片过分收缩	硫化温度太高	采用规定温度或温度降低到 143℃并延长一倍硫化时间
胶模细微处未能注出	胶模没装填好或温度太高	用胶粒填满所有空隙或采用规定硫化时间和温度

四、注蜡模

所谓的注模就是用橡胶阴模注出蜡质阳模。这一工序就是在制造金属模版、压制胶模、割开胶模等技术准备阶段之后，进入失蜡浇铸流程最初的生产实质阶段。要加工镶嵌多少件珠宝首饰就必须注出多少蜡模，显然蜡模的数量决定首饰成品产量。注蜡，顾名思义就是在一定压力下将石蜡挤进胶模之中。现在有比较先进的用于注蜡的真空注蜡机和气压注蜡机，要制作完美的蜡模，关键在于注蜡前能否将胶模中的空气抽净。注蜡机配有真空机注蜡模成功率高，且蜡模质量好。常见的真空注蜡机如下。

（1）安井（YASUI）全自动真空注蜡机（日本制造）（图 2－11）。

该注蜡机能自动送料，自动调节气压，可将胶模自动送往注蜡嘴前注入蜡液。注出的蜡模丰满光滑，均匀分布。注蜡机的自动化能提高生产效率，并且易于操作。该机初学者也能操作。

尺寸：55.5cm×27cm×44.5cm

（2）安井（YASUI）真空注蜡机（日本制造）（图 2－12）。

该机自动化程度相对低些，要用手拿住胶模对准蜡嘴，用脚踩动踏板才能注蜡。这需要一定的训练才能掌握好注蜡。另外注蜡气压也要随时调节，寻找合适的气压。

电源：220V　25A

功率：550W

尺寸：40.5cm×27cm×44.5cm

质量：18kg

真空泵：60L/min

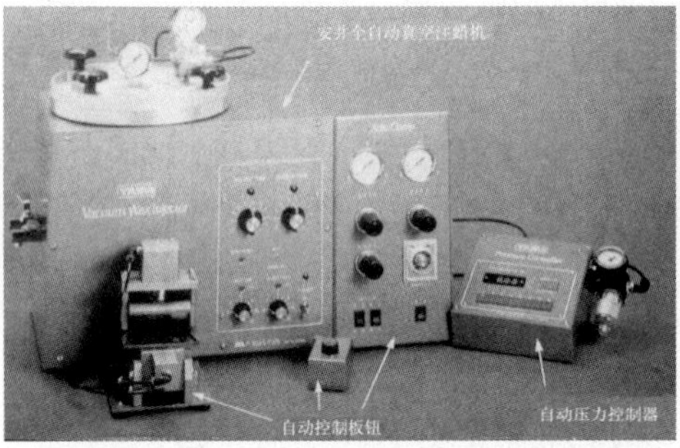

图 2－11　安井全自动真空注蜡机

图 2－12　安井真空注蜡机

香港等地也生产真空注蜡机，操作起来也很方便，目前国内广泛使用这类真空注蜡机。有些首饰厂家还采用气压注蜡机，这种注蜡机价格相对便宜一些，操作起来困难一点，如控制不好将影响蜡模的产出率和质量。但是熟练的操作工在这种注蜡机下也能又快又好地注出蜡模。常见的气压注蜡机有如下几种。

（1）KERRINJECTOMATCII 气压注蜡机（美国制造）（图 2－13）。

电压：100～130/200～250V

功率：250W

装蜡：0.9kg

温度范围：143℃左右

最大气压：2Pa

升温时间：20min/71℃

尺寸：30cm×22cm×25.5cm

（2）KERR PRO-JECTOR 气压注蜡机（美国制造）。

电压：100～130/200～250V

功率：500W

装蜡：4.546L

温度范围：120℃

最大气压：2Pa

升温时间：20min/71℃

尺寸：46.5cm×25cm×25.5cm

（3）ROMANOFF 气压注蜡机（图 2-14）。

装蜡：3.62kg

尺寸：15″×101/2″×19″

净重：18kg

图 2-13　KERRINJECTOMATCII 气压注蜡机

图 2-14　ROMANOFF 注蜡机

（4）ROMANOFF 气压注蜡机。

装蜡：2.49kg

净重：11kg

还有其他品牌的注蜡机，其功能都差不多，不在这里一一叙述。要说明的是，无论是真空注蜡机，还是气压注蜡机，它们都需要气泵加压，有的注蜡机本身就带有气泵，但多数是要配气泵的。镶嵌首饰数量较大的工厂可能需要多台注蜡机才能满足生产，即使这样只要有一台功率大一些的电气泵就可以保证所有注蜡机需要的气压，用一条气管将所有注蜡机连接起来，然后接在气泵上即可。注蜡机少的车间电气泵可以有多种用途，除注蜡机用以外，还可以连接在高压水枪上冲洗金属毛坯上的残存物等。

注蜡时注蜡机中蜡液的温度和气压的高低关系到蜡模的质量，所以要求比较严格。一般说来，注蜡前必须预热注蜡机，并让机器电源常通着。通常要求注蜡机内的蜡液温度要保持在 70～75℃之间，气压应根据所注蜡模体积的大小和难易程度而定。温度太低使蜡的黏度增加，造成蜡液流动性降低，这样会导致蜡液注不满胶模，因而常常会出现蜡模残缺不全的现象。气压太低也难让蜡液注满胶模。相反，如温度太高或压力太大，蜡液流动性增加将造成蜡液从胶模接缝中流出，有时还会从注蜡嘴流出。这样注出的蜡模多边多棱，必须修整后才能使用，显然这将造成很大的浪费，甚至会出现残次蜡模。

注蜡后从胶模中取出性脆的蜡模也有技巧。首先要检查胶模切割是否合理，切割不好的胶模取出蜡模将非常困难。一般说来，注蜡前应把胶模打开向里面模版处喷洒些脱蜡剂或刷些滑石粉，注意不能喷洒太多，尤其不能让滑石粉堆积在胶模版的夹缝角落里，否则将影响蜡模质量，出现残次蜡模。注蜡时通常在胶模外部上下垫两块有机玻璃（也可以用其他板材），双手用力压住有机玻璃，让胶模均匀地夹紧，这样胶模接缝紧密才不会漏出蜡液。把有机玻璃紧紧夹住的胶模对准出蜡嘴推进，然后轻轻踩下气压踏板，蜡液迅速挤进胶模之中，随即松开踏板。待蜡液凝固后先取下拉条，打开胶模并用力扳开胶模内部的暗槽，这样可以轻松取出蜡模。取出蜡模之后要仔细检查一下蜡模的质量，缺角少边的蜡模最好抛弃，找出存在这些毛病的原因，进一步调好温度压力后，再重新注蜡。无论你如何努力，注出的蜡模总有些多余的边刺，部分细孔不通、花纹不清晰等微小缺陷，这就需要进行局部的修理，使蜡模保持原来的造型。修蜡模多用手术刀、钢针和焊蜡机。蜡模出现毛刺、毛边时可用手术刀将其修理光滑，花纹不清晰或孔眼不通可用刀尖或钢针修整，钢针加热后穿孔更加容易（图 2－15）。有时蜡模还有掉爪等现象，可用焊蜡机将其修复（图 2－16）。如蜡模整体有些变形，用手即可将其矫正。气温低蜡模变脆不好矫正时，可将蜡模放进温水（约 45℃）中软化后矫正。修蜡模还有一项重要的工序就是改圈口，我们知道金属模版的圈口、镶口和形状是固定的，有时需要做些细小的调整，在浇铸后的金属铸件上修改不仅费事，而且浪费金属材料。预先在蜡模上修改圈口、镶口的大小，将长椭圆改变成圆形，浇铸出来的金属铸件就不用再改变了，这是非常省事的途径。修复好蜡模后，将蜡模的水口和镶爪修剪整齐，以便植蜡树时统一尺寸，排列整齐。

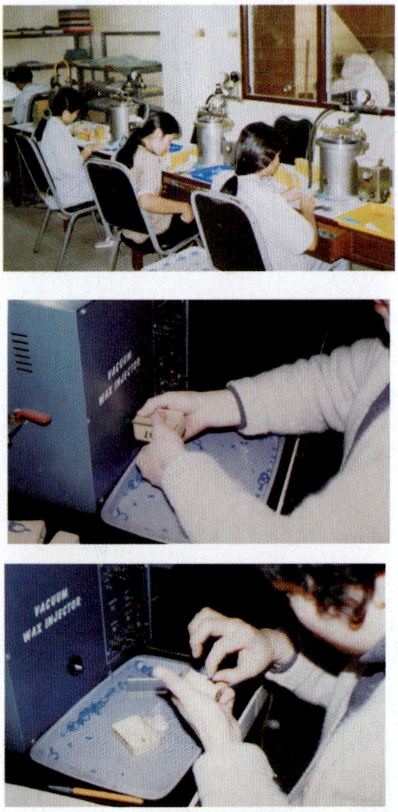

图 2－15　注蜡模过程

注蜡模最重要的材料是铸造蜡的本身，铸造蜡就是石蜡，品质要求较高。通常石蜡是用纯天然材料制成的，并经过 3 次过滤，确保不会堵塞出蜡嘴，不会有毒和危险，全部燃烧后没有残渣。要求石蜡中含有分离剂，易于脱离胶模。石蜡有蓝色的、橙色的、红色的、金色的、绿色的、黄色的等。各种颜色的石蜡有不同的特性（图 2－17）。

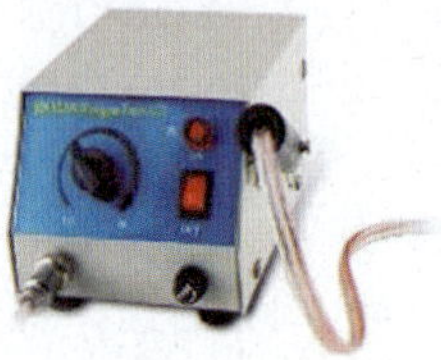

焊蜡机

修蜡版

图 2－16　焊蜡机及修蜡版

• 透明无色的石蜡。极其柔软，适用于注制复杂而细小饰物和难度较大的部件。注蜡温度为 60℃。

• 橙色的石蜡。非常柔软，流动性能好，有良好的复原性，是一种多用途的石蜡，细而薄的部件也可采用这种石蜡。注蜡温度为 68℃。

• 红色石蜡。是用途最为广泛的石蜡，中度柔韧性，冷却较快。注蜡温度较高，为 74℃。

• 金色石蜡。硬度大，柔韧性极小，但流动性极佳，几乎没有收缩或沉淀，可用于雕刻模型，大型模具等。注蜡温度最高，为 76℃。

• 绿色石蜡。柔软性好，冷却速度慢，收缩性低，很少沉淀，适合大平面的工件，也可用于一般用途。注蜡温度 65℃。

图 2 - 17　各种注蜡

目前，国内珠宝首饰加工厂常用的是蓝色石蜡，这种石蜡柔韧性一般，流动性较好，适用范围广泛。市场上出售的石蜡有砖状的、不规格片状的、棍状的、片珠状的等。蜡砖、蜡棍常用于雕刻石蜡，片状、片珠状的石蜡多用于注蜡机注蜡模。

五、植蜡树

植蜡树是一项细致而重要的工作，是关系到浇铸是否成功的关键。植蜡树，顾名思义，就是把分散的蜡模有序地焊接在一起，组合排列的蜡模外形似树状。植蜡树有专门的焊蜡机，其实就是可调温的电烙铁。焊蜡机主要品牌有 LM 型，220V 的电压，配有 3 个焊头；3T 型，220V 的电压，也配有 3 种焊头。美国 KERR 公司出品的 MASTERTOUCH 焊蜡机操作比较方便，随机配有两把常用的焊头，还有圆鼻型、“S”型等 10 余种焊头，适合于各种形状的蜡模焊接和各种品质的蜡的焊接。

图 2 - 18　蜡树胶底托

植蜡树前需制作圆柱状的石蜡芯，市场上有专门的蜡芯出售，也可以用粗细合适的铜管自己制作。将熔化的石蜡灌入铜管中，待蜡冷凝后取出就可以用了。石蜡芯的重要用途在于支撑蜡模，也就是将蜡模有序地焊接在蜡芯上呈树状。蜡芯也是浇铸金属熔体的通道。蜡芯通常竖立在橡胶底座上才方便植蜡树，橡胶底座四周有一薄边，能围住灌石膏模的钢套的底部，这样可防止粥状石膏渗漏出来。橡胶底座有几种规格，常见的有直径为 3″、$(3\frac{1}{2})$″、4″，大的胶座配大的钢套，这种规格的胶托和钢套一次可以多植些蜡模。橡胶底座中有一突起的圆凹心，蜡芯恰好与凹圆大小相似，用熔化的石蜡灌进凹心中，再将蜡芯插入其中，待其凝固后蜡芯就紧紧联结在橡胶底座上了（图 2 - 18）。然

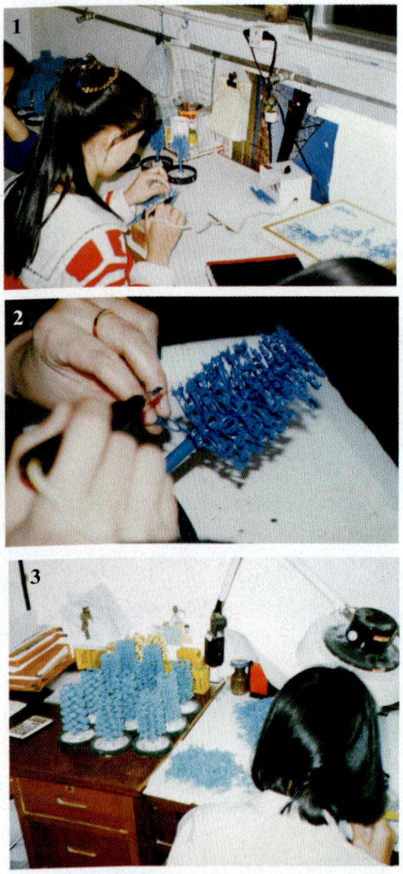

图 2-19　植蜡树过程

后将早先注好的蜡模逐一焊接在蜡芯上，围绕蜡芯一层层地植蜡模。植蜡树可以从上往下进行，也可以从下往上进行，应该说前一种方法更科学些，操作起来也更加方便，并且可避免焊接上面蜡模时蜡液滴在下边已植好的蜡模上。植蜡模时要求蜡模既紧密有序排列，又不能彼此相连，要有一定的距离，否则浇铸出来的铸件也会相连，加工起来就费事了。如连接太多整个铸件就会报废，如无序而稀疏植上蜡树，一次没有浇铸多少金属毛坯，这也会造成浪费。植蜡树很重要的一点就是，蜡模与蜡芯之间必须有一定的角度，所有蜡模均向上倾斜（向胶座相反方向倾斜），形成石膏模后倒过来取下胶座浇铸时蜡模就全向下倾斜了，这样浇铸时有利于金属熔体流入石膏模中。根据蜡模形状和体积大小的不同，倾斜角度有些变化，体积较小和复杂的蜡模倾斜角度可大些，相反倾斜角度小些。因为倾斜角度大便于金属熔体流动，有利于小而复杂模版的浇铸。大的模版水口也粗，熔体流动快而有力，故而倾斜角度略小不仅不会影响浇铸，还可避免熔体冲破石膏模。通常蜡芯与蜡模之间交角在45°左右。种植蜡树要选用合适的焊蜡机头，将焊蜡机的温度调节好，焊蜡模时先用焊头在蜡芯上烫出小孔，然后把蜡模的水口插入蜡芯，再用焊蜡机将接缝焊牢。蜡树焊完后要仔细检查，看蜡模是否都焊接牢固。灌石膏模时由于抽真空排气泡有一定震动，焊接不牢的蜡模容易脱落，这将影响石膏模的质量，甚至造成石膏模的报废。蜡树的高低和大小要根据胶座和钢套的直径和高度来确定，要确保石膏将蜡树完全包围，并要求顶板、底部和围壁有一定厚度，能承受熔体的冲击（图 2-19）。

在将蜡芯竖在胶座之前，应称出胶座的质量，并将其记录下来，这是浇铸时计算金属材料用量的依据。有经验的师傅还可根据蜡树的质量来确定金属材料的用量，这是根据蜡与金属相对密度差来计算的。

第四节　机镶浇铸

一、灌制石膏模

浇铸工艺是机镶的核心环节。蜡模必须转换成石膏铸模后，才能进行浇铸。只有制作高质量的石膏模才有可能浇铸出高质量的金属坯件，高质量的金属毛坯是最终首饰产品的根本。光洁度高、砂眼少的饰品毛坯对提高工效、降低成本是至关重要的。浇铸前铸石膏模时了解石膏粉的质量、特性和用法尤其重要，因为石膏粉的纯净度、凝固度、收缩比都关系到石膏模的质量，也就是关系到铸件的质量。石膏粉质地细腻均匀，浇铸出来的铸件的表面才会光洁，不会出现凹凸不平的现象。石膏粉凝固度好其石膏铸模就坚固，这将减少浇铸时损失铸模的现象。石膏粉要兑水搅拌呈粥状后灌模，粥状石膏浆凝固后才能烘烤，石膏浆凝固后应无太大变形和收缩，否则石膏模将出现裂缝等现象。目前，国内首饰加工厂多采用进口的铸粉（石膏粉），常用的有 KERR、OMNI（旗牌）等精密铸粉品牌。国内也开始生产精密铸粉，如北京思因公司出品的 SKI 系列铸粉，其质量也不错。

石膏模的制作需要一些必备的机器、设备和容器。蜡树植好之后外面要套上钢筒，钢筒套四周布满 1～2cm 直径的圆孔，在距底部胶座边上面一点围绕钢筒套外部焊有一圈钢圈，这样便于将烘烤后套有钢筒的石膏模用火钳夹出时不易滑落，并且在浇铸抽真空时钢圈恰好放在浇铸机圆口上边，抽真空时才不会漏气。钢筒套有 3″×4″、3.5″×4″、4″×6″、4″×7″、4″×8″等规格（图 2－20）。蜡树胶座要配好钢套，在已套好蜡树的钢筒外部缠上胶纸，将所有孔洞都堵住，这样就可以向钢筒内灌石膏浆了。调配石膏浆前要根据钢套的大小和数量称量好石膏粉备用。然后用量具量好所需的水，水与石膏粉的比例一定要配好，OMNI 石膏粉（图 2－21）和 KERR 石膏粉通常的配比是 1 000g石膏粉需 400mL 水。搅拌石膏粉的水可以是自来水，也可以用蒸馏水，视水质情况可适当调整石膏粉与水的配比及工作时间。水温最好在 21～24℃，水温低会延长初凝时间，水温高会缩短初凝时间。必须先用容器量好所需的水，然后往水里加石膏粉，不能往石膏粉里倒水。所谓石膏铸粉的工作时间就是留给操作者的搅拌石膏粉的时间，大多石膏粉的工作时间平均为 9～10min，其计算方法是将石膏粉加入水中开始，至石膏粉浆表面失去光泽时间减去 2min 的过程为实际工作时间。工作时的温度、水温、水质及石膏粉的贮存温度对实际工作时间长短都有影响。要根据实际工作时间确定好一次调制石膏粉浆的数量，这样可以保证在工作时间内完成调制石膏浆和灌浆的工序。一次调浆太多，可能出现灌浆尚未完成石膏浆就硬化了，勉强灌浆其质量也会受到极大影响。所以一次配制多少石膏粉浆就显得十分重要。一次配制石膏浆的数量可以根据石膏浆钢筒套的尺寸和数量来定。以下是计算石膏粉质量的简单计算公式和计算简表（表 2－3）。

图 2－20　钢筒套

图 2－21　美国 OMNI（旗牌）铸粉

圆形钢套的容积＝π（直径/2）^{2}×高（H）＝0.785×直径^2×高（H）

石膏浆质量＝石膏浆体积×2

石膏粉质量＝钢套的容积×2×0.72＝钢套的容积×1.44

表 2-3　石膏粉质量计算简表

粉重（g）	较重的铸件		一般的铸件		特精密铸件	
	水粉比 38%		水粉比 40%		水粉比 42%	
	水容积（mL）	粉浆容积（近似 mL）	水容积（mL）	粉浆容积（近似 mL）	水容积（mL）	粉浆容积（近似 mL）
227	86	174	91	179	95	184
454	172	349	182	359	191	369
2 268	862	1 745	908	1 794	953	1 344
4 535	1 724	3 490	1 816	3 509	1 906	3 687
6 803	2 586	5 235	2 724	5 383	2 859	5 531
9 070	3 448	6 980	3 632	7 178	3 812	7 374
11 338	4 310	8 725	4 540	8 972	4 765	9 218

例如：石膏钢筒尺寸＝8cm（D）×10cm（H）

石膏钢筒套容积＝0.785×8^2×10≈502（mL）

石膏粉质量＝502×1.44≈723（g）

那么灌制一筒铸模就需要723g石膏粉。铸一般的铸件，一次最好灌一筒或两筒石膏浆。

搅拌铸粉可以用手操作，也可以用搅粉机搅拌2～2.5min。搅拌铸粉最好使用专用搅粉机，这样可以搅拌更加均匀。常用的搅粉机有KENWOOD等系列（图2-22）如下。

（1）PM-500型，电源：220V，50Hz；容积：6.4L。

（2）KM-230型，电源：220V，50Hz；容积：6.4L。

（3）KM-201型，电源：220V，50Hz；容积：4.4L。

将石膏铸粉搅拌成均匀的稀粥状就可以了。搅拌好石膏铸粉后马上要抽真空1.5～2min，除去石膏粉中的气泡。然后将套有蜡树的钢套摆在真空机上，将调好的石膏浆沿钢筒壁慢慢倒下，避免直接将石膏浆倒在蜡树上，造成对蜡模的损坏，甚至折断蜡模。石膏浆必须把钢筒内的蜡树全部埋没，还应高出蜡树2cm，如钢套不够高可在其顶端围一圈硬纸片后再灌浆，以确保石膏模底部的厚度。前面也谈到蜡树与钢套之间应有一定间隙，这个间隙就是石膏模的壁厚，太薄的石膏模壁在浇铸时容易被损坏，造成金属熔体流出。石膏模壁最薄处的厚度在1cm以上为佳。灌满铸粉浆后应马上振荡，当铸粉浆中气泡振出得差不多时，盖上真空罩抽真空1～2min，尽量把石膏粉中的气泡抽净。制石膏模的真空机可以自己制造，也可以在市场上购买。常见的抽真空机就是以真空气泵配上气压

图 2-22　抽真空机和搅拌机

图 2-23　灌制石膏模

表为主体的机器。在机箱顶部装有一块平板，平板四角有弹簧可以上下晃动，平板上有层胶垫，配有一个半球形的有机玻璃罩，在石膏模抽真空时将其盖在上面，抽真空时机罩和平板胶垫之间紧密接合不易漏气，以保证抽真空的质量（图 2-23）。真空机抽出石膏粉的气泡使蜡树中的空隙被石膏浆完全充填，并与石膏紧密粘合，这样才能制造出形态完整、纹饰清晰、表面光滑的石膏模。否则将出现质量不高的铸模，以后浇铸时铸件会出现砂眼、表面凹凸不平等缺陷。同时要注意抽完真空后，石膏模的顶部是否够厚度，如果铸模顶部太薄要补充石膏浆，否则将可能造成浇铸时漏模现象。抽完真空的灌浆钢套要轻轻放在平整的台面上，最好不要置于阳光直晒的地方，静放 1～2h，给石膏模足够的凝固时间。一般说来凝固了的石膏模应马上送进烘箱焙烧，但也可静放更长些时间，最好不超过一天（图 2-23、图 2-24）。

二、焙烧石膏模

石膏模凝固后就可以焙烧脱蜡了。脱蜡焙烧之前要取下石膏模上的橡胶底座，同时也要去掉硬纸片等杂物，清除钢筒底部和外部多余的石膏粉。然后将套有钢筒的石膏模送入电炉（烘箱）中焙烧脱蜡。有的工厂脱蜡用专门的蒸蜡炉，如市场上出售的 2010 型和 2810 型蒸蜡炉，前者炉内容积小些（20″×14″×10″），只有一条电炉丝；后者容积大些（28″×14″×10″），有两条电炉丝，都用 220V 电压。但现在各首饰厂家都采用较大的电炉（烘箱）（图 2-25），脱蜡焙烧一次完成。电炉（烘箱）的品牌较多，国内外都能生产高品质的电炉（烘箱）。长沙、

图 2-24　准备烘烤的石膏模钢筒

图 2-25　电烘箱

天津、上海等国内的电炉厂家出品的可调温电炉广泛运用于首饰加工行业。国内常见的进口电炉（烘箱）有如下几种。

(1) F－300型。

温度：1 000℃

电压：380V

功率：7.5kW

控温：至1 200℃

炉内容积：31cm×40cm×28cm

质量：280kg

(2) F－400型。

温度：1 000℃

电压：380V

功率：11kW

控温：至1 200℃

炉内容积：40cm×50cm×40cm

质量：400kg

这些电炉都带有温度控制器，根据要求可随时调节温度。另外还有美国KERR公司生产的两种电炉。

(1) KERR14×3型。

电压：230V

功率：4.4kW

炉内容积：14″×14″×14″

质量：86kg

(2) KERR9×9×9型。

电压：230V

功率：1.9kW，8.1A

炉内容积：9″×9″×9″

质量：32kg

焙烧石膏模时间长达数小时之久，升降温度用人工调节不方便，为此可以配上自动温控仪。这种仪器品种比较多，如16程序的电脑温控仪；2程序，8段式温控仪，等等，配上这些仪器调好时间温度就能自动控温焙烧石膏模了。

焙烧石膏模的时间一般在6～12h不等，这主要与石膏钢筒的大小、石膏浆的品质类型有关。焙烧石膏模筒通常分干燥、脱蜡和浇铸3个阶段，对每个阶段的温度要掌握好，严格控制温度的界限，不能有疏忽，温度控制不好将严重影响浇铸工件的质量。焙烧一个底面直径80mm，高100mm的石膏模筒全程时间大约7～8h。先将电炉预热到200℃后才装进石膏模筒，注意要把石膏模筒的浇铸口朝下放在炉内的支架上，以便熔化的蜡液流出烧尽，在200℃处恒温1h，再升高到400℃，让它又恒温1h，这个时段就是所谓的脱蜡温区；然后再将温度升至600℃，此时再恒温1h，再加温至800℃烧1h，这个时段称之为干燥温区；最后将温度降低到500～600℃，在此温度范围内保持2h左右，这个时段称为浇铸保温区。最后将焙烧的石膏模降低到合适浇铸温度也很重要，不同的铸件降低的温度也不相同，如是精细的女戒、项链、项坠等细小花样的铸件，最后一小时的温度最好降到480～540℃时浇铸为佳。如是比较粗大的男戒等较重的铸件，最后一小时的温度可降低到370～480℃浇铸。

如是100mm（D）×200mm（H）较大的石膏模筒就需要更长的焙烧时间。将烘箱预热至200℃，装入石膏模筒，同样恒温2h，温度再次升到320℃后，恒温2h，然后再升温到480℃，又恒温2h，此后把温度升至730℃，恒温4h，最后将温度回调到500～600℃，保持2h就可以浇铸了。

焙烧石膏模筒时的温度调节也很重要，温度升高速度最好控制在100～200℃/h。温度升高太快，石膏模易产生裂缝，影响浇铸质量，甚至出现漏模现象，造成石膏模的损坏和浪费。假如升温太慢，不仅会延长焙烧时间，还会引起除蜡不尽，石膏模干燥不彻底等问题，这也将影响浇铸的质量（图2-26）。

三、配金

石膏模焙烧好后马上要熔金和浇铸。在此之前有项重要工作要准备，即配金。市场上出售的黄金首饰中的含金量多为99.9%，这就是人们常说的千足金。镶嵌珠宝首饰的金托或铂金托，尤其是浇铸镶嵌的首饰托往往不能用高纯度金来制造。因为高纯度金或高纯度铂金都太软，镶嵌宝石很容易脱落，高纯度金颜色也不好与有些宝石相配，并且高纯度金托的成本也很高。显然有必要在高纯度金或高纯度铂金里加其他金属以提高其硬度，并改变其颜色，这就是所谓的配金。根据需要可配制不同含量的金或铂金，甚至可配制不同颜色的金。现在珠宝首饰镶嵌的金托架常常是18K（含金量为75%），或14K（含金量为58.3%）的金合金。另外还有9K（金的含量为37.5%），8K（金含量为33.3%）的金合金。而镶嵌用的铂金托常常是含铂90%（Pt900）的合金。每一种K金的金含量是固定的，然而其他金属配料的含量却有很大变化。例如，俄罗斯人喜欢近于红色的18K金镶嵌的珠宝首饰，其含金量是75%，而铜的含量达25%。日本、美国人喜欢18K浅黄色金镶嵌的首饰，含金量也是75%，而银的含量为16.7%，铜含量为8.3%。现在流行的18K的K白金，其金含量保持不变，但加入了5%的银和20%的钯。K金的成分、颜色及物性（表2-4、表2-5）。

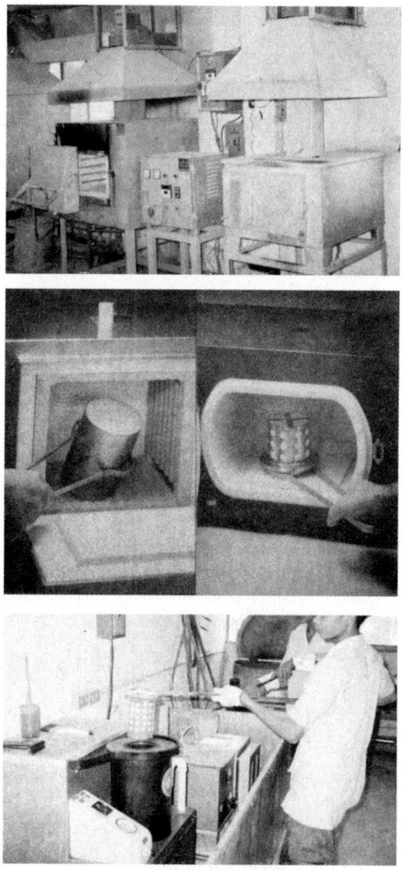

图2-26　石膏模焙烧与浇铸

表 2－4　18K 首饰用金的成分、颜色及物理性质

成分（%）					熔点	淬火后硬度	淬火后抗拉强度	延展性
颜色	Au	Ag	Cu	Pd	t（℃）		MPa	σ（%）
绿色	75	25	0	—	—	—	—	—
浅绿黄色	75	21.4	3.6	—	—	—	—	—
浅黄色	75	16.7	8.3	—	920～930	100	460	44
玫瑰色	75	12.5	12.5	—	900～920	110	480	45
橙黄色	75	8.3	16.7	—	—	—	—	—
浅红色	75	3.6	21.4	—	—	—	—	—
浅紫红色	75	0	25	—	—	—	—	—
白色	75	5	0	20	1 272～1 280	—	—	—

表 2－4 至表 2－7 资料来源：黄振卿．简明黄金实用手册．东北师范大学出版社，1991.

表 2－5　14K 首饰用金的成分、颜色及物理性质

成分（%）				熔点	淬火后硬度	淬火后抗拉强度	延展性
颜色	Au	Ag	Cu	t（℃）		MPa	σ（%）
浅黄绿色	58.3	38.25	3.25	970～990	69	300	35
浅黄色	58.3	28	13.50	830～870	118	510	23
黄　色	58.3	18.75	22.75	810～850	131	530	36
粉红色	58.3	9	32.50	850～890	114	540	44

目前，欧美一些国家流行低含量的 K 金镶嵌珠宝首饰，除有 14K 的首饰外，还有 9K、8K 金的镶嵌珠宝首饰。这些低含量的 K 金镶嵌首饰造价比较低，常常镶嵌一些价值不太高的宝石或人造宝石。各种 K 金的机械性能和耐腐蚀性能够满足各种镶嵌首饰的要求，低含量的 K 金合金能够铸造出造型复杂、结构精美的首饰，根据需要还能配制出各种颜色的饰物。多数欧美妇女都拥有几件或十几件珠宝首饰，从高档珠宝首饰到低档珠宝首饰都有，可在不同场合佩戴或配以不同的服装。珠宝首饰已成为他们不可缺少的佩戴装饰品。随着生活水平的提高，珠宝首饰也进入中国的千家万户，珠宝首饰品种的增加使得个人拥有一两件珠宝首饰也不算什么了。现在国内市场上已有 9K、8K 金的镶嵌珠宝首饰出售。由于这类首饰价格较低，花色品种多，深得广大消费者的喜欢。表 2－6、表 2－7 分别列举了配制 9K、8K 金的成分、颜色及其物理性质。

表 2－6　9K 首饰用金的成分、颜色及物理性质

成分（%）							熔点	淬火后硬度
颜色	Au	Ag	Cu	Pd	In	Ni	t（℃）	
红色	37.5	2	60.5	—	—	—	966～986	131
红色	37.5	10	52.5	—	—	—	926～940	151
浅黄色	37.5	16	46.5	—	—	—	882～901	153
黄色	37.5	10	48.7	3.8	—	—	850～975	153
粉红色	37.5	2	52	—	8	0.5	—	—
红色	37.5	10	49.5	3	—	—	—	—
白色	37.5	58	—	—	3	1.5	—	—

表 2－7　8K 金的成分、颜色及物理性质

成分（%）				熔点	淬火后硬度	淬火后抗拉强度	延展性
颜色	Au	Ag	Cu	t（℃）		MPa	σ（%）
浅黄绿色	33.3	53.4	13.3	790～870	99	410	28
黄色	33.3	44.5	22.2	800～820	110	470	24
橙黄色	33.3	33.3	33.4	800～825	115	580	25
玫瑰色	33.3	20	46.7	800～900	109	480	30
红色	33.3	9.5	57.2	860～950	99	440	35

配金时要严格按照金、银、铜等金属比例投料，否则就达不到 K 金的要求，也出现不了所需要的颜色。配金一定要用高纯度金（含金量为 99.99%）来配制，至少也要含量在 99.9%的黄金。在配金的实际工作中，为了确保 K 金的金含量，常常要投入比规定的比例稍为多些的黄金料。这里尤其要注意的是黄金中不能含有有害元素，例如砷、铅、硫等元素，哪怕在黄金中有害元素的含量是极其微量（0.00n%）的，也会对配金质量产生很大影响。如黄金中含微量砷，浇铸出来的铸件会变得十分脆性，甚至会出现豆腐渣状脆裂，用手一掰就出现粉碎，浇铸的工件完全不能使用，不仅浪费了石蜡、石膏等材料，也增加了配金、浇铸用金的损耗，并且拖延了工期。遇到这种情况只好重新提纯黄金，将黄金提纯后再进行配金。如果黄金料不是纯金最好不要直接就进行配金，千万不要以为知道原料金的含金量，按配金比例投入其他银铜原料就行了。我们知道不纯的金材料里肯定含有不少其他物质成分，甚至含有有害物质成分，并且多数情况下我们不知道这些原料金的其他物质是什么成分。用不纯的原料金直接配金很难配制出合格的 K 金，如存在有害成分将对浇铸造成破坏和浪费。所以，原料金一定要是高纯度金，不是高纯度金是不能直接配金和浇铸。有经验的配金浇铸师傅在配金前先要仔细看看原料黄金的成色，通过金块的颜色、收缩凹面和结晶纹路等现象确定其纯度，这将最大程度地避免配金和浇铸的失败。配制好的 K 金可用剪钳将

其剪开，仔细观察剪口的情况，如剪口切得深，而最后的断口是拉断的，没有出现大面积裂开现象，表明用这种 K 金浇铸不会出现粉碎等问题。如剪钳刚剪进 K 金块一小点，金块就裂开了，断口出现较大面积碎裂现象，这种 K 金最好不要再用了，否则浇铸出来的 K 金铸件会出现脆裂现象，造成不必要的浪费。出现碎裂现象必须将已“配好”的 K 金重新提纯后，再进行配金和浇铸。

现在，市场上有配金用的“补口”出售，所谓“补口”就是按比例配好的配金辅助材料，各种颜色的补口是外形大小均匀的金属豆子（直径 3～5mm），它们有黄色、银白色、赤黄色等，不同颜色的补口可配出不同成分和不同颜色的 K 金（图 2－27）。配金时根据需要确定好纯金的重量，再按比例称出所需补口的重量，然后把它们混在一起，用甲烷和氧气

图 2－27　各种补口

或电炉将其完全熔化后倒进铸铁槽内。注意在将熔化了的金属熔体倒进铸铁槽之前，一定要在铸铁槽内倒些机油，以免K金粘在铸铁槽上不易取出。金属熔体冷却后就得到配好金的K金条。此后，随时都可以将K金条熔化直接浇铸，非常方便。补口的种类很多，有配18K、14K金，甚至9K、8K金的补口，也有配不同颜色的K金补口。这些补口的成分就是依据表2-4至表2-7中的比例配制的，如目前流行的浅黄色镶嵌首饰，其中银的含量高些，显然补口就多呈银白色。往往市场上出售的补口都有标号，不同标号表示不同的性质，要配什么样的K金选什么样的补口就可以了。表2-8为意大利配金补口，可作参考。

表2-8 意大利配金补口

编号	补口温度（℃）	K金	颜 色	熔金温度（℃）	退火温度（℃）	维氏硬度
＃140	870	8～14K	黄	830	500	160
＃143	960	8～12K	黄	925	500	150
＃143	960	14K	黄	880	500	140
＃144	880	8～14K	青	905	500	170
＃145	1 020	8～14K	红	910	550	220
＃146	1 015	8～12K	浅红	980	500	170
＃147	1 050	8～12K	深红	1 020	500	220
＃147	1 050	14K	深红	980	550	200
＃148	950	8～14K	浅红	920	500	150
＃149	910	8～14K	浅红	880	550	200
＃150	830	14K	青	820	550	150
＃180	850	18K	黄	870	550	140
＃181	930	18K	浅红	850	550	160
＃183	850	18K	黄	880	500	140
＃185	1 000	18K	红	880	550	180
＃186	1 050	18K	深红	910	500	180
＃187	790	18K	青	920	550	150
＃189	1 020	18K	红	900	580	200
＃w1410	1 150	14K	白	990	700	250
＃w1418	1 100	8～12K	白	1 080	700	240
＃w1418	1 100	14K	白	980	700	240
＃w1418	1 100	18K	白	920	650	240
＃w1810	1 200	18K	白	930	750	290

四、熔金

无论是配金或浇铸都要先将金属块熔化，熔化的过程看似简单，操作起来却不容易。尤其用大型燃气（甲烷和氧气的混合气体）喷火枪（图2-28）来配金或浇铸是需要有相当的经验的。用燃气喷火枪熔金时首先要注意安全，一定要把氧气瓶与甲烷瓶分开搁置，最好把

图 2－28　燃气熔金设备

图 2－29　手动浇铸过程

氧气瓶放在熔金操作间的外边，用高压胶皮管将氧气引进。大型喷火枪有两根进气管，一条是氧气进气管，另一条是甲烷进气管。熔金前拧开氧气瓶和甲烷瓶的阀门，用打火机把喷枪点燃，注意要先点燃甲烷再加氧。灭火时要先关甲烷再关氧，以免甲烷回火。点燃火后要观察喷枪喷出的火焰，如火焰是长而粗大的黄火焰，喷射劲头不大，带有浓浓的黑烟，说明喷枪中甲烷气太多，要将喷枪把柄后的甲烷气开关拧小些。如喷枪火焰短小，喷射劲头很大，能听到强烈嗖嗖声，这说明氧气进入喷枪太多，这时需要调节氧气开关。调节好的喷枪火焰由里向外出现 3 层白蓝黄火苗，火焰喷射有力，熔化金属十分快速。熔金时要选用大小合适的耐火材料坩埚，通常挑选能一次浇铸一罐石膏模的坩埚。将配好的 K 金条剪短放进坩埚后，用喷枪加热坩埚内的金料，同时加些助熔剂（如硼砂）。加热过程中用石英棒或石墨棒（这种棒搅拌金熔体不粘金）不断搅动 K 金熔体，浇铸之前要用长把火钳夹住坩埚晃动，务必使 K 金原料完全熔化。要仔细观察 K 金熔体的颜色变化，坩埚内的 K 金熔体完全熔化后表面有表张力，颜色呈亮白色，这时就可以浇铸了。注意熔化 K 金的同时要把石膏模烘到合适的温度，从烘箱中取出石膏模后要马上浇铸。用喷枪熔化 K 金要有一定的经验，靠肉眼观察熔体表面颜色的变化来判断熔炼程度有较大难度，这需要不断实践才能掌握这门技术。目前，国内的许多中小型镶嵌加工厂都采用这种方法来进行熔炼浇铸。因为，喷枪熔炼 K 金设备简单，条件要求不太高，最主要的是投资较少，比较适合中小镶嵌厂使用（图 2－29）。

现在，采用电炉熔炼技术的镶嵌加工厂越来越多。尽管电炉熔炼费电，造成镶嵌加工成本增加，而且比燃气喷枪熔炼更费时间，但是先进的熔炼设备一次的熔金量较大，一次可浇铸多罐石膏模筒，而且操作起来十分方便，不容易出现操作失误。这些熔炼设备大都配有自动温度控制仪表，只要知道金属的熔点（各种 K 金的熔点可以从上述的 K 金成分和物理性质表中查出），调好电炉的温控器就可以了。有经验的熔炼师傅都知道，熔金时电熔炉的温度通常要调得比 K 金熔点高一些（100℃左右），这样设置可以抵消浇铸时取拿熔炼坩埚造成的降温，也不会影响浇铸的质量。熔炼时首先调好电熔炉的温度，然后打开电源，当温度升至设置的度数时，把装好金属原料的坩埚放入熔炉中熔炼，很快就会完全熔化炉内的原料。金属原料完全熔化后应尽快浇铸，连续浇铸几罐石膏模筒时要注意炉内的温度变化，一定要保持必需的熔炼温度。

生产熔炼电炉设备的厂家不少，国内国外都有。目前国内镶嵌加工厂的机镶首饰镶嵌设备大多是从国外引进的，尤其那些较大规模的珠宝首饰加工企业的机镶设备都是成套引进的，所以用的熔金电炉也多是国外产品。如美国 KERR 公司出品的手控和自控电熔炉在国内有一定市场。这些电熔炉比较先进，操作起来比较简单，而且十分轻巧，浇铸时可直接提起熔炉向石膏模中倒出金属熔体。此外，香港万事达提供的各种型号的电熔炉以及德国、意大利的熔金炉质量都不错，这些电熔炉内部结构大同小异，使用时要仔细阅读其说明书。这里简单介绍一下美国 KERR 公司出品的各种电熔炉。

图 2－30　各种电熔炉
（KERR 系列产品）

美国 KERR 公司出品的熔金电熔炉主要有两个系列，一种是自动的电熔炉，另一种是手动的电熔炉（图 2－30）。

自动电熔炉的特性是:配有非常精确的电子控制仪来控制熔炼金属,包括高含量的 K 金。这种电熔炉容易操作,元件寿命长,最高温度可达到 1 120℃。通过 LED 表盘很容易了解到温度控制情况。电子部件控制的温度是比较准确的,是输入熔炉的主电源达到的选定温度,这个温度有 3℃左右的变化。该熔炉设计有超温电子切断装置,能防止元件出现过热现象。

手控电熔炉的特征与上述自动电熔炉基本相同（表 2－9），熔炉的温控是采用时开时关原理的百分数表示的，也就是温度调节一段一段地进行。表盘所划分的刻度数，代表被引到元件的时间电源输入百分数，最高温度可达到 1 093℃。当进行持久高温操作时（诸如浇铸/熔化高 K 金），就需要使用自动电熔炉。

这些电熔炉的内部加热方式都很相似，而温度的控制有差异，分自动和手动两种，但是大都采用在炉膛内安装热敏感应棒，从而直接反应温度的变化。自动控温就是在电脑控制设备中编入程序，分时段的控制熔炉内温度变化，而手动熔炉就是用人工分阶段调节温度（图 2－31）。

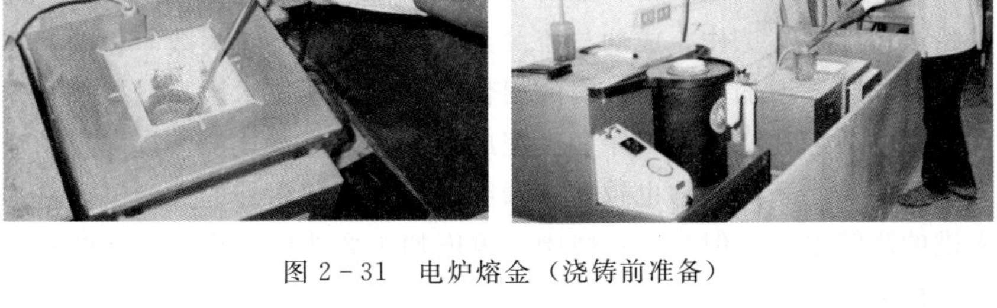

图 2－31　电炉熔金（浇铸前准备）

b. 铸造时压力会不断地增加，直到金属凝固为止。

(3) EVP－4A 型自动真空加压铸机（铂金）。

A. 主要参数：

熔金量：200g 铂金

电源：220V，2.5kW

钢筒尺寸：80mm×89mm

铸机尺寸：700mm×850mm×1 650mm

质量：200kg

B. 主要特点：a. 设计为可持久耐用的机器；

b. 操作容易，可选择半自动或手动操作。

2. 安井（YASVI）公司生产的真空压铸机（图 2－33 至图 2－36）

(1) VPC－KT17 真空压铸机

A. 主要参数：

电源：220V，3 相，8kVA

频率：50/60Hz

耗电：5kW

铸机尺寸：910mm×790mm×1 240mm

质量：320kg

坩埚尺寸：70mm×128mm

最大浇铸时：2～18kg

工作温度：1 200℃（标准），1 450℃（最高）

图 2－33　安井首饰铸造机生产车间

B. 主要特点：

a. 真正的抽真空、完全氧化铸造。

优点在于：铸造室提供高度真空以保证熔解室内仅含微量氧气，在得到精密铸造结果之前，再进行第二次抽真空；金属最大限度注入——填充度好，适合细小产品；高度韧性；低温铸造——最适合镶宝石铸造；防止浇口周边开裂；与石膏完美结合——得到光滑的铸造表面。

安井(YASUI)真空压铸机(VPC-KT17)

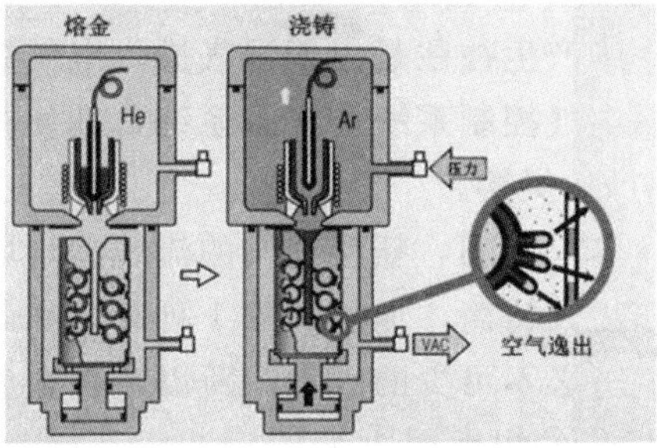

安井(YASUI)真空压铸机(熔铸示意图)

图 2－34　安井真空压铸机

图 2－35　安井真空黄金压铸机

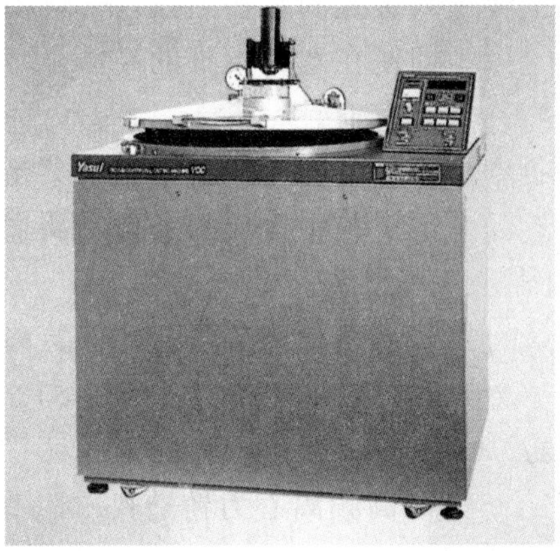

图 2－36　安井中频真空离心铂金铸机

b. 复合的气体的作用。

优点在于：用少量氦气溶解，用多量氩气或氮气加压；氦气确保以优良的渗透性透过石膏，是氩气的 10 倍，铸模内金属得到最充分充填；氦气为最轻注入气体，同时能得到清洁铸件及铸模的效果。

c. 液晶画面可显示所有参数，可根据各种不同金属材料及款式，调整各铸造条件。

优点在于：多种程序——4 种程序模式针对不同种类合金；多种参数——可有 11 种参数供调整，以得到最佳铸造效果；可通过积累实践经验所得到的操作数据，对铸造参数进行改造。

d. 铸筒极易放置。

优点在于：独特的升降设计，主要方便铸筒的提取；采用多眼孔铸筒和新型金属密封板，采用多眼孔、不带边的铸筒，使焙烧炉内的容量增加 50％以上，而特殊设计的金属密

3. F. LLI MANFREDI 公司生产的首饰铸造机

（1） AURUM DIGITAL 150 型高频离心铸机（图 2－40）。

A．主要参数：

电　源：380V，3 相

功　率：7.2kW

熔金量：760g，24K 黄金

温　度：800～2 000℃

尺　寸：87cm×116cm×106cm

质　量：260kg

B．主要特点：

a. 操作容易而快速；

b. 用陶瓷或石墨坩埚每浇铸一次大约需时 3min；

c. 配有铸臂加速装置，可避免金属漏出、熔化不足而石膏破裂；

d. 配有侧面熔金器，静态容积可装 2.8kg 铸造合金；

e. 可浇铸铂金（需购买配件）。

（2） NEUTOR DIGITAL 150 型高频真空离心铸机（图 2－41）。

该机的特点和主要参数与上一铸机基本相同，差别在于该机带有 48kg 的真空泵。而熔金可选择自然气体、真空或中性气体（氩气）。该机尺寸为 110cm×120cm×110cm，质量 290kg。

图 2－41　NEUTOR DIGITAL 150 型高频真空离心铸机

（3） NEUTRO DIGITAL 150 大型高频真空离心铸机。

该机与上述两种铸机基本相同。差别在于其一次熔金量可达 2kg（24K 黄金），相应的铸造时间也长些，用陶瓷或石墨坩埚铸造需要大约 6min。

4. 美国 MEMCO 公司生产的真空铸造机

（1） MEMCO 固体感应式真空铸造机（图 2－42）。

主要特点：

a. 固体电源系统，可重复进行铸造工序，不用手工再调整；

b. 全自动温度控制，可先设定理想熔点，确保铸造准确性；

c. 特有的真空铸造程序，避免铸件砂眼及粗糙表面的产生；

d. 能得到表面线条和轮廓清楚的铸件；

e. 附加混熔金属的功能，金可在保护气体和适当温度下与其他金属混合成合金；

f. 铸机体积小而熔金量大，可熔纯金 4.74kg，白银 2.58kg。

图 2－42　MEMCO 电热真空铸机

（2） MEMCO 电热真空铸造机。

主要特点：

a. 电脑自动熔金程序，确保准确的温度及金属的纯净度；

b. 特大的液晶显示板，可清楚显示温度数值、循环次数及操作程序，操作容易；

c. 独特的发热功能设计，升温迅速；

d. 耗电量低，可降低周围环境的温度；

e. 采用普通的电抽风设备，不需要冷却水；

f. 容积大，可熔纯金 4.74kg，白银 2.58kg。

5. MDM 手动真空吸引铸机（图 2－43）

手动真空铸机

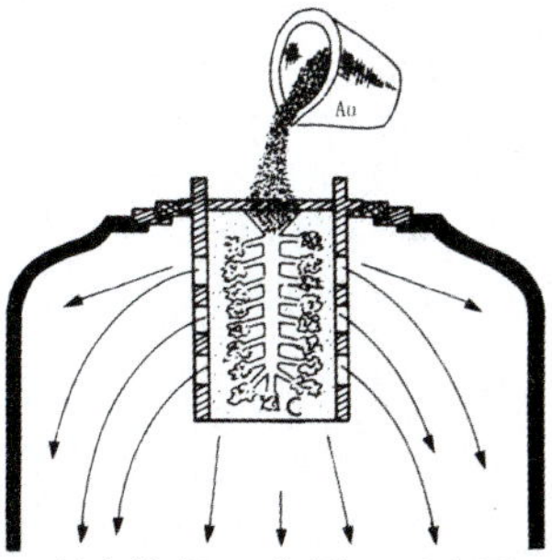

真空铸机工作原理示意图

图 2－43　手动真空铸机

主要参数：

电　源：380V　3 相

吸引力：$35m^3/h$

铸造量：约 10kg

尺　寸：71cm×68cm×85cm

质　量：185kg

6. ROMANOFF 型真空铸造机

电　源：220V　单相

最大铸筒：8″×10″

尺　寸：25″×25″×40″

质　量：180kg

上面介绍了国外几家著名首饰铸造厂家生产的铸造设备，现代化的先进铸造设备大都配有电脑，可自动调温、控温、熔炼和浇铸，不仅可铸造粗大的铸件，而且还可铸造精细的铸件。铸造的铸件质量高，可最大限度地减少铸件的砂眼和表面不光滑等毛病。这些设备大多数都是集熔炼、浇铸一体，可将已配好的合金放置于铸机坩埚中，调好温度和时间就可以自动熔炼铸造了（图 2－44）。使用这些自动铸造设备操作都比较简单，操作方法也大同小异，只要仔细阅读铸造设备的使用说明书，按照说

图 2－44　操作吉田自动真空压铸机

明书的要求操作就可以了，技术方面的要求不会很高，也不会有太大的困难。但是这些自动程度高的首饰铸造设备对配件要求比较严格，各种铸机都有各自专用的机器和浇铸配件，如易损的坩埚、仪表等配件大都是专门配备的，一没有专用的配件就将影响生产。这些首饰铸造设备的生产能力较大，一旦开动就需要大批量的加工生产，否则将耗费能源和影响设备的使用寿命。另外，这些大型的自动化首饰铸造设备价格都比较昂贵，一般的小型首饰加工厂首饰生产数量有限，花高昂的费用购买自动首饰铸机又不能满负荷地加以利用，是十分不合算的。所以一般中小型首饰制作工厂大多数选择自动化程度较低，或手动控制的中型或小型真空铸造机和离心铸造机。

（二）离心浇铸机

这里重点介绍一下手控真空铸机和离心铸机的操作。这些铸机的熔炼和浇铸是分开进行的，也就是先将配好的 K 金熔炼好，把烘烤好的石膏铸模放置在铸机上之后才能浇铸。这样的首饰铸造需要有一定经验，浇铸技术掌握不好很容易造成铸造失败。所以应了解这些铸造机的操作要领，经验可以在工作中逐渐积累。

机械传动式离心铸造机（图 2-45）的操作是这样的，先用熔金电炉或燃气喷枪把配好的合金熔化，全部熔化后达到浇铸条件时，立即把电烘箱中已焙烧好的石膏铸模取出，将其放在铸机离心臂上，把石膏铸模的浇铸进口与熔炼坩埚的浇铸出口对接好后，就停止对熔炼坩埚加温，随即关闭铸机盖，并迅速启动离心机，一分钟左右就完成浇铸。离心铸机随即自动停止转动后，从铸机上取下浇铸完的铸模，让其冷却十几分钟，冬天冷却时间短些，热天冷却时间可长一点。有经验的师傅在背光处观察铸模浇铸口的金属颜色，明显的亮光消失只微微发红就说明可以炸洗了。这时将浇铸完的铸模连同石膏模外面的钢套放进冷水中炸洗，滚烫的铸模放进冷水中会产生剧烈的反应，故而称之为炸洗。石膏进水后马上就会化开，钢套轻易就脱出，同时浇铸的铸件也从石膏模中脱出。此后再洗净钢套以备下次使用。金属铸件要用高压水枪冲洗，尽量把残留在铸件上的石膏冲洗干净。冲洗完后如还有残留石膏，可把铸件浸泡在稀氢氟酸液体中，几分钟后取出再用高压水枪冲洗就差不多了。如仍旧不干净，可将铸件从金树上剪切下来，放置在滚筒抛光机内滚洗几小时，这样就可以完全清洗干净铸件了。刚刚浇铸完后的铸模不能马上去炸洗，因为铸模内的金属尚未凝固，炸洗会使铸件遭到损坏。如把浇铸好的铸模完全冷却后再去冲洗，就起不到炸洗的作用，要想金属铸件与石膏分开就比较困难了。所以掌握好炸洗时间，对于清洗铸件可以达到事半功倍的效果。

简易离心首饰铸机

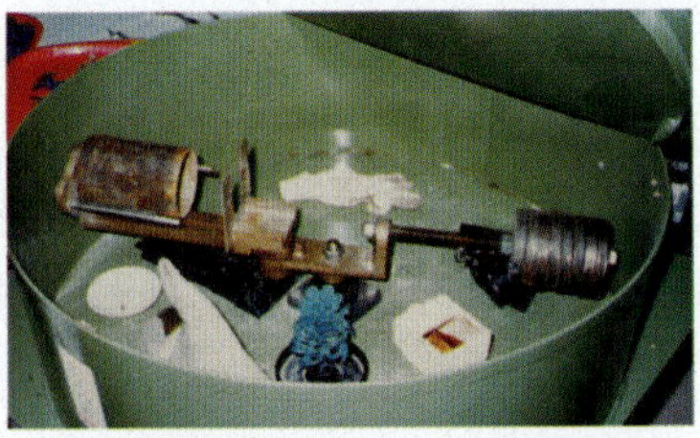

简易离心铸机内部结构

图 2-45　简易离心式首饰铸机

（三）手动真空机

手动真空首饰铸造机（国外或香港又称之为吸索铸造机）（图 2-46）的浇铸操作也需

图 2-46　简易手动真空浇铸设备

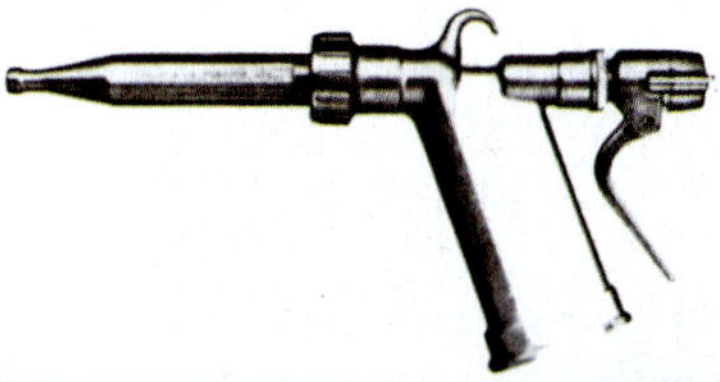
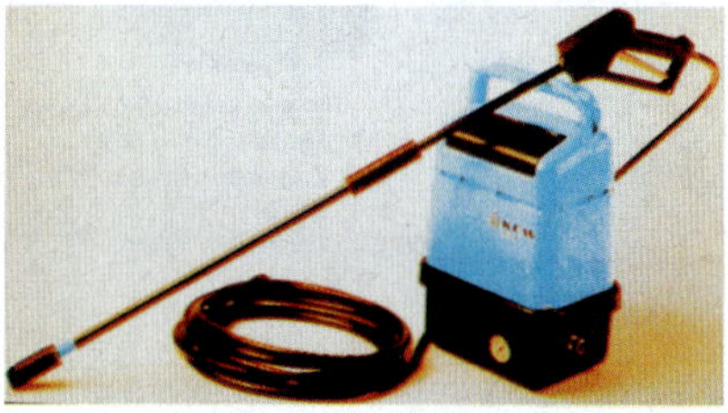

图 2-47　冲洗石膏模的高压水枪

要一定的技术和经验。这种铸机的内部结构与 MDM 的真空铸机基本一样，比较简单，主要由真空泵、压力表和铸筒组成，真空泵与铸筒的抽气管相连，然后在真空泵上连接一只相应的压力表，以显示真空度。铸筒直径可大些，但要多配些铸筒上的密封石棉垫圈。还要根据石膏铸模钢套的直径大小，选用合适的金属垫圈，垫好垫圈后（加上垫圈使铸筒与铸机密封）才可以浇铸。浇铸的操作与离心式浇铸大致相同，先将配好的金属材料熔化，使其达到浇铸的要求。随即把已焙烧好的石膏铸模从电炉中取出，放置在铸机铸筒的石棉垫圈上，最好在铸筒密封石棉垫圈上涂上一层普通机油，这样石膏铸模钢套放在垫有石棉密封垫圈的铸机铸筒上抽真空时不易漏气。焙烧好的石膏铸模放在铸筒上后立即启动真空泵，并同时把完全熔化的金属熔体倒进铸模中，由于真空的吸引，金属熔体很快就可进入铸模之中，浇铸完毕等一两分钟后关闭真空泵，随后从铸机上取出石膏铸模让其自然冷却，然后再进行炸洗。

（四）浇铸注意事项

炸洗后的首饰毛坯要用高压水枪（图 2-47）冲洗干净（图 2-48、图 2-49），要仔细检查首饰铸件的质量。

图 2-48　冲洗金树

首先要观察铸模是否浇铸完全，首饰铸造时常常出现铸模根部有些首饰毛坯没有铸全的现象。这可能是由于金属材料熔化温度不够或真空密封不严等原因引起的，使得熔体没流动到铸模根部就凝固了。也可能铸模真空吸引力不大，甚至铸模中还有残余气体堵塞造成浇铸不完全。如出现上述缺铸现象，要仔细检查浇铸出来的铸件是否有重大变形，这些变形可能是蜡模本身的问题，也可能是石膏粉的质量问题，更有可能是灌浆方法不当造成对蜡树的损坏，甚至可能是浇铸造成对铸模的损坏，所以铸造之前的所有工序都必须严格操作。当然铸件不可能与模版完全一样，但不能差异太大。细心观察会发现蜡模固化后其体积有微量的缩小，为了得到准确尺寸的蜡模，制金属模版时就应适当放大尺寸。铸造的首饰毛坯大小、镶口、花纹变形太大是很难修复的，故而这些铸件只能报废，必须重新灌制石膏模浇铸。

图 2－49　冲洗石膏模中的金树

其次是要检查铸件的坚韧度，铸件细微之处是否完整，铸件表面是否光滑等。由于有时金属材料里含有微量的有害元素，浇铸出来的首饰毛坯极易碎裂，出现这种现象只能将金重新提纯，把有害元素提出后重新配金浇铸。有时由于配金不合理，首饰铸件的硬度不够，造成铸件太软，制作出来的首饰极易变形，这样的首饰毛坯也是不能用的。有的首饰结构复杂、造型精细，这给铸造带来一定困难，有时操作不好，铸件的一些细微之处不能完全铸出，铸件上偶尔出现这种缺铸现象可以修复，如大量出现，铸件就只有报废。通过提高石膏铸模焙烧后取出的温度，加大抽真空压力或离心力来解决精细铸件缺铸问题，要掌握这些技术就得多实践。

当今首饰铸造的最大问题就是铸件的砂眼，这也是世界首饰制造业的一道难题。无论再先进的电脑高频、中频真空首饰铸机，还是离心铸机、真空吸索铸机都难以避免铸造砂眼问题，只是高级铸机的铸件砂眼少些，但不能杜绝砂眼。这是因为石膏铸模中的残余气体很难完全排净，只要铸模中存在残余气体，哪怕是微量的气体就会给铸件造成砂眼。铸造时这些微量气体在铸模中乱窜，停留在铸件表面就形成明砂眼，停留在铸件内部就形成暗砂眼，打磨时可能会露出。首饰中较大的暗砂眼严重影响首饰质量，甚至在砂眼处造成断裂。另外，石膏铸模的烘烤温度与金属熔体的铸造温度很难完全一样，两者温度存在十分微小的差别也会造成铸件出现砂眼。显然要减少首饰铸件的砂眼就要尽量排除铸模中的气体，减少石膏铸模与熔体浇铸温度的差别。再者，由于石膏模焙烧时间、温度不够，蜡模在石膏里没有完全烧完，残余少量炭质在石膏模中，浇铸时会将残余的杂质混入铸件中，这样在有杂质混入的地方就会形成砂眼。此外，由于浇铸用的熔金坩埚不干净，熔金时将坩埚壁上的杂物混入金属熔体中，也会在铸件上造成砂眼。如浇铸的首饰铸件砂眼多或砂眼较大就很难通过补焊等手段来修复，也就只好报废。如果首饰铸件砂眼不多，可以通过执模等工序得到修复。

（五）铂金焊接设备（又称水焊机或氢氧焊机）

铂金熔点高，修补砂眼、焊接缝隙使用常用的焊接技术和设备很困难。近年，首饰行业多采用氢氧焊接设备和技术，这项技术日趋成熟，受到市场欢迎。国内生产这种设备的厂家较多，市场上多见沃克、今典等厂家的铂金焊接机（图 2－50）。下面简单介绍铂金焊接机的原理和运用。

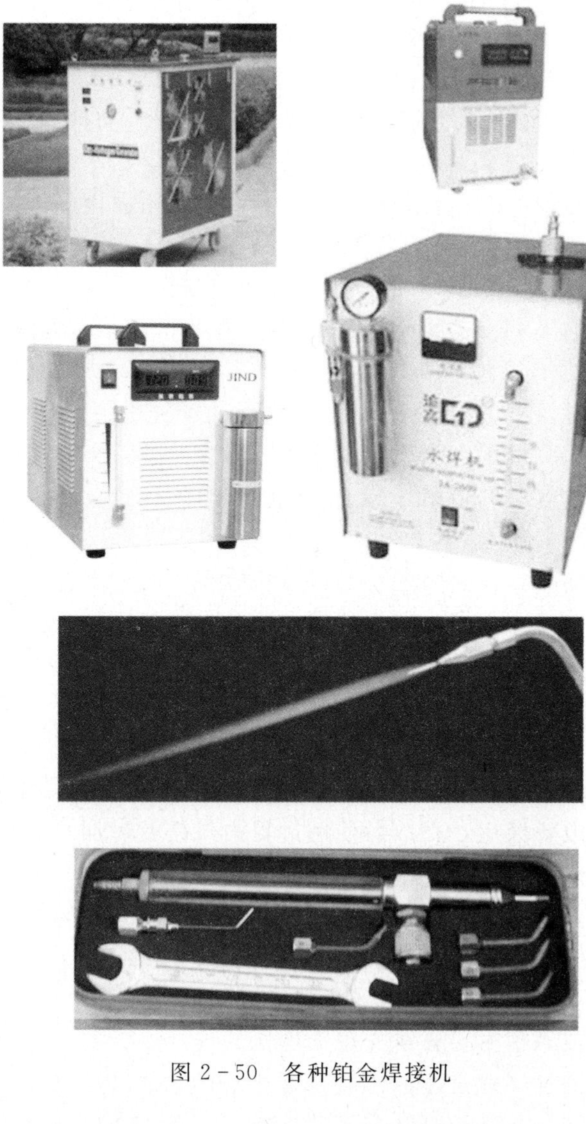

图 2－50　各种铂金焊接机

1. 原理

水焊机是以水为原料的氢氧焰焊接机器的简称。水焊机是利用水在碱性催化剂（如氢氧化钠或氢氧化钾）作用下，在电解槽两端通直流电，使水发生电化学反应生成氢气和氧气。以氢气作为燃料，氧气助燃，经安全阀与阻火器再经氢氧火焰枪点火形成氢氧火焰，对工件施焊。它主要由电解槽、电解电源、安全阀与阻火器、火焰调节罐、氢氧火焰枪组成。

2. 优点

(1) 按需生产，不贮存，与瓶装气相比，安全方便；

(2) 原料简单，只需水电，开机即产即用，经济实用，可移动性好，体积小，可随身携带，也可适于野外作业；

(3) 高温高能、火焰集中，适合于精密火焰加工。焰温可达 2 800℃，热值达 14.23kJ/kg；

(4) 氢氧气无味无毒，燃烧产物仅为水，不污染环境；

(5) 氢氧焰为无碳火焰，工件焊接紧固，无碳脆现象。

3. 应用

(1) 小型水焊机的应用范围：压克力工艺品的产品抛光，有机玻璃火焰抛光，铂金银首饰焊接，电机漆包线焊接，镜架焊接，光纤焊接，小型火焰喷涂，小型石英管软化等；

(2) 中大型水焊机应用范围：空调铜焊焊接，蓄电池铅极板群焊接，加高压氧可切割各种厚度的钢板，石英玻璃棒压铸成型，工件淬火等。

4. 操作说明

(1) 在容器中倒入约 1.0kg 蒸馏水，将 0.2kg 电解粉制剂（氢氧化钠）缓慢倒入溶解（水和电解粉比例为 5∶1），略加搅拌，溶解有热产生，自然冷却 20min 左右待用；

(2) 拧开加溶液螺母，缓慢加注至低于“高”液位，拧紧螺母；

(3) 松开加酒精罐，缓慢加入酒精至 1/2 处（即容器的一半），拧紧酒精罐；

(4) 连接电源开机，电源的指示灯亮，风机转，出气口有气感，压力表有指示，即说明一切正常；

(5) 连接胶管和火焰枪，接上出气口，拧开喷枪阀，明火点燃即可；

(6) 关机操作：直接关闭火焰枪，再关闭电源开关，然后打开火焰枪阀门，排掉机内少量余气后再关闭阀门。

5. 应用注意事项

(1) 电解液使用一段时间后会减少，如正常使用时发现气压不够可加入蒸馏水使其保持在正常水位工作（首次使用需添加电解粉）；

(2) 首次使用配置电解液后，在以后使用过程中只需及时加水即可，电解液 3 个月左右更新一次，使用效果更好；

(3) 加水和换水时应首先关闭火焰枪和电源，然后再打开火焰枪开关，待全部排出机器内剩余气体后，缓慢拧开加水螺母加蒸馏水至不超过“高刻度”，不低于“低刻度”位置，拧紧螺母重新开机；

(4) 过滤罐添加水或酒精时，必需先熄灭焊枪的火，然后利用焊枪口排出机器内部的剩余气体，在确定机器内的气体完全排放出后才可拧开过滤罐进行操作。过滤罐内的水或酒精不能超过罐体容积的 1/2，如果添加过多，可能把过滤罐内的水或酒精带入导气管、焊枪内，影响焊机的正常使用；

(5) 胶管内如有积水会导致火焰变黄，应及时排出；

(6) 检查胶管连接处，不得漏气；

(7) 机器上面不要放置任何金属物品和液体，以免发生短路和其他安全问题；

(8) 调试和更换电解液时，请做好安全防护。电解液无毒，但有腐蚀性，对皮肤和眼睛有灼伤力，若不慎触及，立即用清水冲洗或送医院治疗。

6. 沃克牌铂金熔焊机的主要型号技术参数

(1) OHP100（铂金熔焊机）。

电压：220V

功率：400W

产气量：80～100L/h

质量：12kg

尺寸：480mm×280mm×360mm

配件：两套火焰枪（含 4 个火嘴），连接软管 1 根，阻火器 1 个，电解粉 1 瓶。

适用范围：首饰焊接（1 人用），火焰抛光（1 人用），其他小件工艺精密焊接及火焰加工。

(2) OHP200（铂金熔焊机）。

电压：220V

功率：800W

产气量：170～200L/h

质量：31kg

尺寸：480mm×280mm×360mm

配件：两套火焰枪（含 4 个火嘴），连接软管 1 根，阻火器 1 个，电解粉 2 瓶。

适用范围：首饰焊接（2 人用），火焰抛光（2 人用），电机漆包线焊接，镜架焊接，小石英玻璃管封口，其他小件工艺精密焊接及火焰加工。

(3) OHP300（铂金熔焊机）。

电压：220V

功率：1 200W

产气量：250～300L/h

质量：35kg

尺寸：480mm×280mm×360mm

配件：两套火焰枪（含 4 个火嘴），连接软管 1 根，阻火器 1 个，电解粉 2 瓶。

适用范围：首饰焊接(3～4 人用),火焰抛光(3～4 人用),电机漆包线焊接,义齿焊接,镜架焊接,小石英玻璃管封口,其他小件工艺精密焊接及火焰加工。

第五节　执模和镶石

一、执模

任何首饰铸件都要通过执模来进行必要的修复、整形、打光。除此之外，还要对无法浇铸的首饰部件进行组合，使其完整。如手链所有活动接口的焊接，胸坠吊鼻的制造和焊接，耳钉耳背的冲压制作，将浇铸零散的首饰部件组合成完整的首饰坯等工作都要在执模工序中完成。首饰加工厂成千上万的首饰铸件都需要人工一件一件地修复、整形、打光和组合。显然，执模这道工序需要大量的工人，大型首饰镶嵌厂执模人员所占比例应在 80%左右（图 2

图 2-51　首饰加工车间（皇宝珠宝公司）

-51）。每个执模工人需要配备执模加工用的工作台，执模必须的工具，如吊机（包括配套的各种铣刀、打磨针、钻针、钢毛刷等）、焊枪、榔头、锉刀、弓锯、剪钳、铁砧和指棒等。这些工具的主要用途和操作方法已在本书第一章中作过介绍，这里不再重复，但对一些尚未提及或提及很少的工具要作些补充。执模操作时最常用的电动吊机，配上圆形、轮胎形铣刀（又称罗嘴）可以打磨首饰内圈；配上柱状、梨形铣刀可以打磨首饰外部；伞形、尖形铣刀用来铣孔；麻花钻用来打孔；内凹吸珠用来磨圆镶嵌的钉爪。吊机还可配备各种打磨刷，如毯绒刷、棉刷、皮刷、绸刷、铜丝刷、钢丝刷等。这些打磨刷都有各自的用途，钢丝刷和铜丝刷用来磨平首饰外表或去掉污物，而毯绒刷、皮刷、绸刷等用来打光首饰。

1. 执模基本要求

执模工序也是一项重要的工序，首饰铸件执模不好直接影响首饰的质量，如出现镶口不正、花饰不对称不协调、表面不光滑、甚至留下锉痕等现象。显然这道工序对执模工人要求是比较高的，尤其是工厂需要较多的执模工人，要求他们都有较高的技术，培训起来也较困难。这需要分班组和车间，有领班随时检查执模质量。执模工人必须掌握以下几方面的技能才有可能制作合格而精美的珠宝镶嵌首饰。

（1）吊机是执模操作过程使用最多的工具之一，也是最有用的工具之一。执模工人要熟练地掌握吊机的使用，知道执模中吊机需配什么铣刀（罗嘴）及其用途；了解吊机内部结构，能对电动机、蛇皮软轴、吊机机头和变速踏板等主要零件进行撤换和保养；能利用吊机熟练地完成打磨、打孔、削割和打光等工作。

（2）锉刀也是执模工作中使用最多的一种工具。用锉刀锉平首饰毛坯上的毛刺、焊缝和锉出平面或凹面等粗加工要比用吊机快速，而吊机打磨多是在锉刀加工之后才进行的工序，这样可加快执模的效率。所以锉刀的正确使用也是执模工人必须掌握的基本技术，要能熟练地运用各种各样的锉刀修饰首饰铸件的平面、弧面、花饰和光边。还要能在锉完的首饰工件表面上尽可能少地留下锉痕，这样在首饰细打磨和抛光时就省事多了，这不仅能提高工效，还能提高质量。

（3）执模过程中常常要使用弓锯，例如留在首饰铸件上的水口要用弓锯锯掉，扩大或缩小戒指圈口时也需要用弓锯。所以执模工人应熟练掌握弓锯的使用，只能锯断一段金属丝或一片金属片是不够的，还应能用弓锯随意地锯割金属板上的各种花纹和几何图形。

（4）首饰铸件的微小缺陷需要修复，首饰活口（如手链的连接）需要组合，戒指圈口的改制和铸件表面砂眼的修补等工作都离不开焊接工艺。显然，焊接技术是首饰制作最基本且最重要的一门技艺。焊接操作要操作者手脚并用才行。一般来说，操作者右手拿好镊子夹住工件，左手握住焊枪，脚要不断地踩动风球（气囊）把油壶的汽油汽化后挤进焊枪中。焊枪的火焰可以调节，细小有力的火焰用作焊接，较粗大的火焰用来给工件退火，熔炼加工残留的金属碎屑。现在多采用自动熔焊机，由机器供给汽化的火焰，焊接、退火变得容易了。

作。如何评价执模的质量？什么样的执模才合乎标准呢？执模的目的就是为了恢复原始模版造型，所以执模的要求是比较严格的。

首先，要求首饰执模后要与原模版相同，造型要美观大方，制作精细，线条明快流畅；其次首饰铸件执模后表面应光洁，必须对首饰铸件进行全面砂磨，不留死角、不留锉痕，各部位焊接要牢固，无虚焊、漏焊、砂眼、毛边、钩刺、裂纹等缺陷；再者首饰的成色印记、品种印记、厂名印记都要清晰可见。

从首饰造型基本要求来看：

戒指，要求镶口指圈协调统一，圈圆爪全，该穿孔的要穿孔；

耳钉，左右要对称，大小应一致，长短相同，耳背要有弹性，能夹住耳针；

项链或手链，链身连接平直，链节之间连接灵活，链扣松紧适宜，佩戴容易且不会自动脱落；

另外，胸坠的坠鼻大小要适宜，别针的针焊接部位要合适，长短适中。

首饰的品种较多，但执模的目的却是一样，要求首饰铸件恢复其模版的造型。

4. 化学抛光方法

首饰铸件执模后有时需要用化学药品处理，也称之为化学抛光，这里主要讨论 18K 金首饰的化学处理。在本书前面的章节中谈论过“炸金”方法，这个方法可以将执模后的首饰铸件表面的氧化物、油脂等污物很轻易地清除，尤其是首饰铸件的反面、细小夹缝边角等难清除的地方，用化学方法处理十分有效。用化学方法处理过的首饰铸件，在首饰镶嵌制作的最后一道工序中抛光起来十分容易，并且更加光亮精美。“炸金”用的化学药品主要是氰化钾，对金属（尤其是 18K 金首饰）表面的腐蚀性极大，使其中一些有用的元素（包括黄金、银）被浸泡出来，留在炸金水的残液中，不过可以从液体中回收这些贵金属元素。用氰化钾“炸金”时间不能过长，否则可能破坏首饰的细微结构和焊缝。现在简单介绍一下“炸金”的过程和要求。

（1）将首饰铸件（18K 或 14K 金饰品）放置于电烘箱中，在 300～400℃温度下烘烤，待其表面变黑后迅速将它们浸泡在 20%～25%的稀酸溶液中，反复数次，直到首饰铸件表面的黑色氧化物完全清除为止。

（2）将白色的氰化钾固体溶解在热水中，浓度以 0.013g/mL 为宜。当把稀释的氰化钾溶液煮沸后，将首饰铸件置于溶液中马上加入 30%浓度的双氧水，均匀摇动 5～6s 后，倒去残液，反复几次，直至 18K 金饰品表面呈现亮黄色为止。

我们知道氰化物是剧毒的化学药品，“炸金”时操作人员必须在有良好通风的排风厨内进行，并要戴好防毒口罩和橡皮手套。“炸金”后最好用 10%的硫酸亚铁溶液将用过的容器清洗干净，同时把手也冲洗干净。“炸金”后的残液要保存在有盖的专用桶中，以便统一处理回收贵金属。

二、镶石

首饰铸件执模之后，需要把宝石镶嵌在首饰毛坯上才能成为完整的珠宝首饰、精美华丽的艺术品和具有佩戴价值和保存价值的珍宝。镶嵌宝石工艺是一门技术要求很高的技艺，镶石技术工人需要长时间的训练才能胜任此项工作，有些高难度的镶嵌工艺技法还需要有一定艺术天赋（图 2-55）。据称珠宝首饰镶嵌方法有二三十种之多，但是常用的镶嵌方法主要

图 2－55　镶石过程

有爪镶法、钉镶法、包镶法、闷镶法、轨道镶法等（图 2－56，图 2－57），另外还有飞边镶、无边镶、打孔镶、绕镶等。下面介绍几种常用的镶嵌方法。

六爪镶　变型六爪镶　四爪镶

三爪镶　两爪镶　包边镶

卡镶　柱镶　轨道镶

图 2－56　各种镶口的戒指

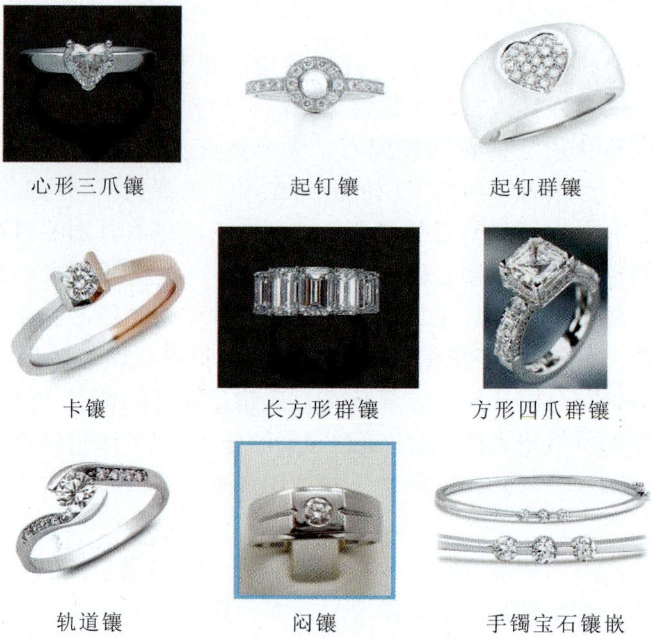

心形三爪镶　起钉镶　起钉群镶

卡镶　长方形群镶　方形四爪群镶

轨道镶　闷镶　手镯宝石镶嵌

图 2－57　异型镶嵌戒指

（一）爪镶法

爪镶法就是用较长的金属爪（或柱）紧紧扣住宝石的镶嵌方法。这种方法是首饰镶嵌制作中最常用而且操作比较简单的一种。爪镶法的最大优点是尽可能地突出宝石，让宝石尽可

能地表现出本身的美丽和光泽。例如现在流行的所谓“皇冠”型钻戒就是典型的爪镶法镶嵌的，这是由 6 个长腰三角爪把钻石高高托起镶嵌的，光线可从四周照射钻石，使钻石显得无比晶莹剔透、华丽高贵，因其外形酷似皇冠而得名。爪镶按爪的数量分两爪、三爪、四爪和六爪等。爪的形状多种多样，常见的有三角爪、椭圆爪、方形爪、尖爪、角形爪、姊妹爪和随形爪等。爪镶又可分独镶和群镶两种。像“皇冠”型钻石戒指的镶嵌方法就是独镶，在首饰金属托上只镶嵌一粒大的宝石。群镶是除镶有主要宝石之外，还围绕主石配以副石（常用碎钻或合成立方氧化锆）和陪衬的花饰，这样镶嵌主次分明，给人以富丽珍贵的美感（图 2－58）。

图 2－58　各种爪镶饰品

镶嵌需要的工具与执模基本差不多，只是吊机的机头是专用的，这种机头更加细长一些，多配有磨圆爪头的吸珠针头及各种钻针、扫针。另外常用的有尖嘴钳、锉刀、榔头等工具。镶嵌宝石之前要给执模后的首饰托配石，尤其要配上合适的副石，这是必不可少的工作。一些较大的镶嵌工厂镶石车间有专门的配石工序，接到执模完的首饰铸件后，有专门的配石人员给予配石。有时也需要镶石师傅自己选配宝石或副石，选配副石时要注意尺寸大小必须与镶口相同，颜色要基本一致，副石要完好无缺，不能选用有裂、崩角的副石，否则镶出的副石大小不一、颜色不同，甚至出现“瞎眼”现象，这是镶嵌中尤其要注意的问题。

爪镶往往不止镶一粒宝石，多粒宝石群镶时必须先把副石镶好后再镶主石。副石多是圆形刻面的，且多是碎钻或碎锆（合成立方氧化锆），碎钻是细粒的钻石，价格相对要贵些，适合中高档主石的副石。碎锆价格便宜些，也能起到碎钻的作用，常常用于普通首饰的群镶。但要注意锆石脆性比较大，镶嵌时容易破碎，故而要仔细镶嵌减少损失。爪镶法的步骤如下。

1. 副石的镶嵌

镶嵌首饰首先从副石的镶嵌开始。检查副石直径是否与镶口吻合，镶口的爪是否完整。镶口略小可用伞针作适当的铣扩，让爪垂直立在镶口四周，随后用与副石直径相同的飞碟针或伞针在爪的内侧打磨出卡口（要与副石腰边齐平），各个卡口的高度要一致。打磨卡口时注意不要损伤爪，卡口不能太深，深度最好不超过各爪的 1/3，要让爪有抓紧宝石的强度。卡口做好后用毛刷将镶口内的金属碎屑清扫干净，然后用镊子把配好的副石夹入镶口之中。用镊子把副石调整好压实，副石台面要摆平，与镶口要吻合且平行，副石的腰部恰好位于爪的卡口处，如有细微的不合适可用吊机扫针作修整。副石在镶口中摆好后，用尖嘴钳把爪内

扳压紧副石，让爪的卡口嵌入副石的腰部。副石的爪往往是2个或4个，尖嘴钳可对称地夹住双爪均匀用力。不能用力过大或用力不均，一是怕副石受力后偏斜，二是怕损坏副石。当所有的爪都镶嵌好后，仔细检查一遍所有爪是否抓紧了，确定后用剪钳剪下高出副石台面的爪头。剪钳要用侧口钳，尽量靠近副石台面剪去爪头。剪爪时要用食指压住剪断的爪头以防飞出，可以用左手拇指和中指拿首饰，左手食指压住爪头，也可以用拿剪钳的右手食指压住爪头，可根据自己的习惯来操作。剪断爪头之后用锉刀将爪锉平滑，随后用吊机配以与爪头大小相同的吸珠，将爪头逐个吸圆。副石镶嵌有多种排列组合，有两粒、三粒为一组的，有直线排列的，也有弧形排列的。不论以什么方式排列组合都要保证副石之间的协调平整，副石之间不能有明显的差异，出现副石碎裂或“瞎眼”一定要更换，否则镶嵌出来的首饰不可能美观。副石排列组合镶嵌是需要高超技术的，要达到副石排列镶嵌的完美组合，操作人员要经过长期的锻炼才可能实现。

2. 主石的镶嵌

副石镶嵌好之后，就可以镶嵌主石。珠宝首饰的主石是主题，是重要的表现对象，主石镶嵌的好坏直接关系到首饰的完美和品质。主石主要分刻面宝石和素面宝石两大类。有的首饰有两粒、三粒或四粒主石，镶嵌时要注意主石之间的排列。刻面宝石与素面宝石的爪镶有一点区别，刻面宝石往往是透明、性脆的，如红宝石、蓝宝石、祖母绿、紫晶等。这些宝石的腰部、尖端等薄弱部位往往是镶嵌时爪用力的地方，为了让刻面宝石能镶嵌得牢固和美观，同时也能保护宝石在镶嵌时边部和尖端处不易损坏，常常需要在爪上车出卡口，让卡口的高度恰好嵌进宝石的腰边或顶端。素面宝石通常不需要在爪上车卡口。有些比较薄的素面宝石也可以在爪上车卡口，这样能镶嵌牢固，并对宝石的薄边起到保护作用。素面宝石镶嵌爪的顶端不像镶嵌刻面宝石爪那样呈圆形，而大多数是扁平的，这是为了让爪端紧紧地靠近宝石表面，不易钩挂衣物。

主石镶嵌之前要检查镶口是否与宝石形状、大小相同，宝石戒面与镶口是否完全吻合，镶口四周的爪是否完整，有没有损坏，尽量让爪直立。尤其要注意刻面宝石的腰部不能大于镶口，也不能小于镶口，必须要使宝石腰部恰好放在镶口上，不能露边。同时要注意刻面宝石底尖也不能露出，否则佩戴时会扎伤皮肤。根据宝石腰部的厚度，提前在爪的内侧车好卡口，务必让卡口嵌入宝石腰部中。素面宝石镶嵌要注意的是宝石的腰部（最宽处）要与镶口大小一致，镶口的爪抓宝石只能向里倾斜，不能向外伸出后弯回镶嵌宝石，出现这种情况往往是宝石腰部大于镶口。有些素面宝石（如月光石、星光蓝宝石等）为了获得特殊的光学效应，切磨加工时磨得很厚，素面宝石下面有一锥筒形的底部，镶嵌时要考虑到将厚的底部包进镶口中去，同时又不能露出底边（图2-59）。显然，无论是刻面宝石或素面宝石镶嵌时都必须注意宝石与镶口是否吻合，这是主石镶嵌中最重要的。

图2-59　素面宝石爪镶

3. 镶嵌宝石具体步骤

(1) 首先将刻面宝石放在执模完的金属托架上，以宝石的腰部高度为准，确定爪上卡口的位置。车卡口不能太深或太浅，卡口深了镶嵌时容易使爪头断裂，太浅又抓不住宝石，通常卡口深度为爪直径的1/3左右。用吊机的伞针车好卡口，注意卡口上面的最深处是与爪垂直的平槽，往下逐渐变浅，最好是卡口形状与宝石腰部的形状相近，使其尽量吻合。

（2）车好卡口之后用镊子把宝石放在首饰镶口中，检查宝石腰部是否与卡口位置吻合，如有偏差可作轻微地修整。

（3）用尖嘴钳从对角夹紧双爪，使其尽量紧扣宝石的腰部。

（4）所有的爪都镶好后，仔细检查金属托架上的宝石是否摆正放平，用钢针挑拨宝石戒面检查其是否牢固。

（5）用侧口剪钳剪去多余的爪头，用锉刀按爪的形状把爪端锉成圆头，再用合适的吸珠磨圆爪头，使其光滑无钩刺，尽量贴近宝石台面。

刻面宝石镶嵌大多数可以按上述方法操作，唯有两角的马眼型宝石或水滴型宝石顶端镶嵌的槽角爪有所差别。角爪实际上是槽角爪，用爪的角边包住宝石的尖角，槽角爪镶嵌宝石的角度可根据宝石顶端的角度改变，以吻合包住宝石为宜。当然槽角爪的内侧也要车卡口，宝石腰部应镶进卡口中，这样不仅镶嵌牢固，而且镶嵌时不易损坏宝石。

素面宝石的爪镶方法与刻面宝石基本一样，但素面宝石的底部多是平底，只是有些宝石底部薄些，有些宝石底部厚些。薄的素面宝石要把边部放在镶口边上，厚的素面宝石则需要将底部插进镶口内，只露出宝石的蛋面。薄素面宝石的爪要尽量低些，用爪直立镶嵌时要在爪头合适位置车出卡口，卡口要卡住宝石的腰边。厚素面宝石的镶嵌爪则要高些，通常不用圆头，而是扁平头，并且不必车出卡口，只要把爪紧压在宝石戒面上就行了。但要注意爪不能太短，这样难以抓住宝石，爪也不能太长而影响美观。

4. 镶嵌中可能存在的问题

（1）镶石不正。镶嵌过程中最可能出现的是首饰上的戒面镶嵌不正，出现这些现象使得首饰不协调，而且很难看。原因可能是执模不精细，造成镶口一边高一边低，使得戒面镶嵌不平。

（2）镶石松动。首饰镶嵌好宝石后很快出现了松动，原因是爪与戒面结合不紧密不吻合。首饰镶嵌时都要用铣刀对爪进行铣槽，爪上端的嵌槽必须与戒面的边缘形状吻合得非常精准，镶嵌的宝石戒面才牢固，不会松动。

（3）镶石露边。顾名思义就是镶好宝石后仍显露出镶口的边部。这是由于宝石略小于镶口的外缘，从而造成的一种宝石与镶口不吻合现象。这样勉强镶嵌出来的首饰很难看，爪不能直立只得弯下去压住宝石，镶口没有被宝石盖严露边，显得非常不协调。

（4）镶石露底。所谓的露底是指宝石的底部从镶嵌的金属托架下部露出。刻面宝石的尖锐亭部出现露底现象，可能扎伤佩戴者的皮肤或磨损衣物。造成这种漏底的原因是宝石的高度没有量好，制作的金属托架镶口低于宝石的高度。

（5）镶石宽边。宽边又形象地称之为戴帽，是指宝石的腰部比金属托架的镶口要大些，不能与镶口合理协调地吻合在一起。出现这种宝石大镶口小的现象，勉强镶嵌起来也很不美观，镶嵌爪外撇后弯回很容易损伤宝石。

（6）镶石漏缝。漏缝是指宝石的腰部未能与金属托架的镶口吻合，宝石与镶口之间有缝隙。造成这种现象的原因是镶口略小，宝石亭部没有完全放进镶口之中，或者是镶口有些不正，宝石没有完全放好。

爪镶时遇到上述这些不吻合现象，只要不是镶口与宝石的形状和大小差别很多，通过一些简单方法还是可以修整的，使其镶嵌达到基本吻合。

5. 解决镶嵌问题的方法

（1）镶口略微变形可以用尖嘴钳将其恢复，使其与宝石完全吻合。

（2）镶嵌中出现宽边往往是由于镶口略小造成的，这可以通过吊机的伞针或其他合适的铣刀把镶口铣扩大些，让宝石能完全落下与镶口吻合。当然镶口实在太小或太大（出现漏边），只有重新制作了。

（3）宝石略微漏底的首饰可以通过向镶口内加焊金属丝或金属片来补救，这样可以略微缩小镶口，同时可以抬高镶位，使宝石的底部退回在镶嵌金属架中。但是要注意不能出现漏缝现象。

（4）镶嵌中漏缝或镶石不正的现象是常见的，主要原因是镶口不正或镶口内不平。解决方法是首先用尖嘴钳尽可能将镶口调正，然后用伞针等铣刀把镶口铣削平整，让宝石完全压在镶边上没有缝隙。

这些工作都是在把宝石镶嵌在金属托架上之前必须完成的，完成这些修整工作之后，就可以把宝石镶嵌在首饰托架上。

（二）钉镶法

钉镶法也就是利用金属的延展性，用钢针或钢铲在镶口的边缘铲出几个小钉，固定住宝石的方法。这种方法是珠宝首饰制作中常用的镶嵌法。钉镶法起的钉往往都比较小，不可能铲出较大的钉，所以钉镶法适合于直径小于 3mm 的副石镶嵌，而直径大于 3mm 的宝石较少使用这一方法。副石细小应当配细小的爪，这样更能表现副石的光彩。显然钉镶法是首饰镶嵌加工中副石群镶最为重要的方法之一，这种镶嵌是围绕珠宝首饰的主体宝石而摆布设计的。其实钉镶法分钉板镶和起钉镶两类，两者之间有一些区别，钉板镶是在已有副石针孔的金属托架上直接起钉镶嵌；而起钉镶是在无孔的金属托架表面上，根据金属托架镶口四周表面的宽度和厚度，按碎钻的大小及分布，然后打孔起钉镶嵌碎石。由此可见，起钉镶可以随主石的镶嵌需要配以副石的镶嵌，也就是镶嵌副石的分布、数量及大小都可以根据需要随意确定。

1. 钉板镶

钉板镶中副石的分布多种多样，常见的主要有线形排列、对称排列、三角形排列、面形排列、规则排列和不规则排列。钉板镶又有两钉镶、三钉镶、四钉镶和密钉镶等。两钉镶就是两钉一石的钉镶法，四钉镶就是四钉一石的钉镶法。

钉镶比较简单，只是在首饰金属托架已有的副石针孔（镶口）上起钉镶嵌就行了。但是要注意起钉之前应仔细检查副石针孔大小是否一致，针孔是否都已通透，如没有通透要用合适的钻针重新钻透。重新钻孔时钻头要垂直钻下，不能钻斜，尤其钻孔口不能钻大或钻歪了，否则起钉镶石就可能盖不住针孔或镶不正副石。钻完孔之后要用伞针或桃针按副石直径把孔口铣扩成上大下小的漏斗型，能把副石完全放进针孔与金属托架表面齐平为宜。

2. 起钉镶

起钉镶相对复杂些，镶嵌之初要排石定位，根据首饰金属托架上排列副石附近平面的宽度和厚度，确定钉镶副石的大小、数量，要留足铲边起钉的余地。先用笔在托架上标明副石的分布位置，然后用钻针按照标明的位置逐个打孔，孔径一定要比选用的副石直径小 1/3。再用伞针把孔口铣扩成漏斗状，恰好能把副石放进孔口内，并与金属托架表面持平，要求副石吻合地放在孔口内不晃动。

副石的镶孔都打好之后就可以起钉了，起钉之前要把副石平稳地放进孔口中。然后用钢针磨制的三角形小铲，按需要在副石四周均匀地铲出钉坯。铲起的钉坯基本就跟爪镶的爪一样，只是需要把钉坯压在与托架表面齐平的副石边缘上。显然钉坯比爪要低得多。起钉时要注意应在副石孔口边留有余地，钉坯不能铲得太薄，这样的钉没足够的强度压住副石。当然，钉坯也不能铲得太厚，这样显得钉坯太高影响美观。具体操作是，首饰托架通常都夹在木手钳中，左手握住木钳靠在工作台边，右手握住铲针。进铲要缓慢而稳定，持续而有力，随着深度的加深，要适当调整铲针的高度，通常进铲时角度在 30℃，之后逐渐变为 80℃或垂直，这样可使起出的钉坯紧靠副石平面，把副石镶牢。起钉后要进行修钉工序，所谓修钉就是在钉坯上用钢针磨制的平铲进行修整，铲平钉坯的不平整处，尽量使所有钉坯的大小形状相同，同时还要使起钉留下的坑不明显。修整好钉坯和边线之后，再用合适的吸珠把钉坯的顶端磨圆，使钉坯成为钉珠，稳固地镶嵌牢副石（图 2-60，图 2-61）。起钉镶时副石镶嵌往往都是多粒的，所以它们的排列分布显得很重要。如副石是平面镶嵌时要求所有副石都必须在一个平面上，忌讳各个副石镶嵌得相互歪歪斜斜，否则将严重影响首饰的整体美观。如副石是弧面镶嵌，要求副石镶嵌随弧面起伏变化，流畅而自然地镶嵌。

图 2-60　刻面宝石包镶、起钉镶戒指

起钉镶的钉坯紧靠副石，起钉、修钉时要注意不能损坏副石，挤压钉坯时力度要适中。起钉镶嵌方法是比较难掌握的一种镶嵌方法。主要难点是起钉这一环节，起钉进刀的力度掌

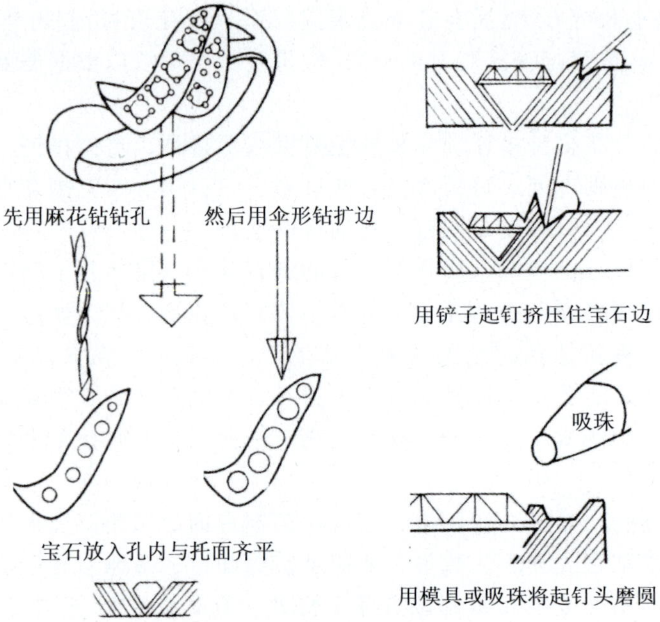

图 2-61　起钉镶制作示意图

握不好可能起出的钉坯大小高低不一、分布不均，甚至可能把钉坯铲掉下来。初学者通常先要在铜板上练习，熟练之后才能实际操作，持之以恒地练习一定能掌握这个技术。完好的起钉镶应该是钉坯大小高低一致，分布合理而美观。

（三）包边镶

包边镶也称之为包镶，顾名思义就是用金属边将宝石四周都围住的镶嵌方法，这种方法是镶嵌中最为稳固的方法之一，也是最常用的一种方法（图 2-62，图 2-63）。过去手工镶嵌时对于一些较大的宝石戒面，尤其是一些素面宝石（如素面红蓝宝石、月光石、翡翠等）常常采用包镶方法，这是因为大粒的宝石戒面，特别是素面宝石戒面用爪镶不牢固，一些较厚的素面宝石戒面要用爪将其抓紧更不易，另外爪镶首饰上长长的爪既影响美观又容易钩挂衣物。现在流行的"老板戒"、"马鞍戒"、素面翡翠戒等较大的首饰制作大多数采用包边镶方法。由于这些宝石戒面规格各异，很难用统一尺寸进行整体浇铸，所以目前多采用浇铸金属底座，然后根据宝石戒面的大小高低制作镶口。因为几种规格或几种款式的首饰底座可以满足许多首饰镶口需求，而镶口形状、大小和高低的细微变化对首饰底座影响不大，所以改动镶口就能镶嵌形状各异的宝石戒面，这不仅可提高工作效率，而且也能减少贵金属的损耗，提高首饰质量。将制作好的镶口与浇铸出来的金属底座焊接在一起，就制成了完整的首饰托架，在执模后完整的首饰托架上才能进行包边镶嵌。

图 2-62　圆形宝石包边镶

图 2-63　素面宝石錾花包边镶

包边镶可以镶嵌刻面宝石，也可以镶嵌素面宝石，另外还可以镶嵌诸如马鞍形等一些异型宝石戒面。目前流行的"老板戒"大多数是用山东蓝宝石磨制的刻面宝石包边镶嵌的，当然也有用刻面的黑玛瑙、石榴石、翡翠等宝石戒面包镶的"老板戒"。这些"老板戒"的戒面大多是长方形或方形的刻面宝石，也有用椭圆形的刻面宝石做男款戒指。长方形戒面尺寸多为 9mm×11mm～11mm×14mm 不等，方形戒面多为 9mm×9mm～12mm×12mm 的规格，椭圆形宝石戒面尺寸则多是 8mm×10mm～9mm×11mm。椭圆形刻面宝石戒面都有冠部和亭部，它们大多数都是按刻面宝石标准的要求磨制的。而长方形或方形宝石有的也有冠部和亭部，但有的只有冠部而没有尖锐的亭部。另外多数素面宝石也是平底，而马鞍形戒面却是弧形的底部。不同形状的宝石其包边镶嵌操作也不一样，镶嵌时要考虑到各种形状宝石的特点，既要把宝石镶牢固，又不损伤宝石。包边镶的宝石戒面尺寸都比较大，将其镶平、镶正十分重要，否则将严重影响首饰的整体美观。包边镶就是要把首饰托架上的金属边挤压在宝石边部，镶嵌操作时要特别小心，避免损伤宝石的边部，尤其是宝石戒面的端角。有尖锐亭部的宝石戒面要量好其高度，不能让宝石尖锐的底部露出托架，否则可能扎伤皮肤或磨损衣物。平底的戒面镶嵌时镶边的高度要略高于戒面最大的腰部。马鞍形宝石戒面的底部是弧形，首饰托架镶口底部的弧形必须与宝石弧形弯曲一致，镶边弯曲也必须同宝石戒面的弯曲保持一致，同时要量好宝石的高度，使镶边略高于宝石的厚度，镶嵌时恰好可压住宝石边缘。无论是什么形状的宝石，镶嵌时都必须把托架的底部弄平，使宝石与首饰托架紧密吻合，这样镶嵌时才不易损伤宝石，而且能让宝石镶正、镶平。有时镶嵌素面翡翠、蓝宝石或马鞍形的宝石戒面时为了使宝石颜色能完美体现和佩戴舒适，常常采取镶口封底的方法。封镶口底时务必在封底中央钻一小孔，这样镶嵌时可以用钢针通过小孔调整戒面的位置。包边镶的具体操作如下。

（1）先将执模后的首饰托架仔细检查一遍，看有无重大变形、脱焊和损伤，需修理的要及时修理，修整完后可将其夹在木钳上、戒指铁上或埋在火漆碗里。

（2）把待镶的宝石戒面放进镶口中试探一下，看看是否与镶口吻合。注意如戒面略大，千万不能将其硬敲进镶口，否则很容易损坏戒面。正确的方法是用铣刀铣扩镶口，要有耐心，一边试宝石一边扩镶口，反复几次直到合适为止。操作时不能急躁，把镶口扩得太大镶嵌就有困难，宝石戒面会在镶口中晃动，这样即使镶嵌上宝石也会出现镶口塌边、镶嵌不牢等质量问题。

（3）把镶口修整合适后，要检查镶口底座是否与宝石吻合，必要时用扫针修理平整。一定要把宝石戒面摆放平正，如需要调整戒面位置，可用胶泥或钢针来操作。镶边应比宝石腰部高 1mm，镶嵌时恰好可挤压在宝石边缘上。注意镶边四周高度应一致，高度出现不一致时要查明原因，是镶底的问题修整镶底，是镶边的问题修理镶边，这样镶嵌起来既美观又省事。

（4）宝石戒面与镶口都调整好后，用平头的冲头（又称打头）沿镶边挤压。敲打冲头时用力要轻而均，一边敲打冲头一边渐进式移动，使镶边逐渐压在宝石边部，不能出现明显的波浪式镶边。注意敲打镶边时不能用力过大，尤其在宝石戒面角端处要格外小心，否则极易损伤宝石。刻面宝石包边镶是把镶边垂直打压在宝石腰边上，薄的素面宝石也是这样镶嵌，而厚的宝石镶边多作侧向挤压。

（5）戒面镶嵌好后用锉刀修整镶边，将敲打时留下的一些轻微变形恢复，让首饰的角边完整漂亮。然后用平铲将镶边内侧铲光滑，该直的镶边要直，该弯曲的镶边要弯曲。铲边时也要掌握好力度和方向，不能划伤宝石表面。最后用吊机扫针裹细砂纸将首饰打磨一遍，注意将锉痕尽量打磨掉。

闷镶与包边镶相似，其镶嵌方法也基本相同。从外观上看闷镶在首饰台面上没有镶边，宝石戒面的台面与首饰托架齐平，将宝石闷在没有镶边的镶口里。宝石戒面边部的四周被首饰托架的金属边压住，也就是在镶口边部挤压一圈与托架台面齐平的金属边压住宝石边部。这种镶嵌方法比较困难，因为要在首饰镶口四周擀压一圈边镶住宝石，不仅要把宝石镶牢，还不能在首饰台面上留下明显的沟坑。闷镶还容易造成宝石戒面损坏，镶嵌时务必小心操作。

（四）轨道镶

轨道镶又称夹镶或逼镶，也就是将首饰台面金属镶口两侧车出槽沟，把宝石夹进槽沟之中的镶嵌方法（图 2－64，图 2－65）。轨道镶嵌分一边打压的单轨镶嵌和两边打压的双轨镶嵌。这种方法常常用于粒度较小的宝石群镶（如细粒圆形钻石的排镶），或作为豪华首饰的副石群镶（如细粒梯形钻石的曲形镶嵌）。轨道镶是现在比较新颖的镶嵌方法，一些价格昂贵的、颗粒较大的翡翠或钻石首饰群镶配的碎钻常常采用这种镶嵌方法。因为这种镶嵌方法镶制出来的首饰不仅外观线条流畅，分布整洁美观，而且使整个首饰显得更加豪华珍贵。轨道镶金属托架的卡槽有的在原模版上就已制成，也就是浇铸出来的金属托架上带有卡槽，只要稍做修整就可以直接镶嵌了。还有的需在金属托架上开槽才能镶嵌，这种方法又称之为抽槽镶。轨道镶对所镶嵌的宝石质量要求比较高，首先要保证镶嵌宝石的直径、高低、腰厚基本一致，细小的梯形副石也要求它们的形状、大小相同，这样在弯曲轨道镶嵌时才能够紧密吻合。镶嵌宝石的尺寸如有差别将严重影响镶嵌的质量，可能出现宝石群镶高低不平，甚至使粒度较小或较薄的宝石出现漏镶等毛病。另外，尽可能挑选颜色、透明度基本一致的宝石，宝石的颜色或透明度不一样，镶嵌出来的副石可能出现明亮不一的现象，这将严重影响首饰的质量，尤其是贵重首饰出现副石镶嵌的问题必将影响整体价值，这是首饰镶嵌中必须避免的。

图 2－64　轨道镶

图 2－65　夹镶

轨道镶的具体操作主要有以下几个步骤。

（1）先仔细检查执模后的首饰托架是否端正完整，表面有无砂眼，镶口四周的镶爪是否齐全，托架上有没有脱焊、虚焊现象，主石镶口的大小、高低与主石是否吻合，副石镶口或卡槽是否完整。镶嵌好宝石后再发现首饰托架有问题，修理起来就费事了。

（2）根据轨道镶嵌操作的需要，镶嵌时应先将首饰托架固定在火漆球中。用火漆球可以比较稳定地固定首饰托架，无论镶嵌戒指还是胸坠都适用，尤其对镶嵌托架小而链节多的手链更为适用，一次就可以将完整的手链固定镶嵌，镶嵌的链节彼此可以进行比较，使它们尽可能一致。

（3）根据金属托架卡槽的形状、大小选配合适的宝石。用桃针等铣刀铣扩卡槽内壁，务必使卡槽平直光洁，卡槽的深度、高低要尽可能一致，卡槽的角度要与宝石的腰部吻合。卡槽大了镶嵌宝石容易晃动，卡槽小了镶嵌宝石时不到位，并可能夹坏宝石。铣扩卡槽时注意让槽口上沿略微大些，以便镶嵌时装石方便，但不宜过大，否则镶石后不易恢复首饰托架原来的形状。

（4）将要镶嵌的细粒宝石依次放进首饰托架的卡槽中，不能将宝石使劲挤压进卡槽，这样容易损伤宝石的边缘。待镶嵌的宝石都放进卡槽后，可用橡皮泥将它们固定住，不让它们自由活动。有时卡槽不能被宝石完全占满，因此用橡皮泥固定宝石时要考虑宝石的稀疏排列是否合理。例如，卡槽转弯处宝石可以稀疏些。

（5）镶嵌时左右手要配合操作。一般是左手的大拇指、食指和中指合力拿住平头冲头（也称打子），而无名指和小拇指侧向转动火漆球；右手握住榔头敲打冲头，让卡槽把宝石镶嵌牢固。操作时必须使冲头对准卡槽上方，一边敲打冲头，一边移动火漆球。榔头敲打要轻，火漆球移动要慢，从头至尾一遍一遍地敲打，逐渐把卡槽压紧，直到镶牢宝石为止。镶嵌完后的上镶边尽量平直，出现波浪的镶边说明有的宝石镶嵌不牢，必须将凸出的槽边逐渐打压下去。

（6）宝石镶嵌完成后用钢针挑拨宝石，检查所有宝石是否都镶嵌牢固。如有松动应仔细观察其原因所在，如宝石是否完全嵌入卡槽，卡槽是否与宝石吻合等。针对性地修理后，将松动的宝石镶牢，切忌不能用力乱敲卡槽边部，以免损伤宝石。

（7）最后先用锉刀修整镶边，再用铲刀将壁边铲平。一般来说弯曲轨道镶嵌的宝石镶边要修饰成圆滑形，而宝石直线排列的轨道镶边多修整成棱角分明的直角边，如由四五粒钻石直线排镶的戒指，两条镶边大都采用直角镶边。

轨道镶嵌是比较难掌握的一种技艺，难点在宝石大小要一样，卡槽宽窄应相同，卡槽口要与每粒宝石都能紧密吻合，镶嵌用力要均匀等。了解这些要点后，细心操作定会掌握这种方法，长期实践就会逐渐熟练起来（图 2 - 64，图 2 - 65）。

以上介绍的 4 种镶嵌方法是目前首饰镶嵌制作中最常用的、最实用的镶嵌方法，只要熟练掌握了这些镶嵌方法，就基本可以胜任所有的镶嵌工作。下面简单介绍几种不甚常用的镶嵌方法。

1. 飞边镶（又称意大利镶）

飞边镶是一种包边镶与起钉镶相结合的镶嵌方法，也就是宝石戒面的四周被金属镶边围住的同时，又为若干铲起的金属小钉所固定。宝石四周的金属镶边比较低矮，不能完全包住宝石。镶边上铲起的镶钉也比较细小，根据镶嵌需要，镶钉有时可以是三四个，有时是五六个。一般来说铲起的镶钉越多镶钉就越细小。飞边镶与包边镶的区别在于飞边镶的金属镶边只是围住宝石，不用挤压镶边来固定宝石，而是从镶边铲起小钉来固定宝石。这种镶嵌方法主要用于刻面宝石的镶嵌。这种镶法为了最大限度地表现刻面宝石，减少了包边镶造成的宝石台面变小的现象，使宝石戒面显得比较大，同时又不易钩挂衣物。

2. 打孔镶

打孔镶就是将圆珠状宝石或珍珠、琥珀等打孔后，用首饰托架上焊接的金属针或棍来固定宝石的镶嵌方法（图 2 - 66）。珠状或近似珠状的宝石、珍珠的镶嵌很难用爪镶、钉镶、包镶来完成。过去常采用粘镶法将其镶嵌（其实是用胶粘牢）在金属托架上，但这样很不牢固，采用打孔镶就牢固多了。根据镶嵌需要对珠状宝石或珍珠可打半孔，也可打通孔。一般来说戒指上的珠状宝石或珍珠多是打半孔，宝石的孔口与深度要与首饰托架上的金属针或棍紧密吻合。镶嵌时在金属针上涂抹专用胶粘剂，首饰托架的针插入宝石孔后要准确定位，尽量使宝石与金属托架完全吻合，因为要将粘连好的宝石卸下来是很困难的，而且容易损坏宝石。作耳坠或胸坠的珠状宝石可以打半孔，也可以是通孔。通孔镶嵌就不用粘连了，首饰托架上的金属针要能穿过珠状宝石，镶嵌时在穿孔的金属针顶端配一片垫片，将金属针顶端敲平挤压牢垫片就可以镶住宝石了。根据要求可以紧密镶嵌固定宝石，也可以稀松镶嵌让宝石自由转动。

图 2-66　打孔镶嵌珍珠坠

图 2-67　无边镶红宝石胸花

3. 无边镶

无边镶并不是完全没有边，只是有的宝石之间没有镶边，但首饰金属托架上有一外边（图 2-67）。这种方法是用金属槽或轨道固定宝石的底部，并利用宝石与宝石之间和宝石与金属边之间的挤压来彼此固定的镶嵌方法。无边镶多是对方形、长方形宝石的群镶。比如 9 粒方形宝石的镶嵌，3 粒为一排，3 排方形宝石就构成一个较大的正方形，宝石与宝石之间没有镶边，而在 9 粒宝石构成的方形四周有金属镶边，通过金属镶边的挤压，宝石彼此才能挤压镶牢。有的宝石边部有卡槽，挤压后就不易脱落。无边镶是一种难度极高的镶嵌方法，通过边部挤压群镶宝石，要保持戒面牢固而平整非常不易。

4. 绕镶

绕镶在目前镶嵌中很少采用了，这种方法多用于珠形或随意形宝石的镶嵌。绕镶，顾名思义就是用金属丝将宝石缠绕起来的镶嵌方法。有的艺术首饰也采用这种方法，为的是追求特殊的艺术效果。

首饰镶嵌有许多种方法，但是无论哪种镶嵌方法，技术要求都基本一样，首先必须保证镶牢宝石戒面，宝石戒面要镶嵌得周正、平直，镶边要均匀平滑，镶爪高低及分布要合理对称。总之，镶嵌的主要要求是宝石戒面应紧密地与首饰托架吻合，使其连成一个完美的艺术整体。归纳起来，镶嵌的质量要求有如下几个方面。

（1）宝石戒面镶嵌要牢固、端正、平直。用钢针挑拨主石、副石不松动，不能出现掉爪、掉石现象，更不能损伤或损坏宝石戒面。

（2）宝石戒面镶嵌在首饰托架上后，完整的首饰应保持原模版的协调和美观。首饰托架不能走样变形，表面不能有划伤、敲伤、挤伤的痕迹，金属托架上更不能出现裂纹、断口等现象。

（3）镶嵌完后的首饰表面要用吊机扫针打磨一遍，不能留下明显的锉痕、铲痕及其他较深的痕迹，这会给以后的抛光工序带来困难。

第六节　镶嵌新技术

一、蜡镶法

蜡镶法是一种最新的首饰镶嵌方法。因为其工作效率高、质量有保证，已经引起世界珠宝厂商的广泛关注。而在亚洲一些国家或地区，诸如中国香港、印度、泰国已广泛采用这一技术，并且批量生产珠宝首饰。

所谓的蜡镶法，简单地说就是把宝石戒面直接镶嵌在蜡模上，然后植树、灌浆后进行浇铸，一次就可以完成浇铸和镶嵌，稍作修整和抛光就成为完美的珠宝首饰（图 2－68）。蜡镶过程中有时可以先把宝石戒面安装在胶模中，直接注蜡后即可把宝石戒面镶嵌在蜡模上。也可以注完蜡模后，把宝石戒面镶嵌在蜡模上，这与把宝石戒面镶嵌在首饰金属托架的操作大致相同。

1. 主要优点和不足

（1）适合成批生产珠宝首饰，尤其是那些采用传统镶嵌十分困难的，如以轨道镶嵌的梯形、方形钻石等群镶为主的首饰。用传统镶嵌方法不仅费时费工，而且很难把群镶的钻石镶嵌平整、牢固。轨道镶嵌采用蜡镶法却十分容易，并且可以批量生产。

（2）蜡镶法采用的是直接浇铸和镶嵌，这种方法可以使群镶的宝石牢牢地镶嵌在首饰托架上，从而保证了镶嵌质量。

（3）蜡镶法由于减少了首饰制作环节，不仅大大降低了贵金属的损耗，同时也减少了首饰制作的打磨、镶嵌等工时，既提高了工作效益，又降低了首饰制作的总成本。

蜡镶法的这些优点恰恰是首饰制作中所需要的，所以这种镶嵌工艺创立仅短短的几年就为广大的珠宝厂商所接受，并在实际首饰制作中大量采用，越来越为世界珠宝界所重视。然而，蜡镶法也有相当大的局限性，存在一些难以克服的缺点。

（1）蜡镶法只适合于镶嵌钻石、红宝石、蓝宝石、石榴石等仅有的几种宝石，以及少数人工合成宝石，诸如立方氧化锆等。

（2）蜡镶操作之前需精心挑选宝石，一定要将有明显包裹体、裂纹的宝石挑出，否则蜡镶时这些有瑕疵的宝石经受不住高温的冲击，往往会使这些宝石在有毛病的地方裂开。

（3）蜡镶法不适用于祖母绿、欧泊、翡翠、紫晶、碧玺、橄榄石、海蓝宝石、青金石、黄晶、绿松石、珍珠和珊瑚等宝石，这些宝石在高温下

图 2－68　蜡镶法过程
（Jim Siverten. 如何成功地使用蜡镶法. 亚洲珠宝，1997）

易爆裂、变色。这是由宝石内部的组分、结构所决定的。如祖母绿、碧玺、海蓝宝石和紫晶等无机宝石晶体内部包裹体较多，受热后晶体内包裹体膨胀会引起宝石晶体爆裂。欧泊是含水的特殊宝石，平时都尽量让其保持一定湿度，干燥时就极易自然破裂，更不能遇到高温了。此外，珍珠、珊瑚是有机宝石，本身就不耐高温，一烧就必然损坏，而翡翠灼烧后将失去美丽的绿色。

目前，即使是熟练掌握这项技术的珠宝厂商，在采用蜡镶法制作首饰时，其宝石戒面的损失率也在4%～8%之间，有时甚至更高些。显然采用蜡镶法要考虑到宝石的损失率，尤其是高档的宝石要慎重采用蜡镶法。

另外，蜡镶法还有一个不容忽视的缺点，当宝石戒面没有牢固地镶嵌在蜡模上时，或在灌浆时宝石戒面脱离蜡模，浇铸出来的首饰上的宝石戒面可能脱落或错位，一旦出现这种现象将严重影响珠宝首饰的质量，而且修整起来也很费事，如浇铸不成功要撤卸宝石也很困难。

尽管蜡镶法存在一定局限性和缺点，其中一些技术也有待提高，但是只要对模版制作、注蜡、灌浆及浇铸等过程进行适当改造，并对蜡镶的技术工人进行特别的训练，使他们熟练掌握蜡镶技术，必定能提高蜡镶浇铸的成功率，降低宝石损坏率。

2. 具体操作方法

下面简单讨论一下蜡镶浇铸的具体操作方法和应该注意的主要问题。

(1) 蜡镶法的模版制作不同于传统镶嵌的模版制作，为了防止宝石戒面在灌浆、脱蜡和浇铸时脱落，在模版制作时，其设计应确保在覆盖层上有多个支撑区，镶嵌位应有预定的爪或轨道槽，并能牢固地镶嵌住宝石戒面。这里尤其要注意的是在制作模版、胶模和蜡模时，必须充分考虑模版的收缩程度，要留出必要的空间。

(2) 无论是在胶模中直接安装宝石的蜡模，或在现存蜡模上镶嵌宝石，种植蜡树之前都要仔细检查一遍，确保蜡模上的宝石戒面都镶嵌牢固。蜡树植完后就可以灌浆制作石膏模，灌制石膏模多采用直径15cm的钢筒套。灌模目前还是采用传统的制作工序，但是制作石膏模时务必要抽净石膏中的空气，尽量减少石膏模中的气泡。

(3) 蜡镶过程中为了减少宝石在高温下爆裂或褪色，焙烧石膏模时尽量把温度降低到规定温度的下限。温度降低了，就要加粗浇铸的通道以便金属熔体能尽快灌满石膏模，确保蜡镶浇铸成功。

(4) 让抽完真空的石膏模自然凝固2h后，放入蒸汽脱蜡器中脱蜡1h，然后放进已预热到135℃的电烘箱中进行脱蜡焙烧。蜡镶时石膏模的脱蜡焙烧温度最好做如下调节：148℃以下持续2h，260℃以下持续2h，426℃以下持续10h。焙烧完成后马上进行浇铸。可以采用真空浇铸，也可以是离心式浇铸，一般来说真空浇铸震动小，可减少石膏模的损坏或石膏模中宝石戒面的脱落。

(5) 浇铸好的石膏模让其在干燥阴凉处自然冷却到室温，千万不能像传统浇铸那样趁热进行“炸洗”，高温下的宝石在冷水中“炸洗”必然要爆裂。待石膏模完全冷却后才能放进水中浸泡，不能乱敲石膏模，要待石膏模完全湿润后慢慢地取出镶满宝石的金树，轻轻地将其清洗干净。同时要注意收集金树上脱落的宝石戒面。

(6) 从镶满宝石的金树上剪下首饰时要特别小心，不能将首饰原有造型改变，尤其是轨道镶嵌的首饰。一旦原来的形状破坏，轨道必然会变形，宝石也会松动脱落。打磨时也要轻微细心操作，不能损伤宝石戒面。

显然，蜡镶法主要应保护的是首饰上的宝石戒面，焙烧浇铸时的高温对宝石戒面影响很大，所以蜡镶法不能采用传统的焙烧铸模的温度（732℃），在这个高温下很容易引起宝石的爆裂。现在许多珠宝厂家在蜡镶过程中脱蜡和烘烤铸模的温度都在426℃以下。为了防止高温下宝石戒面的爆裂，目前多数以蜡镶法镶嵌为主的珠宝厂家都采取在铸粉中加硼砂粉的方法，以此降低宝石戒面的损失率。具体操作方法如下。

通常，按每公斤铸粉中加入2～4g硼砂粉及450mL水进行配比。将硼砂直接加入铸粉中是不行的。首先把水烧开，再放进硼砂并进行搅拌，等完全溶化后让其自然冷却至室温。然后把含硼砂的溶液倒进称好重量的铸粉中，要快速将铸粉搅拌均匀，并及时灌进铸模套筒之中，因为含硼砂的铸粉凝固得很快。

目前，蜡镶法主要用于10K、14K、18K黄金戒指，手链和胸坠等首饰制作，以及一些银饰品的制作，它们大多是较为低档的首饰制品。然而，多数又是传统镶嵌难以掌握的轨道镶、包边镶等。现在，亚洲一些国家和地区的珠宝厂家在采用蜡镶法的同时，又采用传统的手工镶嵌。也就是以蜡镶法镶嵌首饰上的副石，或是圆形钻石，或是梯形钻石，而主石仍采用传统的手工镶嵌。这样不仅可以制作出高档珠宝首饰，而且也降低了镶嵌难度，提高了镶嵌工作效率，还能保证昂贵的宝石戒面不被损坏。

二、石膏模法

石膏模法就是原有石膏浇铸法的单款版，是用专门的模具厂家生产出的石膏模具直接加工首饰的一种方法，适合于小规模、单一首饰的制作。这种首饰制作方式最早是由“金得利”公司林永霖先生开发出来的，“金得利”系列首饰模具投放到市场后，由于使用单件首饰石膏模具比过去手工加工的工作效率提高了几十倍，并具有成品线条更清晰、光洁度好、没有焊疤、成色不变、成功率高、黄金损耗等于零等优点，受到市场欢迎。下面简单介绍石膏模法首饰制作方法。

1. 基本设备和工具

浇铸首饰石膏模具需要的工具有熔焊机、压模油泥、石膏模具、滚筒抛光机和超声波清洗机等设备。

2. 加工步骤

（1）先将石膏模具的外纸皮去掉，用火枪加热石膏模，直到铁皮发红。

（2）往石膏模中放入秤量好的金或银料。首饰重量大小事先都要弄清楚，这样便于下料准确，一般说来下料要略比首饰用料多一些。

（3）用火枪对准金料加热。金料快要熔化时加少许硼砂，继续加热直到金料熔成熔融体，等到金水达到最佳流动性时用压模油泥快速垂直压下。压油泥这一步骤很重要，一定要垂直密封压下，这样才能保证首饰铸件的均匀性，减少出现砂眼的可能性。

（4）等模具冷却后，用锤子沿石膏模外圈轻轻地把其中的石膏敲碎，将里面的首饰取出，放入水中冷却。

（5）将超声波清洗机中加入清水，把铸好的首饰铸件放进水中清洗表面的石膏粉。

（6）铸件清洗干净后，要将首饰的圈口用铁指棒撑圆，需要改圈口的先将其改好，然后放入白矾碗中，加入白矾和水，用火枪加热直到沸腾，这样可将首饰表面的氧化层洗净。

（7）再用铜丝刷蘸上少许清洁剂，刷洗首饰表面，直到光亮，最后将首饰件放入滚筒抛光机中或采用布轮抛光机进行抛光，这样一件漂亮的首饰就完成了。

（8）如果是镶嵌首饰，铸件执模完成后需要先镶石，再进行抛光，最后还要用超声波清洗机清洗干净，然后烘干（图 2－69）。

1.石膏模具；2.撕开模具外层；3.烘烤模具；4.加料和硼砂；5.完全熔化金料；6.用油泥压住模具口；7.要完全封闭挤压；8.用钳子取出模具；9.轻轻敲击石膏模

1.取出首饰铸件；2.超声波清洗；3.剪去铸件水口；4.撑圆戒指圈口；5.锯开指圈；6.调整圈口后锉平接口；7.焊口处涂抹硼砂；8.焊接好接口；9.用酸液除去铸件氧化层

图 2－69　石膏模浇铸操作方法

三、蜡模法

这种首饰制作方法与上面的石膏模法基本相同，但这种方法是从蜡模开始做起，具体制作方法参见图 2－70 及相关文字介绍。

1.根据戒面大小锯裁蜡料；2.用锉打磨蜡料；
3.根据戒指圈口大小，用刮刀修饰蜡料指圈口径；
4.用油笔画好十字中心线和戒面形状；
5.蜡模初步成形后要根据戒面大小确定摆放位置；
6.用专用铣刀切磨蜡模；7.根据戒面用锉刀不断精修蜡模；
8.打磨精细的蜡模；9.焊接蜡模水口；

10.以油泥为底座，插好蜡模；11.用铁皮筒套住蜡模；
12.调制石膏浆；13.在超声波机中调制石膏浆可减少气泡；
14.将调制好的石膏浆灌进蜡模铁筒中；
15.将灌满石膏浆的蜡模铁筒放置阴凉处1~2天；
16.将基本干燥的石膏筒放置电炉或烘箱中烘烤除蜡；
17.用焊枪烧烤石膏模至发白(石膏上没有黑色为止)；
18.加入适量金料进行熔金(估算金料质量，蜡模质量×16=投料质量)；

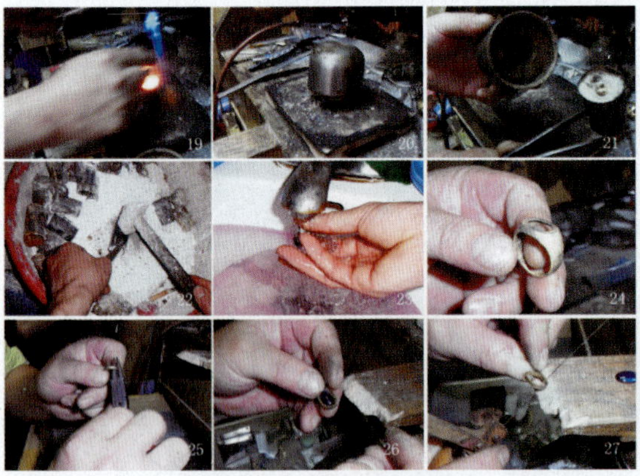

19.熔金时适时加些硼砂，使熔融的金液色泽发白；
20.迅速将准备好的油泥垂直压在石膏模上；
21.稍微冷却后从油泥中取出石膏模；
22.用榔头轻轻敲击石膏模筒取出首饰铸件；
23.将铸件进行清洗；
24.加温后用稀酸浸泡铸件，使其恢复原色；
25.制作戒指镶口；26.检查镶口是否合适；
27.裁断镶口多余部分；

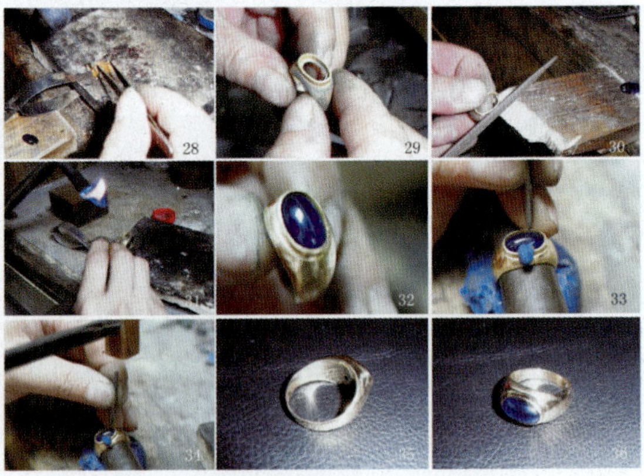

28.清洁镶口接缝后进行焊接；29.确定镶口摆放位置；
30.修饰镶口周边厚薄；31.镶口与托架进行焊接；
32.将戒面放入镶口中检查吻合状况；
33.用橡皮泥固定好戒面后再使用冲头轻轻敲打镶口边进行镶石；
34.要均匀地变换角度敲击镶口；35.镶嵌完成的戒指底部；
36.镶嵌和抛光后的成品戒指

图 2－70　蜡模法操作方法

第七节　抛光和清洗

一、抛光

镶嵌好宝石戒面的首饰没抛光之前其金属表面十分粗糙，执模镶石过程中，无论如何精打细磨都会在首饰表面留下一些细微的锉痕、砂纸打磨的擦痕、铣削孔口时孔边的钻痕、修整边线的铲痕、夹具留下的夹痕、焊接残留的细小焊疤，这些痕迹必须通过机械布轮打磨才能清除干净。

显然，珠宝首饰镶嵌完成后必须进行抛光处理，才能使首饰光洁明亮。目前，镶嵌珠宝的18K、14K以及白银、铂金等首饰大都采用机械布轮抛光，这是首饰表面处理工艺最重要的环节，抛光后的首饰表面应光亮无比，给人以光彩夺目的美感。当然，机械抛光是有一定技巧的，要配备各种布轮和抛光蜡，并不是抛光时间越长越好。既要让珠宝首饰抛得光亮，同时还要降低制作首饰托架的贵金属的损耗，也就是在确保抛光亮度的前提下缩短抛光时间，才有可能降低损耗，节省抛光工时。

（一）抛光设备

所谓机械布轮抛光就是利用高速转动的电机，在其中轴上装布轮，再往布轮上涂抹一些抛光蜡就可以进行抛光了。一般要求电机运转速度大于3 000r/min。布轮抛光机制作比较简单，通常抛光用的电动机可以定做，与普通电动机相比其差别在于它的中间转动轴是单边或两边伸出的，并被车削成带螺纹状的锥形，这样的锥形中轴可以轻松装卸抛光布轮。此外，固定电动机需要稳固的金属支架，金属支架的高低要设计得合适，恰好可坐着进行抛光。抛光机必须安装防尘罩以减少危害操作人员身体健康的粉尘，同时还可以减少贵金属粉尘飘失。抛光机还必须配有回收贵金属粉尘的过滤箱和排风机。过滤箱制作比较简单，外壳可以是金属的，也可以是硬塑料板的，箱的大小根据需要和排风机的功率来确定，常用的工业排风机可配60cm×40cm×30cm的过滤箱。在箱内垂挂十余片与箱内壁大小相同的过滤布，只是比过滤箱短一些，过滤布必须透气但孔隙不能太大，滤布不透气，排风机无法吸引抛光粉尘，孔隙太大又留不住粉尘。自制的过滤箱常常采用较簿的壁毡作为过滤布。用一条直径为5～6cm的硬塑管将抛光机防尘罩与过滤箱连接起来，再从过滤箱的顶板引一条较粗的硬塑管与排风机相接，排风机打开后可以将抛光出来的粉尘吸进过滤箱中，并挂在过滤箱中的滤布上，这样就可以收集贵金属粉尘了。收集的贵金属粉尘可以重新提纯，大量回收提纯贵金属将降低损耗，增加效益。

市场上有多种类型的抛光机出售，大型的珠宝首饰镶嵌厂需要较大的抛光设备。市场上也有组合式的抛光系统出售，这种抛光系统常常有4个抛光操作台，分作粗抛、中抛、细抛和飞碟抛，抛光系统包括4个电机、工作台、防尘罩和吸尘箱，吸尘箱内除了滤布外，箱内顶部还有排风机。市场上有多种抛光系统出售，现介绍几种抛光组合机（图2－71，图2－72），主要参数见表2－12。

以上抛光组合又称为中央吸尘机。除组合抛光机外，更多的是单机抛光机，有的也称打磨机。这种抛光机多自带防尘罩和吸尘箱，电机中轴是两边伸出的，现在介绍几种机型（图2－73）。

图2－71　吸尘抛光组合装置

图 2-72　各种打磨抛光机

表 2-12　抛光组合机参数

型号	外接口	匹　数	尺　寸	质量（kg）
54	2	1/2	(22$\frac{3}{8}$)″×20″×27″	68
84	4	3	(28$\frac{1}{2}$)″×28″　(1/2)″×48″	172
90−5	6	5	40″×36″×79″	295

2040型吸尘抛光机

2025型吸尘抛光机

Aspyclean型吸尘抛光机

小型抛光机

飞碟抛光机

图 2-73　各种抛光机

（1）2040 型吸尘抛光机主要参数。

电机：1/2hp（1hp=0.745kW）

转速：3 450r/min

电源电压：220V　单相

尺寸：32″×24″×11″

替换滤布：DC-126

可用布轮：大于 6″直径

（2）2025 型吸尘抛光机主要参数。

电机：1/3hp

转速：3 450r/min

电源电压：220V　6.6A

尺寸：20″×19″×12″

替换滤布：DC－118

（3）Aspyclean 型台式吸尘抛光机主要参数。

电源电压：220V 132W，带 M2V 电机：220V 500W

尺寸：66cm×49cm×40cm

质量：45kg

上面的几种抛光机都自带吸尘装置。市场上还有不带吸尘的简易抛光机出售，这种抛光机多是小型的，如：M2V 型抛光机就是一个电机，中轴两边伸出呈螺旋锥形，有两个抛光速度，其主要参数如下：

电源电压：220V　单相

功率：350W

速度：1 400r/min 和 2 800r/min

尺寸：36cm×20cm×24cm

质量：12kg

这种简易抛光机可以自己定做，配上防尘罩后，用一塑料软管与清洁用的吸尘器连接，抛光时开动吸尘器照样能起到防尘回收贵金属的作用。

飞碟抛光机有其特殊的作用，尤其对首饰的边、角抛光用途很大。飞碟机中轴只向上伸出一端，向前略微倾斜，恰好合适操作者抛光。在飞碟盘外围有大半圈防尘罩，并有吸尘口。飞碟机可自己制造，市场上也有出售，主要参数如下：

电机：1/2hp

转速：3 450r/min

电源电压：220V　50Hz

尺寸：12″×15″×18″

（二）抛光用品

抛光除了抛光机器本身以外，还要有相应的辅助工具、材料才能进行抛光操作，如抛光用的布轮、毛刷、戒指绒芯、抛光蜡以及飞碟盘等（图 2－74）。

1. 布轮

首饰抛光布轮主要有两种：一种是白色的布轮，一种是黄色的布轮。前者适合细抛光，后者适合粗抛光。抛光布轮的规格主要有：6″×50″、5″×45″、4″×42″等。

2. 毛刷

毛刷也是抛光中重要的工具，它可以对首饰的花纹、缝隙进行抛光。抛光毛刷多是木心的，按毛的排列分为双行、三行和四行等。

戒指绒芯是抛光戒指内圈所必需的工具，戒指绒芯多是木料制作的，在其 2/3 的顶部粘有棉绒，常用的戒指绒芯为 3″和 4″。

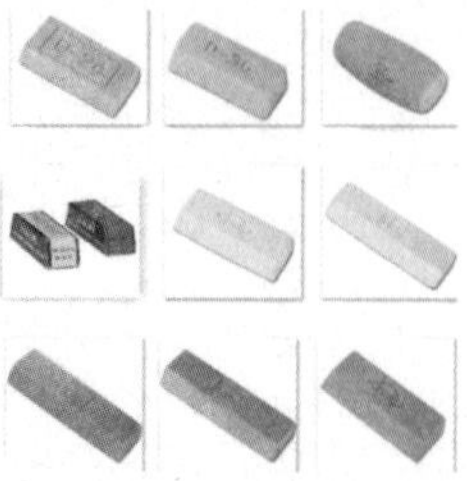

抛光蜡

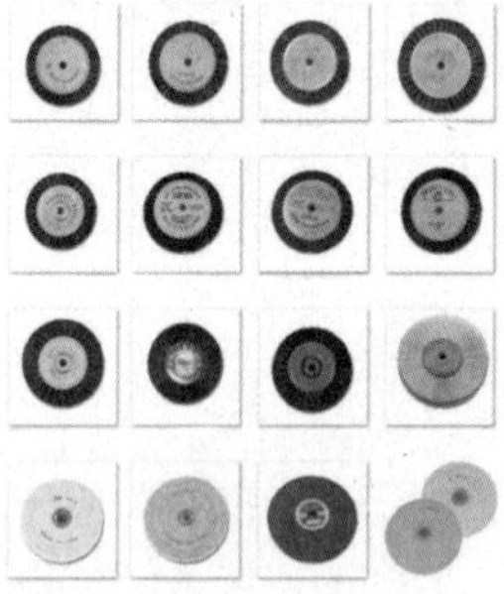

砂轮布轮

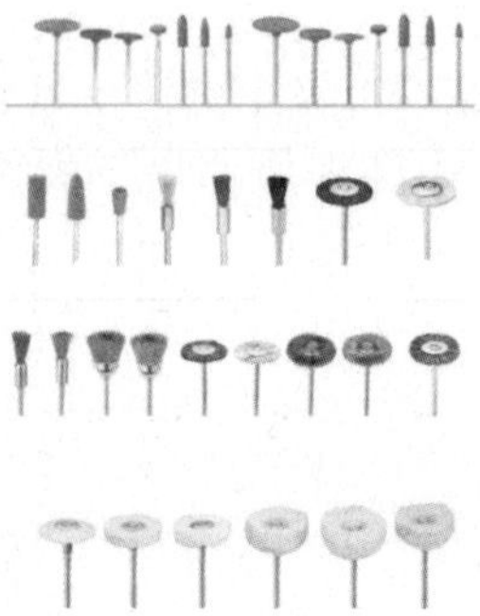

有柄毛刷

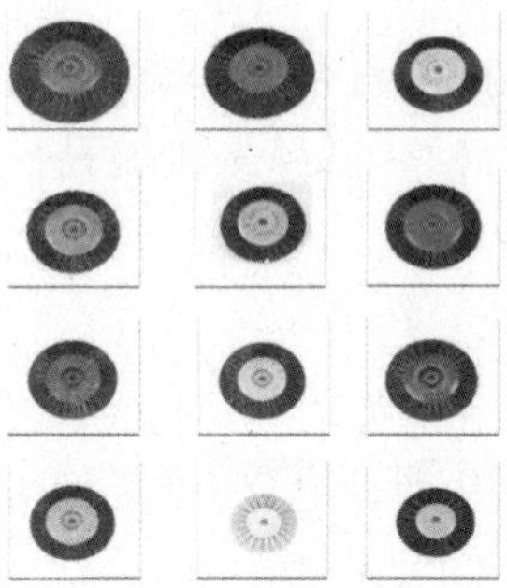

各种毛刷

图 2-74　各种抛光用品

3. 抛光蜡

抛光蜡是首饰抛光中非常重要的材料，抛光蜡多被铸成锭状，有多种颜色，如红色、白色、灰色、嫩绿色和深绿色等。不同颜色的抛光蜡适合不同程度、不同金属的抛光。如成分是铬氧化物的绿色蜡多进行粗抛光，成分为铝氧化物的白蜡多进行中抛光，而成分是铁氧化物的红蜡则多进行细抛光。

4. 飞碟盘

这是飞碟机上使用的，它主要对首饰的边、角进行细磨和抛光。通常有 4 种硬度的飞碟盘，坚硬的、较硬的、硬的和中等硬的。常用的规格是 6″直径的。

上述抛光工具和材料都可以从市场上购买，具体使用方法和用途可通过说明书或出售者处了解到。

（三）抛光重要步骤

前面的章节中介绍过，珠宝首饰抛光之前经历过滚筒抛光、执模和炸金等工序，通常是在执模之后镶石之前进行炸金，贵金属托架炸金后使得最后的抛光变得更加轻松，抛光出来的首饰也将更加光洁明亮。K 金珠宝首饰的抛光工序主要有以下几个步骤(图 2-75，图 2-76)。

(1) 抛光前要对待抛光的宝石首饰进行检查和必要的修整。待抛光的首饰多是镶嵌好宝石的完整成品。因此要检查首饰上宝石是否镶嵌牢固，副石有无镶嵌遗漏，首饰托架的造型是否完美和完整，金属托架表面是否存在难以抛光的砂眼、擦痕、锉痕，甚至是虚焊的接缝和断裂。如有问题要及时修整，避免重复抛光返工。尤其要检查首饰的珠宝戒面有没有较大的裂

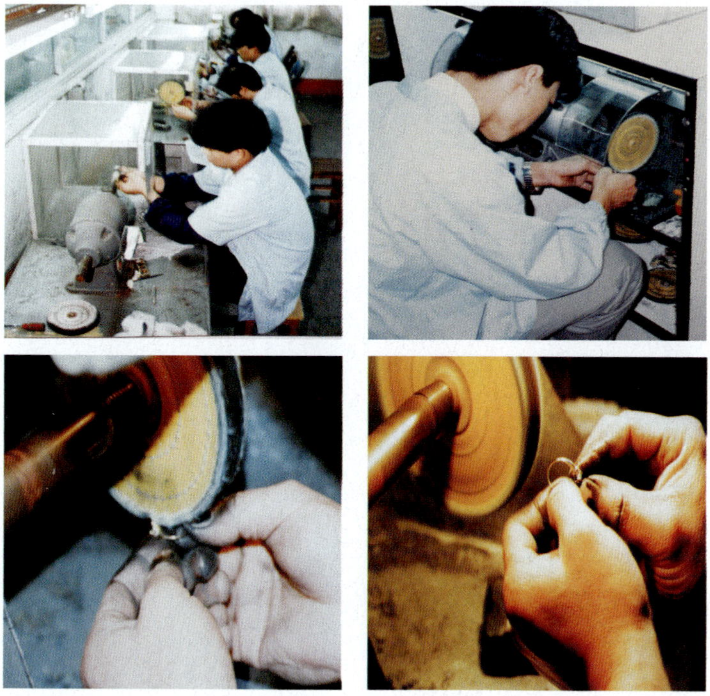

图 2－75　布轮抛光

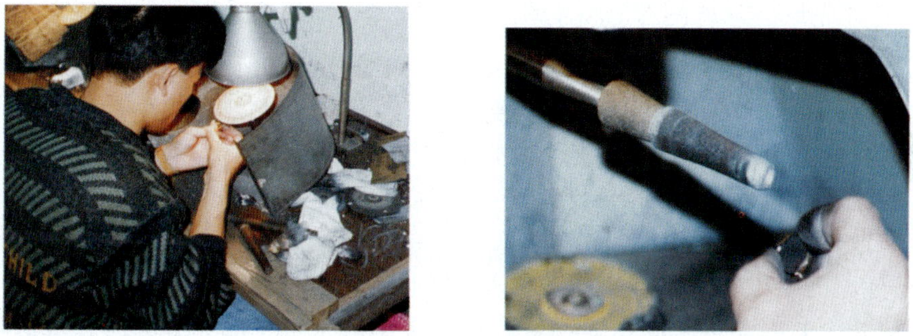

图 2－76　各种抛光

纹等瑕疵，这样的宝石戒面最好卸下来抛光后再镶嵌，无法回避抛光时要尽量保护宝石戒面。

（2）抛光首先要进行粗抛。粗抛光就是将首饰金属托架表面上的锉痕、钳痕、钻痕、毛刺以及烧焊留下的黑色氧化层先行抛掉。尽量把首饰金属托架抛得平整、协调，让弧度圆滑，使线条流畅。注意不能用力过大、抛光过猛，如在首饰托架表面留下凹陷将难以恢复其原貌。粗抛是中抛、细抛的基础，如果达不到要求将影响后期抛光，也就会影响首饰的质量。粗抛的具体操作如下：

A. 打开排风机或吸尘器，让抛光的粉尘被吸进过滤箱中，储存起来便于回收（图 2－77）。随即开动抛光电动机，借助电动机中轴转动的力量旋转上抛光毛刷（鬃毛刷），毛刷旋紧后将粗抛用的抛光剂——绿色蜡块（含铬的氧化物）涂抹在毛刷上，就可以抛光了。

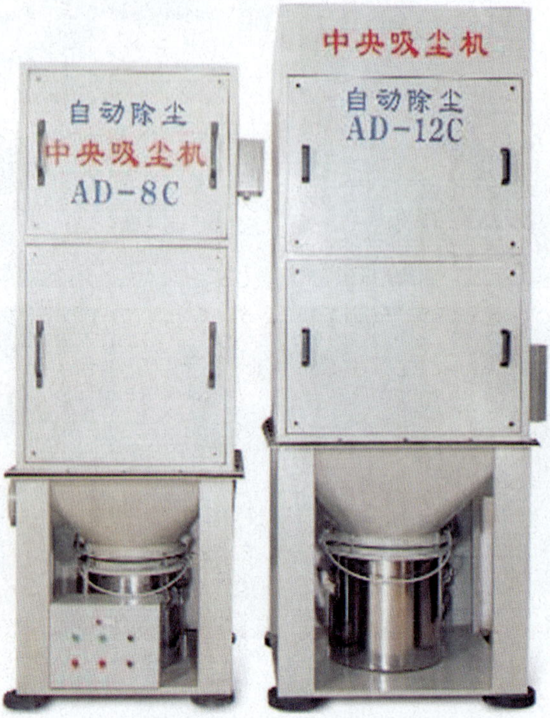

图 2-77　回收装置

B. 毛刷主要对首饰镶嵌宝石的台面、主副石镶边、花饰等有孔隙的地方，以及指环的外部进行抛光，还可对首饰的反面进行打磨抛光。操作过程中首先应注意的是要均匀地向毛刷上抛光蜡，抛光用力要适中，不能用力过大而造成首饰变形、掉爪、松爪，甚至掉石等现象，也不能抛光不到位而仍旧残留执模留下的锉痕、擦伤等。首饰全部都要粗抛光一遍，明显抛光不够的地方要重复抛光。

C. 如果抛光的是镶嵌戒指，还要用 3″或 4″的戒指绒芯打磨抛光戒指的内圈，根据需要选择合适的绒芯。抛光前也必须向戒指绒芯涂抹绿色抛光蜡。抛光时要注意绒芯与戒圈的接触面，戒指不能插入绒芯太深，保持抛光接触面是圆圈的 1/3。抛光接触面太小工作效率低，接触面太大则变换抛光位很不方便。另外，由于摩擦阻力大，操作人员难以拿稳抛光的首饰，容易造成抛光首饰飞出而损坏宝石戒面或首饰的造型。

D. 大型首饰需要用飞碟（扒边轮）打磨（图 2-76），尤其是男款戒指的平面部分及棱角，以使其表面更加平直，棱角分明而端正。

粗抛光时要注意向毛刷和布轮上蜡时一次不能涂抹太多，避免抛光蜡摩擦发热后熔化覆盖在首饰表面上，从而掩盖首饰表面存在的各种痕迹和砂眼等毛病。这样将影响首饰粗抛光的质量，并给下面的精细抛光带来困难，甚至将导致重新粗抛。

抛光操作者的抛光手法也将影响抛光质量，抛光操作手法不正确，不可能抛光好首饰。一般来说，抛光时尽量使首饰与抛光轮平行，双手握紧首饰并逐渐地移动抛光面，务必一次均匀地将首饰全部抛光完，每个部位都要抛光到。抛光手法不正确，抛光的首饰在高速飞转的抛光轮上很容易被弹脱出手，这样极易造成宝石戒面的损坏、金属托架变形和断裂。如抛光的首饰体积细小（如胸坠、耳钉等），可以准备一个金属丝制作的挂钩，挂钩后有一圆圈可套进手指。抛光时用钩子钩住首饰，右手的食指套住钩子，右手拿住首饰抛光。抛光时还要防止跳跃式抛光和用力轻重不匀。出现跳跃现象有可能抛光轮不在轴心上，也可能抛光轮不圆，更有可能是手法问题，找出原因就好解决问题了。

（3）一些抛光比较困难的合金首饰，往往制作首饰的金属韧性大，柔软的金属抛光起来有滞留现象，不易抛亮金属表面，只有多次抛光才能达到要求，诸如铂金首饰和 K 白金首饰等，就需要进行中抛光。中抛光的方法与粗抛光基本相同，仍用毛刷和粗布轮进行抛光。中抛光只是抛光蜡有所不同，主要采用粒度较细的白色抛光蜡（含铝的氧化物）。中抛光也就是按照粗抛光的方法进行操作，将首饰从头到尾重新抛光一遍。

（4）任何首饰粗抛以后都必须进行细抛光，这样才能使金属首饰表面光亮起来。细抛是在粗抛、中抛的基础上进一步精细抛光，使首饰表面更加平整、光滑，达到完美的镜面反光效果。细抛光采用粒度更细的红色抛光蜡（一种含铁的氧化物）。细抛光的操作手法与粗抛光大致相同，但其抛光摩擦接触面要小，抛光时不仅用力要小而且用力要均匀，必须完整地将首饰表面抛光一遍。具体方法是用细布轮涂抹上红色抛光蜡后，先对首饰的正面进行抛光，然后抛光首饰外边、角部。如是对戒指进行抛光，应先用戒指绒芯涂抹红蜡对戒指内圈进行抛光（图 2－76），然后抛光戒指的正面和花肩，最后抛光首饰的两侧和外圈。

珠宝首饰经历了粗抛光、中抛光和细抛光 3 次抛光过程，应该说首饰的表面能够达到光洁如镜的程度。但是有时因为执模过于粗糙，在首饰表面仍留下较大的锉痕、擦痕等痕迹，通过抛光程序很难将其清除干净。另外，在抛光过程中会将掩盖在首饰表面下的砂眼打磨出来，这既影响了首饰的光洁度也影响了首饰的质量。出现上述情况必须进行修整，首饰上大的擦痕、锉痕要用吊机扫针砂纸重新打磨后，再进行抛光。首饰表面出现砂眼一定要补焊，打磨平整后才能再抛光。

抛光可以说是首饰制作中非常重要的一道工序，抛光效果完美可以起到画龙点睛的作用。显然首饰抛光也有一定的质量标准，其质量标准如下：

A. 首饰表面必须光洁如镜，不能有任何锉痕、擦痕、焊痕和砂眼；

B. 首饰抛光后造型美观不变形，线条流畅对称，边线圈口厚薄均匀而圆滑；

C. 抛光后首饰上的宝石戒面镶嵌牢固，没有掉爪缺齿的现象，镶边整齐光滑，宝石戒面完好无损。

二、清洗

抛光后的首饰必须进行清洗，将首饰缝隙中及表面上的抛光蜡和灰尘等污物去掉，这样首饰表面才能光洁明亮，成为一件完整美观的首饰工艺品。现代珠宝首饰抛光后的表面残留污物主要是抛光蜡，一般说来只要去掉抛光蜡就基本可以洗净首饰了。过去，传统的抛光方法并不是采用现代的抛光蜡作抛光剂，抛光方法不同，清洗方法也就不同，所以清洗方法多种多样。较为原始的方法有用菩提树果壳浸泡出来的浆汁来刷洗抛光后的首饰，也有用洁洁灵来刷洗首饰的。有时在刷洗前将首饰放进装有沸水的容器中煮几分钟，然后捞出刷洗，这样更容易清洗干净。还有采用蒸汽喷射方法清洗的，如用作医疗卫生器具消毒的高压锅烧制蒸汽，利用蒸汽的热冲击力将首饰表面的污物清洗干净。

现代珠宝首饰镶嵌工厂都是采用机镶方法加工生产大批量的首饰，并且目前流行的珠宝首饰款式多种多样，复杂而精细、美观。显然仍旧采用手工和清洁剂来清洗大批量的精美首饰是不可能的。因此，现代珠宝首饰镶嵌工厂都采用较为先进的超声波清洗机来清洗抛光后的首饰。超声波清洗机主要利用声波与清洗的首饰和清洗筒壁的撞击、反射、穿透，以及声波与声波之间的相互作用而产生的强烈震动的冲击力对首饰表面的污物进行反复冲洗。同时声波使清洗液产生大量气泡，气泡不断地生成和裂开就产生了较大的真空吸引力，这对首饰表面的污物也有快速的乳化作用，乳化后的污物将失去附着力而分解进入清洗液中，从而达到清洗首饰的目的。有的超声波清洗机可以加温清洗，加温清洗将更加有效和快捷。超声波清洗机清洗首饰是需要有专门的清洗液的，这种清洗液（俗称除蜡水）可以在市场上买到，有国外进口的，也有国内生产的。目前国内生产的首饰清洗液效果就很不错，如天津市化工研究所配制的首饰清洗液在实际生产工作中效果就很好，完全可以达到首饰清洗的生产要求，并且其价格比进口的要低很多。

首饰清洗设备主要是超声波清洗机。市场上出售的超声波清洗机品牌不少，有进口的清洗机，也有国内生产的。下面介绍目前首饰镶嵌加工厂常用的几种超声波清洗机（表 2 - 13）：①T - 310 型超声波清洗机；②T - 460/H 型加温超声波清洗机；③T - 570/H 型加温超声波清洗机。

表 2 - 13 各种型号超声波清洗机主要参数

型号	内缸尺寸 (mm)	外部尺寸 (mm)	容量 (L)	质量 (kg)	频率 (kHz)	功率 (W)	温度 (℃)
T - 310	190×85×60	200×95×140	0.8	1.2	35	30	—
T - 460/H	240×137×100	265×180×215	2.75	3.2	35	285	30～80
T - 570/H	240×137×150	300×185×265	4.25	4.4	35	360	30～85

这些清洗机采用的是平去式超声波震头，这样的超声波产生的波浪威力较大，清洗的能力也很强。清洗首饰时最好加温至 70℃左右，热水清洗首饰更是事半功倍。

目前，国内生产的首饰清洗专用超声波清洗机质量也很好。如天津制造的“天昌”超声波清洗机质量就很不错，多年的实际应用中其清洗功能非常有效，使用寿命长且价格便宜。

有的首饰镶嵌厂自己配制清洗首饰的清洁液，具体成分组成如下：

洗洁剂 50g/L；碳酸钠 10g/L；氢氧化钠 3g/L。

配制首饰清洗液要求水温在 50～70℃。一般较大的首饰镶嵌加工厂都采用大功率并带有加温的超声波清洗机，这样才适合大批量的首饰清洗。清洗首饰之前，将配制好的清洗液加入到清洗槽中，通常清洗液不要装得太满，以免震荡时清洗液从槽内溢出。装好清洗液后先加温，当温度达到 50℃左右时就可以将首饰放进超声波清洗机槽内的清洗液中，开动发射超声波的开关即可震动清洗首饰。注意首饰要用金属细丝将其穿挂起来，金属丝的两端挂在清洗槽的两边，让清洗的首饰全部浸泡在清洗液中，这样便于清洗。有时为了防止珠宝首饰上的碎石在震动清洗中丢失，常常将清洗的珠宝首饰置于用金属细丝编织的网篮中。清洗时要频繁地将首饰提出水面以观察首饰表面清洗的状况，直至将首饰上的污物清洗干净。采用超声波清洗机清洗珠宝时间不能太长，通常 3～5min 就可以了。清洗后的珠宝首饰要用清水将首饰表面的清洗液冲洗干净，然后用普通的电吹风机将首饰烘干（图 2－78）。注意烘干的珠宝首饰是整个镶嵌加工后的最终产品，操作人员最好要戴上手套收集首饰，以免在光亮的首饰上留下指纹印痕。至此，珠宝首饰镶嵌加工的全部过程完结了，一批批光彩夺目的珠宝首饰工艺品就此产生，并源源不断地流向消费市场，进入千家万户。

超声波清洗

烘干清洗后的首饰

图 2－78　清洗过程

前面谈到超声波清洗机具有清洗能力强、使用起来方便、能大批量的清洗首饰等许多优点，然而由于超声波清洗机的穿透力、强震动大，产生的大量气泡爆裂时有很大的力量，这对镶嵌有珠宝的首饰影响很大。一般说来，没有较大裂纹和包体的天然红宝石、蓝宝石、钻石、金绿宝石、翡翠等宝石戒面可以直接放入超声波清洗机中清洗，如有明显的裂纹、包体等瑕疵，以及后期经过改色、灌胶、镀膜等优化处理的宝石戒面就不能放进超声波清洗机中震荡清洗，否则将有可能对宝石戒面造成损伤和脱色，宝石的裂纹也可能更加明显。另外，有机宝石不能放进超声波清洗机中清洗，如珍珠、象牙、琥珀等。一些物理性质较脆性，解理、断裂发育的宝石戒面也不能在超声波清洗机中清洗，如祖母绿、欧泊、青金石、孔雀石、月光石、黝帘石、辉石类宝石等。除此之外，大多数情况下镶嵌好宝石戒面的珠宝首饰是不宜直接送进超声波清洗机中清洗的。对于这些宝石首饰通常先镶嵌副石，随后对首饰金属托架进行抛光，然后进行超声波清洗，清洗干净后用电吹风机将首饰托架烘干，再镶嵌主石戒面。此时镶嵌操作者要注意保持抛光清洗后首饰托架的光洁明亮，最好戴上手套进行镶嵌。同时尽量避免划伤、弄脏首饰金属托架的表面，这样镶嵌好的珠宝首饰稍作修整就可达到最终产品的质量要求了。如爪镶宝石首饰，镶嵌好主石戒面后用吸珠将爪吸圆磨光，再用吊机布轮将其打光滑就可以了。这样的抛光清洗方法避免了超声波清洗机震荡可能对宝石戒面的损伤。

对于这些有限制的珠宝首饰的镶嵌抛光可采用常规的方法操作，只是最后清洗时不采用超声波清洗机，而是将珠宝首饰置于温暖的清洁液中，用刷子刷洗首饰的各部分，尤其要注意清洗首饰的花纹、缝隙等地方，有时需要用细小的竹签剔除狭小缝隙的污物，但不能用钢针来代替竹签，因为钢针常常会划伤首饰的金属表面。显然，这种方法不能进行高效率的大批量首饰清洗。而超声波清洗是珠宝首饰最为重要的清洗方式。

第八节　电镀

前面讨论的抛光和清洗，主要是针对珠宝首饰的金属托架本色而进行的，也就是珠宝首饰金属托架是18K黄金或14K黄金，抛光清洗后其颜色不改变。然而，有时市场需要改变首饰表面的颜色，比如要求18K黄金首饰像足金那样金黄，而18K白色黄金首饰（K白金）却要像铂金一样纯白，这一切就需要对首饰金属托架表面进行电镀。还有诸如铜、铝等一些贱金属首饰和白银首饰也需要镀金才更加美观。电镀不但保护首饰金属表面，还可使珠宝首饰金属表面更加美观。

电镀分本色电镀和异色电镀。本色电镀是指电镀颜色与首饰金属基质的颜色相同或基本相同，首饰的金属基质与电镀的化学组成也基本一样，例如18K金首饰镀18K的金，14K的金首饰镀14K的金。异色电镀是指电镀的颜色及成分与首饰金属基质的颜色和成分都不相同，例如18K金首饰镀24K黄金或电镀白色的铑。常见的铜、铝工艺首饰（俗称假首饰）电镀黄金也是异色电镀。

电镀的物质有许多种，如镀金、镀银、镀锌、镀锡、镀铑和镀铜等。珠宝首饰制造中最常用的是镀金、镀铂、镀铑和镀银。金属首饰无论是镀金或镀铑都要进行电镀前的清洗处理，因为打磨后的首饰表面有可能粘有油污或焊接时残留的氧化物，电镀前必须把首饰表面的污物和氧化物清除干净，才可能电镀出颜色正、分布均匀、牢固的镀层。另外，一些首饰金属托架执模非常粗糙，在粗糙的金属表面也很难镀出结合牢固、防腐蚀性好的镀层。即使勉强给这样处理不完善的首饰电镀上镀层，在很短的时间内首饰上的镀层就将出现脱皮、鼓泡，出现麻点、花斑等不良现象。显然电镀前的清洗处理是非常必要的。首饰金属托架表面的污物可能有矿物油、动植物油等有机污物和氧化物、灰渣等无机污物。电镀前的清洗处理工作主要包括以下几个步骤：

（1）尽量减轻首饰金属托架表面的粗糙度，在执模时就要精心打磨；

（2）将首饰金属托架表面的油污清除干净；

（3）将焊接时残留的氧化物或灰尘清除干净。

前面章节中讨论过，失蜡浇铸出来的首饰铸件通过滚筒抛光、执模、炸金等工序就可以降低首饰表面的粗糙度，也就是前期执模精细点就可以达到电镀要求。

油污将造成首饰金属表面与电镀层隔离，必将影响电镀的牢固性。实际操作中有多种除油方法：

（1）有机溶剂除油法是利用其溶解油脂的物理特性，将金属表面的油污清除。有机溶剂主要有煤油、汽油、四氯化碳和三氯乙烯，其中最有效的是三氯乙烯和四氯化碳，它们可以在较高温度下除油而不会燃烧。

（2）化学除油法是将首饰托架置于碱性溶液中清洗，利用其皂化作用、乳化作用把金属表面污物清除。氢氧化钠、碳酸钠、磷酸三钠等都是很好的除油剂。

（3）电化学除油法是将首饰托架挂在碱性电解液的阴极或阳极上进行除油。

（4）手工除油法是采用古老的手工刷洗方法除油，一般用瓦灰或去污粉洗刷。尽管此方法古老却非常有效。

清除首饰金属表面的氧化物最常用的方法是采用酸洗，利用无机酸的侵蚀和溶解作用，除去首饰表面的氧化物。酸洗溶液的配制和用法在前面章节中介绍过，在此不再复述。

首饰制作过程中采用最多的电镀是镀金，有时需要电镀 14K 金，有时需要电镀 18K 金或电镀纯金。目前市场上流行 18K 白色黄金饰品，由于其本色不是纯白色，略有些发黄，于是就需要电镀白色的铑或铂。下面简单介绍几种贵金属的电镀方法。

一、镀金

黄金是一种金黄色的贵金属，其化学性非常稳定，不溶于各种强酸，只溶于王水。用黄金来电镀各种首饰的表层具有极好的保护作用，其耐腐蚀性极佳，长期佩戴不易改变颜色。而且金黄的颜色无比华贵耀眼，镀在首饰表面十分美观。

所谓的镀金就是根据首饰的电镀要求配制专用的镀金液，在一定 pH 值和温度的条件下，通过正负电极电流与电镀液的电化学反应，使镀金液的金离子逐渐转移到首饰的金属表面上的过程。市场上有配制好的各种型号镀金液出售。目前，国内外首饰制作厂家大都采用氰化物镀液和无氰镀液两大类镀金液。前者是有毒的溶液，使用时要分外小心。其中氰化物镀金液又分高氰和低氰。高氰镀金液中 pH 值在 9 以上的称之为碱性氰化物镀金液（高温和低温），其 pH 值在 6～9 之间的称为中性及弱碱性氰化物镀金液。低氰酸性镀金液，其 pH 值在 3～6 之间，这种镀金液多为柠檬酸盐镀金液。由于环境保护的原因，现在已广泛采用低污染的无氰镀金液，这种镀金液是亚硫酸盐制作的。

1. 氰化物镀金

碱性氰化物镀金液主要成分是金的氰络盐和游离氰化钾，含有一些缓冲剂和光亮剂。这样的电镀液扩散能力强，电流效率接近 100%，所以镀层纯度较高，但硬度较低，表层的孔隙较大，适合电镀纯金。中性和弱碱性镀金液主要成分是金的氰络盐，加有磷酸的酸式盐或碱式盐。这种镀液分散能力也很好，电流效率为 80%～90%，可以与其他金属共沉积，适合 K 金的电镀。

表 2-14　纯金电镀液的配方及操作条件

配方及条件	单　位	含　量
氰化金钾	g/L	5～20
氰化钾	g/L	25～35
碳酸钾	g/L	25～35
磷酸氢二钾	g/L	25～35
pH	—	碱性
温度	℃	50～65
阴极电流密度	A/dm^2	0.1～0.5
阳极材料	—	纯金/不锈钢

表 2-15　K 金电镀液的配方及操作条件

配方及条件	单　位	含　量
氰化金钾	g/L	14～18
氰化铜	g/L	2～3
氰化锌	g/L	1.5～2.5
氰化镍	g/L	1.5～2.5
氰化钾	g/L	4～6
pH 值	—	8
温度	℃	55～65
阴极电流密度	A/dm^2	1.5～3
阳极材料	—	金铜合金

电镀液的具体配制方法如下：首先在镀槽中加 2/3 左右的蒸馏水，将计算好量的氰化金钾溶于量好的氰化钾溶液中，缓慢搅拌下倒进蒸馏水里。碳酸盐可以不加或少加。其他添加剂可溶解后缓慢加入，同时不断搅拌液体。注意检查电镀液中是否存在不溶性杂质，务必过滤清除这些杂质，否则将影响电镀质量。表 2-14 和表 2-15 分别为纯金电镀液和 K 金电镀液的配方及操作条件。

镀金液的成分含量变化对电镀质量影响极大。例如，氰化金钾含量不足时，镀层结晶虽然细致，但容易烧焦镀层；含量过高又容易在镀液冷却后析出晶粒，使镀层表面变得粗糙，色泽发暗、发红、发花。氰化钾使镀液稳定，阳极能正常溶解，从而使镀层细致，含量过低将造成镀层粗糙、色泽发暗，过高时镀层色泽变浅而发脆。其他成分如碳酸盐、磷酸盐也对电镀有影响，配制镀金液时要把握其准确含量。

电镀操作中电镀液的配制是非常重要的一环，直接关系到电镀质量的好与坏。但是各种电镀液可以从市场上买到，只要按照其使用说明操作就行了。重要的是掌握好电镀实际操作，控制好温度、电流和电镀时间。

电镀操作中物理化学条件也对电镀质量影响极大。例如，电流密度的改变将严重影响镀层的外表，密度太高时镀层表面松散而发暗，密度过低时镀层色泽变浅不发光。温度也是重要的物理条件，温度过高使镀层粗糙，色泽发暗、发黑，温度太低又将引起镀层变脆。pH 值是重要的化学条件，对电镀影响尤其明显。pH 值过高、过低都将导致镀层外表粗糙，硬度也将降低。

电镀时一定要杜绝杂质进入电镀液中，如砷、铅等金属离子和有机物都会影响电镀的质量。由此，电镀液的用水必须是蒸馏水，一些大型首饰加工厂还配备了成套的净水装置，专门用于电镀用水。电镀容器常常采用的是玻璃烧杯或不锈钢制造。表 2-16 为电镀常见故障和解决办法。

一般的首饰镶嵌加工厂大都采用比较简易的电镀设备就可以完全满足需要。因为，大多数 K 金首饰都不用电镀，直接抛光的效果更好。简易的电镀设备包括电镀机（整流器）、阴阳电极、电镀架、电炉和作电镀槽的玻璃烧杯等。下面介绍几种市场上出售的电镀机（图 2-79）。

表 2-16　电镀常见故障和解决办法

故障现象	可 能 原 因	解 决 办 法
镀层色泽浅淡	a. 含金量太低 b. 阴极电流密度太低	a. 添加氰化金钾 b. 提高阴极电流密度
镀层发红	a. 含金量过高 b. 温度太高 c. 阴极电流密度太低 d. 铜杂质含量多	a. 添加氰化钾 b. 降温 c. 提高阴极电流密度 d. 难以处理和分离，需改镀它物，待铜全部共沉积后再镀金
镀层呈微绿色	溶液中含银	难以处理和分离，可改镀它物，待银全部共沉积后再镀金
阳极发生钝化	a. 阳极电流密度过高 b. 氰化钾过低	a. 增大阳极面积 b. 添加氰化钾
溶液呈褐色	a. 氰化钾过低 b. 溶液中含钠离子	a. 加氰化钾 b. 更换溶液
镀层粗糙	a. 含金量过高 b. 阴极电镀密度过高 c. 温度过高 d. 碳酸盐含量高	a. 添加氰化钾 b. 降低阴极电流密度 c. 降温 d. 除去碳酸根

资料来源：李鸿年. 实用电镀工艺. 国防工业出版社，1990.

各种电镀机

全套小型电镀设备

图 2-79　各种电镀机

（1）VIGOR 型 10 安培电镀机。

电源电压：220V、50Hz，10A 时最大功率为 150W，

在 0～10A 之间可连续将电压升至 12V。

尺寸：12″×6″×7″

（2）VIGOR 型 25A 电镀机。

电源电压：220V，25A时最大功率为350W，

在0～25A之间可连续将电压升至12V。

尺寸：13″×8.5″×8.25″

(3) VIGOR大型60A电镀机

电源电压：220V、50Hz

在0～60A之间连续将电压升至12V

最大功率为800W，有1～5gal的镀槽。

尺寸：$(18\frac{1}{8})''\times(8\frac{1}{8})''\times(9\frac{1}{8})''$

(4) 香港产30A电镀机

电源电压：220V、50Hz

质量：14kg

尺寸：9″×12″×9″

这些电镀机主要用于专门的电镀厂家或车间，专业的电镀车间都配有成套的电镀设备，除大型电镀机外，还有专门的净水装置、大型电镀槽等，主要进行大批量的产品电镀，往往是铜、铝贱金属工艺品的电镀。贵金属首饰工艺品的电镀数量相对较小，通常采用小规模的电镀就可满足需要了。下面简单介绍小型电镀的方法，这种方法对普通首饰的电镀而言既简单又非常有效。

一般电镀的具体操作是：先用电炉把装在玻璃烧杯中配好的镀液加温至55℃左右。然后把洗净干燥的首饰用银丝将其连接在阴极电源线上，放进烧杯浸泡在镀液中。阳极可以是不锈钢片，也可以是K金片。把电镀机的电压调到3V左右，电流接通后就开始电镀（图2-80）。一般电镀时间较短，大约3～30s就行了。电镀时间一到立即把首饰取出，滴去首饰上的镀液后，用蒸馏水将电镀的首饰清洗干净，最好还要用自来水冲洗一下。然后用电吹风或干毛巾把首饰弄干。首饰电镀之后要仔细检查一下电镀质量，电镀的色泽是否鲜艳，颜色是否满足要求，首饰电镀表层有无鼓出和掉皮现象，镀层是否牢固，镀层厚度是否达到要求。镀层厚度可根据其电镀前后的质量差来计算，简单归纳成以下计算公式：

$$H=1\,000m/S\cdot d$$

式中：H——金镀层的厚度（μm）；

S——首饰表面积（cm^2）；

m——质量（g）；

d——金的密度（$19.3g/cm^3$）。

电镀中出现上述质量问题可根据前表进行解决，必要时可重新或重复电镀。

首饰电镀往往镶嵌有宝石戒面，有时首饰的局部地方，

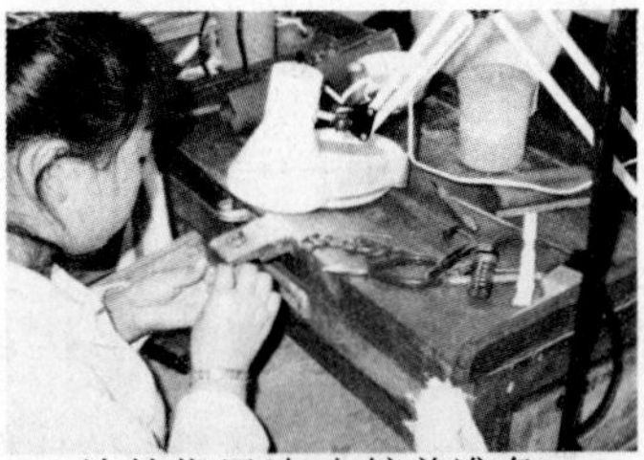

涂抹指甲油(电镀前准备)

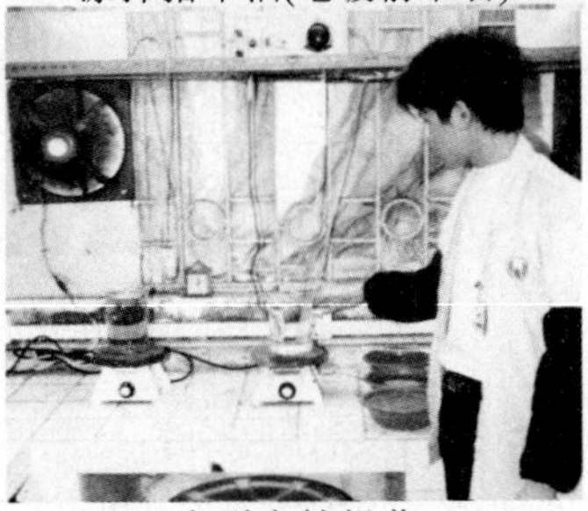

小型电镀操作

大型电镀车间

图2-80　电镀过程

如喷砂或异色等部位不需要电镀。因此电镀前要在不必电镀之处涂上一层薄膜。目前，电镀时多采用指甲油来作覆盖层，电镀之后用酒精就可轻松擦去。现代珠宝首饰制造常常采用多重电镀，如在电镀黄金的同时，又电镀铂或铑，这也可以利用上述方法进行电镀。

2. 亚硫酸盐镀金

目前，国内大多数首饰工艺品制造厂家仍采用氰化物镀金法。但是，由于氰化物是剧毒物品，氰化物镀金排出的废液会造成环境污染，严重影响人们的身体健康和生活环境。为此，世界各国大多采取严格的环境保护条例，对氰化物等物品的使用作了极大限制。为了减少氰化物的危害和提高镀层的质量，现在已开始推广无氰镀金法新技术，这种方法既减轻污染又能提高质量。无氰镀金主要有亚硫酸盐镀金、卤化物镀金、硫代苹果酸镀金和硫代硫酸盐镀金。目前应用较广的是亚硫酸盐镀金，这种镀金方法的镀液无毒，分散和覆盖能力较强，镀金光亮致密，与金属基质结合紧密，并且具备较好的耐酸和抗盐性质。

亚硫酸盐单独作络合物剂时，镀液不够稳定，需要加入柠檬酸盐、酒石酸盐、磷酸盐等辅助络合剂。镀液中的主盐有亚硫酸金钠、亚硫酸金钾、三氯化金等。其中金含量较高时电流密度可高些，但金含量过高电镀层必然粗糙；反之则电流密度范围狭窄，镀金沉积速度慢且镀层色泽不好。镀液中的络合剂主要有亚硫酸钠、亚硫酸钾、亚硫酸铵。增加这些络合剂的含量可以提高阴极极化，稳定电镀液，有利于镀层光亮，并能改善镀液的分散和覆盖能力。但它们也不能太高，否则将降低阴极电流效率，过低时镀层会变得粗糙而无光泽。另外，还需适当加入适量的有机多磷酸类，它们具有较强的络合、缓冲和表面活性的能力，镀液中这类物质过多时镀液沉积速度放慢，镀层有脆性，太少时镀层发红。而酒石酸锑钾能使镀层变硬，过量时会引起镀层易碎。镀液的组成含量对镀金质量起到关键的作用，然而电镀时的物理化学条件也对电镀起到极其重要的作用。pH 值是影响电镀质量的一个重要因素，不同配方的亚硫酸盐镀液其 pH 值变化范围较大（pH 值＝6.6～13)。pH 值可保证镀液的稳定，同时对电镀层的外观、硬度影响极大，pH 值太低时镀液会变浑浊。温度也是重要条件，提高温度有利于提高电镀沉积速度，扩大光亮面积。但是温度也不能过高，这样容易析出硫化金而影响电镀质量。温度太低又将降低沉积速度，镀层出现脆性。阴极移动和搅拌有利于扩大电流密度，提高沉积速度和扩大光亮区。亚硫酸盐电镀时工件最好带电入槽。这种镀液的电镀时间较长，一般在 15～20min。

3. 柠檬酸盐镀金

与前两者不同的柠檬酸盐镀金法属于酸性低氰镀金。这种镀液是由在有机羧酸和碱金属盐的缓冲剂中加入金的氰络盐而制成的。柠檬酸盐镀液比较稳定，金属离子浓度较低，因此需要电流密度较大。在适当的电流密度下可以电镀出无孔隙镀层。有时需要在镀液中加入氨基氮或金属镍盐，提高镀层密度和光亮，以及硬度和耐磨性。镀液主要成分有氰化金钾，这是镀液中的主盐，其含量过高时镀层发花、结晶粗糙、颜色发红；含量太低镀层孔隙增多，镀层呈暗红色。柠檬酸盐具有络合、缔合和缓冲作用，其含量过低时镀液的分散能力差，过高时阴极电流效率下降，镀液易老化。镀液中的磷酸盐是缓冲剂，起到稳定镀液和改善镀层光泽的作用。

目前，首饰的镀金主要采用氰化物镀金法。这是因为氰化物首饰镀金方法非常实用，技术工艺也很成熟。同时，首饰镀金的数量相对其他工件要少得多，体积也细小，从而造成的环境污染也就少。尽管如此，首饰镀金时仍要注意保护环境，电镀后的废液不能乱倒，最好收集起来送去化验室进行处理。氰化物首饰电镀时还要注意安全防护，操作者要戴上面罩和胶皮手套才能进行工作，以免毒性的氰化物镀液溅在身上，造成人身伤害。

氰化物首饰镀金的质量要求主要有以下几点：

(1) 首饰的镀金表层要致密光亮，而不能粗糙有细小孔隙，更不能有斑点和黑点。

(2) 首饰镀金表层的色泽要纯正，以典型的金黄色泽为准，不能偏红、发暗或发绿。

(3) 首饰的镀金表层厚度要符合标准，厚薄要均匀一致。

(4) 首饰的镀金表层要结实牢固，不能起泡和脱皮。镀层应该硬而不脆。

要达到上述的电镀质量要求，必须从首饰镀件的清洗开始，每道工序都要严格把关才行。

二、镀铂

铂是一种银白色的贵金属，具有极高的稳定性，在高温下也不氧化，常温下不溶于酸、碱，但溶于王水。由于铂金属的稳定性和强烈的白色金属光泽，使其成为电镀的主要材料。尤其目前首饰市场上流行白色首饰或黄白色混镀首饰，白色黄金首饰引起广大消费者的喜爱，镀铂也广泛被采用。

镀铂工艺较镀金难度大些，由于阴极电流效率低，要将铂镀层镀好镀厚有一定难度。现在镀铂时多采用磷酸盐型镀液、亚硝酸盐型镀液和氨基磺酸型镀液。表 2－17 和表 2－18 分别为亚硝酸盐溶液和氨基磺酸镀液的配方及工艺条件。

这种镀液的配制操作有以下几个步骤：

(1) 将适量的亚硝酸二氨铂加热溶解在 5%的稀氢氧化铵溶液中。

(2) 将适量的硝酸铵、亚硝酸钠混合溶解在蒸馏水中，然后加入配好的亚硝酸二氨铂溶液。

(3) 最后煮沸配制的镀液，接通电源后进行处理，为使首饰镀层光亮而不脱皮，让其 pH 值保持在 9 以上。

目前，镀铂比较稳定的是以氨基磺酸为络合剂，亚硝酸二氨铂为主盐的工艺，其阴极电

表 2－17　亚硝酸盐镀液的配方及工艺条件

亚硝酸二氨铂	17g/L
硝酸铵	100g/L
亚硝酸钠	10g/L
氢氧化铵	50g/L
温度	95～100℃
阴极电流密度	1～3A/dm^2
阳极材料	铂
阴极电流效率	25%～30%

表 2-18 氨基磺酸镀液的配方和工艺条件

亚硝酸二氨铂	10～20g/L
氨基磺酸	50～100g/L
温度	60～80℃
阴极电流密度	1～5A/dm^2
阳极材料	铂
电流效率	45%～55%

流效率较高，镀液也比较稳定。

亚硝酸盐液镀铂操作中 pH 值必须保持在 9 以上，否则将使镀层发灰黑，从而影响镀层外观质量。电镀时镀液温度应在 90℃以上，这样可以保持沉积速度，提高电镀质量。电流密度也是重要的因素，小于 1A/dm^2时不仅沉积速度慢，而且镀层发灰；大于 3A/dm^2时镀层粗糙，并且容易掉皮。其他镀液电镀时也有较严格的物理化学条件，应按要求进行操作。表 2-19 为镀铂常见故障和解决办法。

表 2-19 镀铂常见故障和解决办法

故 障	可 能 原 因	解 决 办 法
镀层粗糙	a. 主盐含量过高 b. 电流密度过大 c. 温度过低	a. 稀释后调整其成分 b. 降低阴极电流密度 c. 升高温度
镀层发灰或发黑	a. 主盐含量少 b. pH 值过低 c. 温度过低 d. 电流密度过小	a. 增加主盐 b. 提高 pH 值 c. 升高温度 d. 提高阴极电流密度
镀层接合不牢	a. 清洗处理不好 b. 电流密度过大 c. 镀液杂质多	a. 再清洗干净 b. 降低阴极电流密度 c. 回收铂后更换镀液

三、镀铑

铑是铂族元素中的成员之一，是一种略带浅蓝色的银白色贵金属，这种色泽可以长期保持。铑的化学性质特别稳定，不溶于强酸和王水，硬度高而且耐磨性好。由此，铑被广泛用于电镀。目前，白色首饰流行，镀铑已成为白色首饰电镀的首选方法。

铑的镀液分硫酸、磷酸和氨基磺酸 3 种类型。硫酸型镀铑的镀液易维护，电流效率高，其工艺操作简单。磷酸型镀铑极适合首饰的电镀，镀层洁白光亮，光泽性很好。镀厚层铑时可采用氨基磺酸型电镀。

要配制镀铑溶液需要将铑粉与硫酸氢钾混合研磨、焙烧（580℃、保持 3h）后，用热的蒸馏水（90℃左右）使其全面溶解，过滤干净，将粗渣等杂质去掉。随后把制得的硫酸铑溶液加热至60～70℃，搅拌着滴入1∶1的氨水（pH值保持在6.5～7），使硫酸铑生成黄色氢氧化铑沉淀。然后把沉淀物滤出，用蒸馏水调成糊状，根据需要加入1∶1的硫酸或磷酸至沉淀物完全溶解，这样就配制出镀铑液了，加入适量的蒸馏水就可以镀铑了。现在，市场上有专门的镀铑溶液出售，购得后溶解在蒸馏水中接通电源就可以直接电镀。表2－20为铑镀液的配方及工艺条件。

硫酸型镀铑液中的硫酸铑是主盐，铑的含量必须在1～4g/L之间才能获得良好的镀铑层，铑的浓度在1～2g/L时镀层光泽亮度高、孔隙稀少；低于1g/L镀层质量差，孔隙增多，镀层颜色发灰。若镀铑液中硫酸含量增多，电流效率将降低。

表2－20　铑镀液的配方及工艺条件

名　　称		硫酸型	磷酸型	氨基磺酸
铑（硫酸铑）	(g/L)	1.5～2.5	1～4	2～4
硫酸（密度1.84）	(mL/L)	16～32	—	—
磷 酸	(mL/L)	—	40～80	—
氨基磺酸	(g/L)	—	—	20～30
硫酸铜	(mg/L)	—	—	600
温 度	(℃)	40～50	40～50	35～55
阴极电流密度	(A/dm^2)	1～3	0.5～1	0.5～1
阳极材料		铂丝或板	铂丝或板	铂丝或板

使用该类型镀铑液电镀时温度一般控制在40～50℃之间。温度的变化将影响电流效率和沉积速度，从而影响镀铑质量。温度低于20℃时，铑镀层的色泽发暗而无光。阴极电流密度最好在$1A/dm^2$左右，电流效率可达50%。其他类型的镀铑液，有不同的技术工艺要求，应严格按照规定指标操作。表2－21为镀铑常见故障及解决方法。

首饰的白色电镀还有镀钯工艺，这种技术与镀铂、镀铑相似。但目前首饰业中采用镀钯工艺较少，所以这里不再介绍。首饰的电镀工艺比较复杂，要全面掌握这门技术要有牢固的物理化学基础和长期的实践经验。初学者想深入了解电镀工艺可以参考李鸿年等编著的《实用电镀工艺》一书。

首饰的镀铂、镀铑与镀金基本相同，往往数量都不是很大，所以采用简易的镀铑方法就可以。也就是说，准备一个电炉、烧杯、阳极铂片和小型的电镀机（整流器）就可以进行“电白”了。电镀液（常用镀铑液）可以从市场上购买到，这是配好的镀液，只要加入适量的蒸馏水就可电镀。电镀时首先将镀液加热至50℃，把阴极电流密度调到0.5～$1A/dm^2$，按照镀液说明掌握镀铑时间操作就行。需要重复电镀或有不需要电镀的地方可用指甲油将其遮盖。

表 2－21　镀铑常见故障及解决方法

故障现象	可能原因	解决办法
镀层有斑、且发白	a. 阴极电流密度过大 b. 阳极电流密度大 c. 温度过低 d. 挂具接触不良 e. 氨基磺酸过高	a. 降低阴极流密度 b. 增大阳极面积 c. 升高温度 d. 更换挂具 e. 用活性炭处理调整
镀层粗糙、细粒密布	a. 阴极电流密度小 b. 镀基金属表面粗糙 c. 添加剂或络合剂少 d. 温度过高 e. 主盐浓度过高	a. 增大阴极电流密度 b. 提高镀基金属质量 c. 添加所需成分 d. 降低温度 e. 稀释后调整其他成分
镀层无光、出现白雾	a. 铑含量过低 b. 温度过低 c. 络合剂过高 d. 镀件未干燥	a. 补充主盐 b. 升高温度 c. 活性炭处理后调整 d. 镀件要干燥
镀层泛黄	a. 阴极电流密度低 b. 铑含量低 c. 镀层太薄 d. 镀后清洗不干净	a. 提高阴极电流密度 b. 补充主盐 c. 增厚镀层 d. 加强镀后清洗
结合力不好	a. 基体钝化 b. 镀前处理不好 c. 镀液杂质太多	a. 加强活化措施 b. 加强镀前处理 c. 回收铑后调换镀液

资料来源：李鸿年．实用电镀工艺．国防工业出版社，1990.

第三章　金饰品的加工技术

第一节　金的称谓

人们常说鎏金、包金、贴金、镀金、描金等，还有烫“金”、亚“金”等很多与金有关的名称。这些称谓与金制作工艺或制品有关，有些工艺或制品用的是真金，有的却是黄色的其他金属。人们往往容易混淆，现简单介绍如下。

一、鎏金

这是一种很古老的传统工艺，考古证实这种工艺在战国中期就已开始。鎏金工艺主要将金和水银（汞）合成为金汞漆，然后把金汞漆按图案或要求涂抹在器物上，再进行烘烤，使汞蒸发掉，这样金就牢固地附着在器物的表面了。根据需要可以分几次涂抹金汞漆，以增加鎏金的工艺效果。器物上的鎏金很牢固，不易脱落。

二、镀金

真正的电镀镀金工艺发展的时间不是很长，仅有一百多年的历史，但其技术已非常成熟。目前大多数艺术品、珠宝首饰、高贵装饰和精密工件等都采用镀金。镀金层具有防腐蚀、耐磨损、耐高温的作用，金黄色的光泽无比美丽。镀金方法有氰化物镀金法、低氰化物镀金法和无氰镀金法等。镀金分为两类，一类是同质材料镀金，另一类是异质材料镀金。同质材料镀金是指对黄金首饰的表面进行镀金处理，用来提高首饰的光亮性及色泽。异质材料镀金是指对非黄金材料的表面进行镀金处理，如银镀金、铜镀金，它的作用是欲以黄金的光泽替代被镀材料的色泽，从而提高首饰的观赏效果。

镀金质量的优劣是视镀金层的厚度多少、光泽亮暗为准。现在国际上通行的镀金首饰标准是：好的镀金首饰镀层厚度在 10～25μm，一般的镀金首饰镀层厚度在 2～3μm。如果是在 0.18μm 以下镀层的首饰，就不能称为“镀金”而称为“涂金”，它属于廉价的首饰工艺。镀金按其工艺特点，有无氰镀金与有氰镀金两种。目前，镀金的质量是有氰（氰化钾）镀金较好，它的色泽、附着性、耐磨度都优于无氰镀金。近年来，随着电镀技术的进步，镀金工艺又有新的突破。过去镀金首饰只有一种黄金色，现在法国、美国、日本的镀金首饰有三色，甚至更多的色彩。被称为三色金的彩色金电镀，有玫瑰、银白、金色、黑色、蓝色等几种。一般来说，同质镀金的镀层不需要镀得太厚，它只要达到 2μm 就可以了。异质镀金的镀层则应该厚一些。有的国家规定，此类产品镀金的镀层必须达到 10μm 以上，国际上有的公司对镀金的镀层则要求更高，达到 12.5μm 才为合格。

三、贴金

贴金需要金箔作原料，金箔可以贴成光滑的表面，也可以加工成精美的图案。许多皇宫寺庙的雕梁、塑像面部常常采用贴金，使得建筑无比辉煌。贴金是一种传统、特殊的工艺，在现代包金工艺还没有诞生时，贴金与包金是同一意思，它是将很薄的金箔包贴在器物外表，起保护、装饰作用。由于有了现代包金工艺，贴金工艺成了一项独特的工艺。传统的贴金工艺，是先将成色很高的黄金，打造成极薄的金箔片，此时，金箔具有很强的附着性，对一些光滑的材料有着很好的互吸性。过去除了一些工艺品需要贴金外，大量的贴金用于佛像、招牌、建筑物等。贴金对一些不能用镀金和包金技术进行加工的产品，具有很高的应用价值。在国外，不少大型装饰物和一些非金属物品的外表处理，都用贴金工艺来进行加工。

四、包金

薄的包金用金箔，主要作豪华饰物和建筑的装饰，与贴金有些相似；厚的包金用金片，这种工艺往往用于大型金属工艺品和一些首饰外部的制作。目前市场上有不少国外进口的包金首饰，这类首饰的外观与黄金首饰毫无二致，金光灿烂，五彩缤纷，令人爱不释手，但价格较低。如此效果得归功于它的那层“艳装”，即包金层。包金首饰的内在材料并非黄金、白银之类的贵金属，而是一些铝、铜、锌等的合金材料，在这些材料的表面裹上一层黄金，像包装纸一样将内在材料包覆起来，起到装饰作用，以此来与黄金首饰媲美。包金首饰的优劣依赖于包金工艺的成败。这一工艺有很高的要求，如美国生产的包金首饰必须注明其特性及K金所占比例，譬如（1/10. 14K. GF）型，即包14K黄金材料的首饰，它的包金量须占整个首饰重量的1/10，否则便是不合格的。倘若包金材料采用10K以下的黄金，或者包金重量不到整个首饰质量的1/20，是不能用“包金”这一名称的。包金首饰的耐磨度很高，我们可以见到一些用了几十年的包金首饰，外表色泽依然如故，丝毫不露内芯，它的使用寿命远比镀金首饰长。

五、描金

这是一种传统的工艺，将金溶于汞和盐类溶液中，再将汞和盐类溶液加热蒸发掉，然后就得到金粉，用这样的金粉就可以描绘装饰，甚至可以用来画图、抄经文等。

六、K金

K金的“K”是外来语“karat”一词的缩写，完整的表示法是这样的：karat gold（即K黄金），K金的计量方法是：纯金为24K（即100％含金量），1K的含金量约是4.166％。用“K”来计算黄金含量的方法出于地中海沿岸的一种角豆树。角豆树开淡红色的花，结的豆荚长约15cm，豆仁呈褐色，可制胶。这种树无论长在何处，所结的豆仁大小都完全一样，所以，古时候人们把它作为测定质量的标准。久而久之，它便成了一种质量单位，以用来测量珍贵、细微的物品。那时钻石和黄金的计量也使用这一单位，也就是“Karat”。直到1914年，国际上才把“Karat”规定为现在的标准。现今，K金已成为首饰市场的焦点。漫步商店珠宝专柜，面对五颜六色的K金饰品，消费者可能会问：这些都是K金首饰吗？K金是怎么合成的？

K 金是由纯金加入其他材质加工而成的。由于用纯金制作首饰太柔软，难以镶制各种精美的珠宝首饰，尤其用纯金镶嵌珍珠、宝石和翡翠等珍品时容易丢失。因此，从古代起，人们就知道在纯金中加入适量银、铜、锌等金属就能增加黄金的强度和韧性，这样制作而成的金饰称为 K 金首饰。

K 金可以根据需要配制成各种颜色，如黄金与铜等混合后是红色，称为红 K 金，在国际上流行的 K 金首饰各种颜色都有，有橘红色、香槟酒色、苹果绿色、黄色、红色、青绿色、乳白色、黑色等十几种，统称为彩色 K 金首饰。

另外，还有 K 白金。黄金中混入 25%以上的钯或镍，就是白色的金，组成它的主要成分还是黄金，而它的叫法就叫 K 白金。

大家了解了 K 金的含义和计算方法，那么也就不难知道 K 金有多少种了。按国际标准，K 金分为 24 种，即 1K 到 24K。不过，作为首饰用的 K 金种类达不到 24 种。目前，世界各国采用的首饰材料都不低于 8K。这样，实际上真正算作首饰用的 K 金种类是 17 种。

在这 17 种 K 金材料中，18K 和 14K 是使用最多的，它在各国首饰业中都是主要首饰原料。为了丰富各种 K 金的表现力，国外在含量标准不变的情况下，调节其他合金配比系数，合成色彩各异的 K 金。据报道，现在黄金的配比有 450 种，最常用的有 20 种，例如，14K 中有 6 种：红色、红黄色、深黄色、淡黄色、暗黄色、绿黄色；18K 也有 5 种：红色、偏红色、黄色、淡黄色、暗黄色。

以上的工艺技术都是采用的黄金，下面几种工艺的名称尽管都与“金”字有关，然而其使用材料却不是黄金。

1. 烫金

一些硬皮图书或奖状为了美观，印的字都是金光灿烂，这就是人们称为的烫金。其实，烫金所用材料是氧化铝或铜粉，在高温下用字模一压就把字体牢固地烫在书皮上了，这主要起装饰作用。

2. 亚金

目前，市场上出现一些黄色工艺首饰，价格比较低，销售人员称之为亚金首饰。其实亚金不是真正的黄金，甚至根本不含黄金。只是亚金具有 18K 金的光泽和颜色，有的具备 18K 金耐磨、耐腐蚀的特性且不易改变颜色。我国对亚金材料进行了一定的研究和运用，研制的亚金在色泽上极似黄金，抗腐蚀性能略亚于黄金。例如，其抗变色性：在恒温试验箱内腐蚀 100h，仍能保持较高光泽度而基本不变色；在室内环境中大气腐蚀两年基本不变色。亚金材料制成首饰，可以不需镀金，这不仅为国家节约大量黄金，还避免由于氰化镀金造成的环境污染。

3. 晋金

这种金属含有十余种金属元素，其加工性能、色泽与黄金非常相似，甚至抗氧化、耐磨、耐腐蚀等性能超过黄金，然而相对密度仅为黄金的 40%，价格是黄金的 1/10。晋金十分适合仿金首饰的制作。晋金在工业上广泛采用，部分替代黄金材料。

4. 稀金

稀金首饰就是用稀金材料制作的首饰。稀金材料是一种以铜为主要原料，添加稀土及其他成分组成的新颖仿金材料，它具有耐磨性好、质地坚硬、色泽酷似黄金而不易褪色的特点。鉴于它具有上述优于一般仿金材料的特点，使它成为制造较高档仿金首饰的一种材料。

用黄金制成的首饰，价格是较昂贵的，用一般的镀黄仿金首饰，价格虽便宜，但镀层极易变色，失去装饰能力，用稀金材料加工制成的首饰，色泽可呈现18K或20K金黄色，不易氧化褪色，很适合日常配用。最近，国内一些生产厂家还开发了一种新的稀金首饰，叫做稀金磁性药物保健首饰。这种首饰除了具有一般稀金首饰特点外，还有特殊的医疗作用，对某些常见病、慢性病有一定的疗效。据国内一些医疗科研机构鉴定，它的保健作用是较明显的。稀金磁性药物保健首饰的开发成功，标志着首饰的用途有了突破，它为首饰的多用途开辟了一条新路。但必须注意的是，稀金首饰尽管在色泽上可呈18K或20K的金黄色，但它不是K金，不要误当K金，以免遭受经济损失。

市场上有的首饰压有印记，除有生产厂家的印记外，还有首饰的成色符号，在饰品的反面或环钩部位，往往标有一些标记符号，说明产品的某些性质类别。

G如G18K——18K金

GF如GF18K——18K包金

GP如GP18K——18K镀金

KF如KF18K——18K仿金

Pt如Pt 990——99%铂金

KWG如KWG 18K——18K白金

S如S 990——99%白银

SP如SP990——99%镀银

第二节　传统工艺

金器制作的传统制作通常使用的工艺有浇铸、切削、展延、锤揲、焊接、套联、抛光、镶嵌等，这些工艺的每一个环节都很重要，有的环节在不同时期达到顶峰，例如明代的一些金器最值得称道的是高超的叠丝镶嵌技法。叠丝是金器制作领域中一种精巧繁难的成型手段，简言之即将黄金先拉成极细的丝，然后依照设计式样用金丝盘绕、叠压成器形图案。这种技法的特点是能随意表现饰件的细微部分，可以镂空，可以穿插，可以堆塑，可以粘连，成品纹样层次清晰，极具浮雕效果。一些体积较小的坠饰，在其他技艺难以施展的微型天地内，匠师能把叠丝技巧运用到极致，不但准确地塑造了千姿百态的饰件外形，而且出色地把握了各部分的协调配合和风格的统一，制作出赏心悦目的艺术精品，具有巧夺天工之绚丽。总体而言，不同类型的金器制作都离不开制胎、浇铸、锻打、錾刻、搓丝、焊接、编织、镶嵌、点蓝、烧制、打磨、冲压、电镀、贴金、电铸等各种工艺手段。

具体来说，中国传统的金器制作工艺主要包括花丝工艺、烧蓝工艺、錾花工艺、点翠工艺、打胎工艺、蒙镶工艺、平填工艺、鎏金工艺、金箔工艺等。而现代金器机械加工工艺包括浇铸工艺、冲压工艺、电镀工艺、贴金工艺、电铸工艺等。

一、花丝工艺

花丝工艺是将黄金加工成丝，再经盘曲、掐花、填丝、堆垒等手段制作黄金首饰的细金工艺。根据装饰部位的不同可制成不同纹样的花丝、拱丝、竹节丝、麦穗丝等，制作方法可

图 3-1　花丝金杯（唐）

分掐、填、攒、焊、堆、垒、织、编等。

掐丝就是将花丝制成的刻槽掐制成梅花、牡丹花、飞鸟、龙凤、亭台楼阁等各种纹样。唐代掐丝团花金杯就是极好的珍品（图 3-1）。

填丝是将撮好扎扁的花丝填在设计轮廓内。常用的种类有填拱丝、填花瓣等。

攒焊是将制成的纹样拼在一起，通过焊接组成完整首饰的工艺过程。

堆垒是用堆炭灰的方法将码丝在炭灰形上绕匀，垒出各种形状，并用小筛将药粉筛匀、焊好的过程。

织编是将金丝编织边缘纹样和不同形体的底纹，在底纹上再粘以用各种工艺方法制成的不同花形纹样，通过焊接完成。汉代金丝编项链是完全用金丝编织而成的珍品。

花丝镶嵌是中国传统手工艺，以金银为原材料。这种工艺多用于制作摆件和首饰，采用制胎、花丝、镶嵌、錾刻、烧蓝、点翠等多种工艺制成的。品种有各种题材的艺术摆件瓶、熏、屏，以及灯具、餐具、酒具、茶具等室内装饰品和实用品，主要产地是北京和四川的成都。花丝镶嵌工艺又称“细金工”，材料以金银丝为主，重要加工工具是镊子，加工技法有掐、填、攒、焊、编织、堆垒等，镶嵌工艺又称“实镶”工艺，主要加工工具是锉刀，加工技法有锉、搂、捶、闷、打、崩、挤、镶等。花丝镶嵌就是用金、银等材料，镶嵌各种宝石、珍珠，或用编织技艺制造而成。花丝镶嵌分为两类：花丝，是把金、银抽成细丝，用堆垒、编织技法制成工艺品；镶嵌则是把金、银薄片锤打成器皿，然后錾出图案，镶以宝石而成。累丝工艺即用细如发丝的金银丝曲折累积焊连成玲珑剔透的工艺品。花丝镶嵌工艺早在春秋时代就已有雏形，在明代达到高超的艺术水平，清代有了更大的发展，名品不断涌现，很多成为宫廷贡品。

花丝镶嵌摆件是以花丝和镶嵌两种主要工艺制作的工艺美术品。产品特点是题材丰富，造型生动，虚、实有律，色彩典雅，有浓厚的民族气息。北京的产品是在继承和发扬“宫廷手工艺”的基础上制成的，工艺技法复杂，装饰图案多采用象征吉祥和美好的龙凤、祥云、莲、福、寿等传统民族图案，镶嵌各种名贵的宝石，珠光宝气，富丽堂皇；四川成都的产品，以银花丝平填技法为主，无胎成形、结构严谨，多采用几何图案，以及花、鸟、云等传统图案，做工精湛，玲珑剔透，风格清新。

花丝镶嵌艺术品是历史悠久的民族文化艺术品。早在公元前两千多年就有花丝镶嵌的原始作品出现，古代金银工艺品的生产受到统治者垄断，形成了“宫廷手工艺”的生产模式。唐代的“少府监”、宋代的“文思院”、元代的“工部”等都设有规模庞大的宫廷手工艺工场和管理机构。就以北京来说，《元史》记载，“工部”下设“诸色人匠总管府”，包括“梵像，出蜡，铸泻等铜局、银局、玛瑙局”等。清代最著名的宫廷手工艺工场就是内务府的“造办处”，有画院、如意馆、盔头、座钟、珐琅、镶嵌、镀金、铜、象牙、玉、玻璃等 42 个作坊。

故宫博物院珍宝馆陈列的珍品，如独具民族特色的经典作品——明“万历皇帝的金冠”是用金线编织而成，“万历孝端皇后凤冠”是集中了花丝镶嵌、点翠等多种手工艺制成的，其工艺技巧登峰造极，令中外人士叹为观止（图 3-2、图 3-3）。清末、民国时期，花丝镶嵌工艺按分工的不同，有花丝、实镶、錾花、烧蓝、点翠、打胎（制形）、蒙镶等专业作坊，

图 3－2　花丝金冠（明）

图 3－3　花丝点翠凤冠（明）

按产品的特色又分“东洋庄”、“西洋庄”、“内路活”等生产作坊。

二、錾花工艺

錾花工艺通常使用钢制的各种形状的錾子，用小锤敲击钢錾，将花纹錾在退过火的条块状黄金的表面。錾花工艺用錾、抢等方法雕刻图案花纹，这些图案花纹有深有浅，富有艺术感染力。錾花工艺有阳錾、阴錾、平整、镂空等数种（图 3－4）。

錾金技术是一种高超的黄金加工技艺，以往均认为隋唐时期才开始出现。青州出土的 3 件彩绘造像已经证明，錾金技术早在北魏时期即已达到相当高的水平。发展到北齐时，工匠们的錾金技术已掌握得极为娴熟了。

图 3－4　錾花金盆（明）

三、烧蓝工艺

烧蓝工艺又称点蓝工艺，与点翠工艺相似，都是景泰蓝工艺。烧蓝工艺不是一种独立的工种，而是作为金器的辅助工种以点缀、装饰、增加色彩而出现在首饰行业的。景泰蓝是北京特有的特种工艺品之一。北京是景泰蓝技术的发源地，现存最早的景泰蓝是元代的产品，由此可见已有近千年的历史。景泰蓝又叫掐丝珐琅，是一种瓷铜结合的独特工艺。制作景泰蓝先要用紫铜制胎，再用扁细的铜丝在铜胎上粘出图案花纹，然后用色彩不同的珐琅釉料镶嵌填充在图案中。这道工序完成后才是反复烧结，磨光镀金。可以说，景泰蓝的制作工艺既运用了青铜工艺，又利用了瓷器工艺，同时又大量引进了传统绘画和雕刻技艺，堪称中国传统工艺的集大成者。最初的景泰蓝多为仿古青铜器皿，尤以明朝宣德年间的出产最为精致。到明朝景泰年间，即 1450 年到 1456 年，是这种工艺品的鼎盛时期，工艺家们找到了一种深蓝色的蓝釉材料，用这种材料制作的工艺品端庄富丽，沉着大方，并创造了以蓝为主的风格，故“景泰

蓝”便成为这种工艺品的美名。这就是今天依然还在使用的“景泰蓝”。从那以后在着色上似乎没有重大突破，但在铜质材料上却进展迅速。清代乾隆年间采用延伸性更好的纯铜作原料，这时，景泰蓝工艺终于达到顶峰。

烧瓷，又名“铜胎画珐琅”，与景泰蓝同为金属工艺中的姐妹艺术。它与景泰蓝的区别在于不用掐丝，而是在以铜制胎之后，在胎体上敷一层白釉，烧结后用釉色进行彩绘，经两三次填彩、修正后再烧结、镀金、磨光而成。烧瓷技艺比景泰蓝产生的要晚。北京烧瓷工艺分为两大类，一类是胎体錾金配饰烧瓷，属高级工艺品；一类是无錾金配饰烧瓷，属普及品。北京烧瓷种类繁多，有瓶、盘、碗、罐、碟、盏、酒具、烟具，以及炉、鼎、爵、熏、挂瓶、插瓶等装饰品。北京烧瓷在清代为宫廷贡品。

点翠工艺就是用翠鸟的毛片胶粘到金银器上，增加色彩。

四、镶嵌工艺

镶嵌工艺又称实镶工艺，以锤锯、钳、锉、削为主，是将一块金经过锤打锻制，锯制成部分纹样，锉光焊接成一个整体的过程。传统镶嵌工艺就是把钻石、宝石、珍珠等物嵌到金银饰物上，或者将金银丝镶嵌进红木、牛角、紫檀、铜器、紫砂等器具。镶嵌是一种独特的工艺，制作时先将各种题材的画稿粘贴上去，然后沿着图画中的线条凿成沟槽，并将与沟槽一样粗细的金丝或银丝嵌进去，最后经过光洁和揩漆，使制品具有精细雅洁的艺术特色。镶嵌工艺历史久远，商周就有镶嵌金器了。

镶嵌工艺加工程序如下：

（1）制作零部件，通过锯割、插花、翻卷、锉削等方法，将经过多次过火的黄金原料制成具有一定图案的零部件。

（2）焊接，将制作好的各种零部件按照图纸的设计要求严丝合缝地拼攒在一起，用焊药焊接起来制成首饰的主形体。

（3）鉴定质量，制作好的首饰主形体由检验人员进行质量检查，分析成色后打上印鉴，并附上质量鉴定标签。

（4）抛光，制作好的首饰主形体通过用玛瑙刀、酸洗、抛光机等进行抛光。

（5）镶嵌宝石，将宝石固定在首饰主形体上，常见的镶嵌方法有爪镶、槽镶、包镶等。

（6）再抛光，将镶嵌好的首饰再一次进行精细抛光。

最后，镀金，为了使首饰更显辉煌灿烂和色彩迷人，在首饰上镀上一层纯金或 K 金。镶嵌制作工艺可以采用机械方法进行，也有传统手工制作。前面详细讨论了首饰镶嵌工艺，这里不再赘述。

五、鎏金工艺

鎏金是中国古老的传统工艺，古称火镀金、汞镀金、混汞法等。在我国始于春秋末期，到了汉代我国的鎏金技术就已发展到了很高的水平。东汉《神农本草经》中就有“水银杀金银”的记载。我国古代鎏金技术多用“泥金法”。文献记载：“水银能消化金银使成泥，人以镀物也”，其方法是将金箔剪成碎片掺入水银，形成稠泥状的金汞齐，再将其与盐矾的混合液涂抹镀物，经加温、捶打、烘烤、压磨后，即制成金光闪闪的鎏金。这些鎏金器多为铜质，也有铁质甚至有陶质的。在制作方法上既有一面鎏金，也有两面鎏金的。有素面、镂空

的，也有锤打的，还有錾刻的锥刺纹构成的各种图案，制作精巧，花纹精美。我国的鎏金技术，自战国以来曾大放光彩，尤以两汉最为普遍，其制作方法是将金与水银混合熔化后，涂于铜器表面，经温烤后固着，再加以打磨即成，华贵璀璨经久不褪。然而鎏金器流传至今极为稀罕，主要原因是历代以来战乱损毁，再加上器物中有黄金，很多盗墓贼不知鎏金的艺术价值，就按重量卖给打金匠，熔炼为金块或金元宝，所以被破坏的鎏金器物不可胜数（图 3－5）。

图 3－5　鎏金弥勒佛

由于金有耐蚀性强、表面不易氧化的特性，金与汞易于结合，一部分形成液态合金，一部分生成固态合金。汞齐对金的润湿能力优于许多贱金属，汞能够选择性地润湿并向其内部扩散。金汞齐化时随着温度的增高，汞的流动性、金的溶解度同时增高，当汞向金粒（片）中扩散时，首先在金的表面生成 $AuHg_2$，而后再逐步向金粒（片）深部扩散生成 Au_2Hg，直至最终生成 Au_2Hg 固体。整个齐化形成大约需要 2h。金汞齐是银白色糊状混合物，当金汞齐中金的比例小于 10％时为液体，12.5％为致密的膏体。根据鎏金工艺的不同要求，通常金汞比例为 1∶7 或 1∶8。

何为鎏呢？鎏即成色好的金子。古文曰：“美金谓之鎏”。鎏金是我国传统的镀金方法，战国时期已经得到广泛应用。长治出土的战国鎏金车马饰器、信阳出土的楚国鎏金带钩是考古发掘较早的鎏金器物。它不同于现代用电解法在器物表面镀一层薄金，而是将经过熔炼后形成的金汞合剂即金汞齐，涂抹在铜器或银器的表面，经过炭火的烘烤，汞遇热蒸发，金附在器物表层，达到富丽堂皇的艺术效果。

鎏金需要的主要材料有纯金箔、汞、硝酸。鎏金的主要工具有磨铜炭（松木炭）和白木炭（杉木炭），剪子，铁砧，开锤，坩埚，长柄铁钳，木炭棍，鎏金棍，棕栓，猪鬃刷子，铜丝刷，皂角水，玛瑙轧子，瓷盘、瓷盆或木盆等。具体工序如下：

1. 鎏金预处理

无论是铜器还是银器，其待鎏金表面在鎏金前一定要处理干净，不能有一点锈垢和油污。否则，达不到鎏金的质量要求。首先用细钢锉将待鎏金面上残留的小疙瘩或残凸部分锉掉锉平，再用粗砂纸打磨，然后再用细砂纸打磨，直至待鎏金面上不再留有砂纸打磨的痕迹。随后用磨铜炭蘸水打磨，使鎏金面光滑明亮，呈现镜面的效果。最后用清水将炭末冲洗干净，一般冲洗 3 遍。鎏金面用清水冲洗干净后切忌赤手抚摸。如需要搬移器物，要戴上冲洗干净的橡胶手套。

2. “杀金”

“杀金”即熔炼金汞合剂（金汞齐），先用剪刀将金箔剪成金丝，越细越好（约有 1mm 宽即可），剪完后用手将其揉成一团，如果没有金箔，可用金块将其打成金箔剪成金丝揉团。将金丝团放在坩埚里，然后将坩埚放在熔炉上加热，坩埚烧红后金丝团也慢慢烧红了。这时将汞倒入坩埚中，“杀金”时金和汞的质量比是 1∶7。随即用长铁钳夹着一端烧红的木炭棍，用其烧红的一端搅拌，金丝很快熔入汞中，汞变稠，成为银白色的金汞合剂即金汞齐。

因形似泥状，习惯称之为金泥。旋即用长铁钳将坩埚夹出，将金泥倒入盛清凉水的搪瓷盆中（或瓷盆中，但不要倒入铁盆中）。金泥凉后，用手捏成堆块，按压金泥发出轻轻的吱吱声，将金泥放入干净瓷盘中备用。在“杀金”时特别要注意当金丝熔在汞中后应立即将坩埚从熔炉中夹出，因为汞在高温下蒸发很快，不及时夹出“杀金”可能失败。

3. “抹金”

先在工作台上铺上洁净的高丽纸，把预处理好的待鎏金器物置于台案上，将硝酸和金泥分别置入小瓷盘里。在鎏金棍的秃头小铲上蘸上硝酸后，再抠块金泥蘸点硝酸在待鎏金面上涂抹，要一片紧挨一片地涂抹，片与片之间不要留有空隙。随着鎏金棍的移动待鎏金面变成了白色，然后在棕栓毛上蘸少许硝酸在涂抹了金泥的器面上刷。刷的目的是把金泥层刷均匀，把附在器面上多余的金泥刷下来。如果想用其接着抹金，则需要用洁净的脱脂棉将金泥上的水分吸干。随即用开水把金泥层上的硝酸冲洗干净，冲洗后，将器物浸泡在盛清凉水的搪瓷盆或木盆中。

4. “烤黄”

先备好白木炭火，火旺后白木炭红亮无烟。用长铁钳夹着抹上金泥的器物在炭火上方烘烤，一边烘烤一边转动器物并用鬃刷子在鎏金层上面揌蹾，要连续揌蹾三四遍。揌蹾时不要把鎏金层烘烤的太热。鎏金层在白木炭上继续烘烤，慢慢地开始发亮，像注出一层水银，行话叫“水银烤开了”。这时，用棉花在鎏金层上擦一遍，把可能残存的金泥疙瘩擦下来，使鎏好后的金层平细。继续烘烤，水银就不断蒸发，慢慢白色金泥层变成了暗黄色，人称“开金”。

5. 后处理

开金后的器件表面用酸梅水、杏干水等弱酸分别进行清洗，再用铜丝刷子蘸皂角水在鎏金层上轻轻刷洗。最好用细红铜丝刷子，这种刷子不伤鎏金层。经过刷洗后，鎏金层由暗黄色逐渐变成黄色，然后冲洗干净。至此，第一遍鎏金结束。但是器物鎏一遍金达不到鎏金的效果，一般器物要鎏金两三遍，有特殊要求的器物要经四五遍甚至六七遍。铜丝刷刷过的鎏金器物仅显黄色且不明亮，要想达到鎏金优美的艺术效果，必须用玛瑙轧子或玉轧子轧。在轧子刀头上蘸上皂角水，用厚圆刃在鎏金层上轻轻地轧，一道紧挨一道地轧。在轧的过程中鎏金层由黄色渐渐明亮起来，金光闪闪、鲜明耀眼才是鎏金的最佳效果。

我们应该了解汞的一些性质和注意事项，汞的化学符号 Hg，俗称水银，是一种易流动的银白色液态金属，内聚力很强，密度 13.593 9g/cm^3（20℃），熔点 38.87℃，沸点 356.589℃，因汞离子是一种强烈的细胞原浆毒，能使细胞中蛋白质沉淀，故汞蒸气和汞的大多数化合物都有剧毒。在鎏金过程中，因在火上进行操作，会产生大量汞蒸气，通过呼吸道、食道、皮肤侵入人体引起汞中毒。慢性者口腔发炎或精神失常，急性者有腹泻、腹痛、血尿等症。鎏金过程中有大量汞蒸气散发，不但污染周围环境，而且危害人体健康，一定要注意预防汞中毒，这是一个非常重要的问题。

六、错金工艺

“错金”是金银镶嵌的一种工艺。“错金银”（也称金银错）是春秋时期发展起来的一种金属工艺，即用金、银或其他金属的丝、片，嵌入铜器表面，形成纹饰，再用磨石锉平磨光。这种纹饰不仅华丽高雅，而且不易脱落。到了战国时期，这一工艺已十分成熟，在闻名中外的“吴王夫差矛”、“曾侯乙编钟”等珍贵文物上，至今仍可见到许多金光闪闪清晰完整

的错金铭文（图 3 - 6，图 3 - 7）。

春秋中晚期的错金工艺用于错嵌铭文，战国时期错金工艺进一步发展，一些铜器上，都有错金铭文，这些铭文圆润秀劲、端严华丽，在金文中别具一格。在战国中晚期，器物崇尚素面，错金铭文都铸刻在器物的明显位置（与商、西周铭文铸在器物腹内不同），起到了装饰作用。

图 3 - 6　错金剑体（战国）

图 3 - 7　错金虎符（战国）

今天所说的青铜器错金、错银，在古代叫金错、银错，如西汉桓宽的《盐铁论·散不足》记载"金错蜀杯"，《汉书·食货志》记载："错刀以黄金错其文"，西汉张衡《四愁诗》："美人赠我金错刀，何以报之银琼瑶"，司马彪《后汉书·舆服志》："佩刀……诸侯王黄金错"，谢承《后汉书》："诏赐应奉金错把刀"。金银错是我国青铜时代的一项精细工艺，但出现比较晚，据目前掌握的资料，它是青铜工艺发展了一千多年以后，即到春秋中晚期才兴盛起来的。它是我国古代科学技术发展到一定阶段的产物，它一出现，很快就受到了人们的普遍欢迎。战国两汉时期，金银错青铜器大量出现，在人们生活的各个领域中广泛流行，考古发现战国汉代的金银错青铜器以千百计。

汉代是我国金银错工艺最盛行的年代，汉代许慎编的《说文解字》大字典对"错"字只有一种解释："错，金涂也，从金昔声。"金银错最流行的汉代，对"错"字的全部解释，就只有上述八个字，说明那时所说的金银错，就是把金银涂画于青铜器上的意思。清代杰出的文字学家段玉裁注释说："涂，俗作涂，又作，谓以金错其上也。"所以，广义一点说，就是凡是在器物上布置金银图案的，就可以叫金银错。

我国古代在青铜器上做金银图案纹饰的方法，目前已发现的主要有两种。

一是镶嵌法。目前已发现的我国古代金银错青铜器，有的是采用镶嵌的装饰方法，又叫

镂金装饰法。其制作分四个步骤：第一步是做母范预刻凹槽，以便青铜器铸成后，在凹槽内嵌金银；第二步是錾槽，“铜器铸成后，凹槽还需要加工錾凿，精细的纹饰，需在器表用墨笔绘成纹样，然后根据纹样，錾刻浅槽，这在古代叫刻镂，也叫镂金”；第三步是镶嵌；第四步是磨错，“金丝或金片镶嵌完毕，铜器的表面并不平整，必须用错石磨错，使金丝或金片与铜器表面自然平滑，达到严丝合缝的地步”。

二是涂画法。这是汉代金银错的主要装饰手法，这从汉人对“错”字的解释：“错，金涂也”就可以看出来。根据文献记载和出土实物，“金涂”法主要工序如下：

（1）制造“金汞齐”，即把黄金碎片放在坩埚内，加温至400℃以上，然后再加入为黄金7倍的汞，使其溶解成液体，制成所谓的“金泥”。

（2）金涂，用金泥在青铜器上涂饰各种错综复杂的图案纹饰，或者涂在预铸的凹槽之内。

（3）金烤，用无烟炭火温烤，使汞蒸发，黄金图案纹饰就固定于青铜器表面。

这种方法，今天有人称为“鎏金”，但古代叫“金错”。因为古代图画纹饰也叫“错”。错彩和镂金是两码事，如前面所说的第一种镶嵌法，就是“镂金”法；而这里所说的第二种方法，即“金涂”法，就是“错彩”。如果把金器都涂上金，而没有“错彩”，没有任何花纹图案，是素面，就不能叫“金错”。

在汉代青铜器工艺的流程中，有一道专门的金银错工序，负责这道工序的工人叫“金银涂章文工”，“章文”是文章、纹饰的意思，所谓“金银涂章文”，就是在青铜器上，用金银涂饰花纹图案。由于汉代有“物勒工名”的制度，所以，在一些汉代金银错青铜器铭文中，常常见到有“金银涂章文工”，“黄涂工”，或简称“涂工”的工种名字。

在现存的战国秦汉金银错铜器中，多数是用这种“金银涂”的方法制成的。

七、金箔工艺

金箔是用黄金锤成的薄片。金箔是中华民族传统工艺品，我国制作金箔的历史悠久，四川三星堆、金沙曾出土金箔饰物（图3-8），河南安阳殷墟也有金箔出土。殷墟出土的金箔厚度仅0.01±0.001mm。山东临淄郎家庄一号东周墓出土的金箔上压印有蟠龙纹。湖南长沙马王堆的汉墓出土有用金箔或金粉屑绘贴的服装。我国利用金箔已有4 000年历史了，如四川三星堆、金沙出土的金箔饰物和河南安阳殷墟出土的金箔，其时代远早于东晋。黄金性质稳定，永久不变色、抗氧化、防潮湿、耐腐蚀、防变霉、防虫咬、防辐射，用黄金制作的金箔具有广泛的用途。古法制金箔是先将金提纯，再经千锤百炼的敲打，成为面积2.5cm^{2}的金叶，然后夹在用煤油熏炼成的乌金纸里，再经6～8h的手工锤打，使金叶成箔，面积相当于金叶的40倍左右，再裁成方形即成。北京东陵慈禧陵墓铭文，就是典型的金箔制品。

图3-8　金箔凤凰（三星堆文化）

据清代工部则例及贺明园则例，金箔有“红金”、“黄金”之别，晚清以来，又有“库金箔”、“苏大赤”、“田赤金”诸多称谓。“库金箔”颜色发红，金的成色最好，张子也最大，约三寸三见方。“苏大赤”颜色正黄，成色较差，张子约二寸八分见

方。颜色浅而发白的叫“田赤金”。颜色如金而实际上是用银来熏成的叫“选金箔”。四川三星堆、金沙出土的商代金箔工艺品极具代表性，如金箔老虎、金箔凤凰、金箔蛙饰、金箔鱼形饰等。

传统工艺制作金箔，是以含金量为99.99%的金条为主要原料，经锤打、切箔等十多道工序的特殊加工，使其呈现色泽金黄、光亮柔软、轻如鸿毛、薄如蝉翼的效果，厚度不足0.12μm。标准的金箔应是厚薄均匀、边角整齐、无破裂和明显的砂眼。

八、现代金箔制造工艺

先用99.99%黄金配成各种金箔用料，将配成的黄金用高温熔化成金水，倒入铁槽冷却成金条。把金条用机械压成一定厚度，再用锤制成薄如纸张的金叶子，并将金叶子分成小方金叶子。然后将小方金叶子装在11cm方正的乌金纸内，把乌金纸包好，用打箔机锤打。锤打后把乌金纸内的金叶子用鹅毛挑放到20cm方正的乌金纸内，用电炉恒温烤到一定程度，继续放入打箔机旋转锤打，达到更薄更细的程度。最后用鹅毛挑入出具纸，用竹刀切成所需规格形状的金箔。主要规格有11.5cm×11.5cm、10.9cm×10.9cm、9.33cm×9.33cm、5cm×5cm、4.45cm×4.45cm、4.3cm×4.3cm、3.7cm×3.7cm等。其他规格另定。成色（金箔含金量%）：按国内配制方法分为98成色（含金量98%）、96成色（含金量96%）、94成色（含金量94%）、74成色（含金量74%以上）；按国外日本配制方法分为5号色（含金量98.91%）、1号色（含金量97.67%）、2号色（含金量96.72%）、3号色（含金量95.79%）、4号色（含金量94.43%）。此种方法配制的金箔特点是亮度好。

在金箔上錾刻图案和纹饰商代就出现了，但在金箔上印彩色画却是近几年的事。金箔画的研发始于20世纪90年代初期，起初为一些台湾、香港地区的工艺厂用其制作黄金名片、证书等小件金箔工艺品，由此开创了金箔平面创作工艺的先河。1995年，在中国内地的贴金工艺厂、金箔厂的研发推动下，金箔画开始兴盛起来。到1998年，仅南京一地，制作金箔画的厂家就不下百家，有规模性生产企业，也有家庭式作坊。

金箔画的珍贵性与随意性深得各界人士喜爱，成为新世纪高中档的时尚工艺珍品。

目前我国所加工的金箔画，主要是采用印刷工艺，最常见的是将选好的图样扫描在计算机中，并将画面设计、修饰成完整画面，然后利用打印机等喷绘工具将画面印在透明的护具膜上，再用溶胶将打印好的画面与贴好的金箔材料粘合塑封，最后用制好的工艺画框将其装裱，这样一件金箔画就完成了。通过选图、调色、贴金等技法，创作出既保持原图的自身风格，又使黄金色与内容相吻合的工艺品。其中，图样的精美和珍贵、调色的准确与恰当、贴金的好坏等是一件金箔工艺画成功与否的关键。

九、贴金工艺

贴金将纯金箔贴在陶瓷、佛像、面具、塑料、木器、金属等材料上，使装饰物看起来金碧辉煌，特别是庙宇楼阁、家具工艺等通过贴金既能长期使用，又显现富丽堂皇。贴金工艺在我国流传已久，贴金专用材料主要有金、银、铜、铝箔。传统贴金装饰技法是将金箔用竹钳子夹起，贴在有黏性的底子上，一般贴于织物、皮革、纸张、各种器物以及建筑物表面作装饰用。贴金的底子，用鱼鳔胶水遍刷一层，这是唐宋的古法；用构树津液，是关中一带的方法。豆浆黏液、大蒜液、冰糖水都可用。一般在布上用大蒜液，在壁上和木板上用“金胶

油”，在线条上用“沥粉”。沥粉贴金技法，最早见于敦煌莫高窟263窟北魏壁画。唐代贴金已普遍，宋代黄金竭乏，素有销金禁令。

这里有一个古代贴金的经典故事。相传有位外国人向宋徽宗敬赠了十只精美的玻璃瓶，薄薄的玻璃瓶，口小腹大，宋徽宗非常喜欢。宋徽宗怕玻璃瓶破碎，想在里面托一层薄金，不但牢固，而且金向外透亮，更会显得贵重雅致，于是，宋徽宗命令太监物色一名巧工匠给玻璃托一个金里子。工匠们琢磨一番后，个个摇头，不敢接受皇上的这项任务。工匠们都说玻璃又薄又脆，瓶口又很窄，托金要用熔铁烘烫才会服帖、平展。可烙铁又放不进去，更何况玻璃和金子又根本不粘胶，也无法托贴牢固。宋徽宗只好下榜招贤。一月有余，人们望榜生畏不敢接活。一天，忽有一个老锡匠进宫，愿替皇上的玻璃瓶子托金。宋徽宗叫人把老锡匠带到院子中央。只见锡匠把金子放在炉火里加热锤打，直到打得金子薄如纸、软如绸，锡匠再把它裹在玻璃瓶的外面。在一旁围观的工匠不禁嗤嗤地笑道：“在瓶子外面包裹谁不会呀?”暗想这个傻骗子要被皇上砍头了。锡匠听了，全不理会，只顾埋头操作，只见他又将金纸从瓶子上剥下来，用银筷子夹着金纸，轻轻的插入瓶口，又将水银慢倒进瓶里，并盖住瓶口。锡匠用力将水银摇晃一会，再把它倒出来，这时，只见金叶子服服帖帖地贴在玻璃瓶里，不留一点缝隙、褶皱。一群工匠惊得目瞪口呆，面面相觑。老锡匠说：“玻璃做的薄瓶，怎能用硬东西去碰呢？唯独水银，它既柔软又沉重，慢慢地灌进去，瓶子不仅不受伤，而且使金叶子完好服帖在瓶里。”宋徽宗看见黄金透过那玻璃瓶，闪闪发亮，不禁龙颜大悦。

十、浇铸工艺

古代浇铸工艺中，失蜡法或称“熔模铸造”，亦称“去蜡法”、“走蜡法”或“拨蜡法”，是一种精密熔模铸造技术。先用易熔的蜡或其他易熔材料熔化制成蜡胎，然后用细泥浆多次浇淋，形成泥料外型，做上内模和外模，安上浇注系统（浇、冒口），并涂上耐火材料使之硬化，阴干后，加热使蜡胎熔化流出，再入窑焙烧，烧成后，形成有空腔的铸型，四周用砂填实，便可浇铸铜液，铸造复杂的雕塑和青铜器。在做铸型（即里、外模）时，不需起模，铸型无分型面，型腔厚薄均匀，铸件壁厚可小至0.3mm以下，铸件的形状很少受限制，表面具有一定光洁度，能在铜器中精确再现细微变化。失蜡法是我国古代三大铸造技术之一（另外两个是泥范法与铁范法）。它的最大特点，就是使用可熔模料代替不可熔模料作模。这一技术的更新，可以获得不可熔模（陶模、木模等）远不能及的高度复杂的器形，在铸造史上具有里程碑的意义。失蜡法技术在中国历经两千余年未曾中辍，著名的王子午鼎、西汉错金博山炉、明宣德炉，北京故宫、颐和园的铜狮、铜像、铜亭等，均是其代表作。

第三节　现代工艺

现代金饰浇铸工艺也是采用失蜡法制作石膏模，然后用铸造机进行首饰的成批浇铸。该方法具有提高工效、降低成本的优点。除浇铸外，金饰加工还有许多工艺。

一、金器冲压

有的金饰制作，如一些金质徽章、金币就需要采用冲压工艺来完成。首先根据金饰款

式、大小、厚薄等需要制作出钢模具，然后将钢模具置于压机上，最后将准备好的金料放入模具中，由机器产生的压力制作出金饰。这一过程就称为冲压工艺（图 3-9，图 3-10）。

图 3-9　冲压操作

图 3-10　金币

二、金器电铸

电铸工艺属现代技术，其原理与电镀基本相同。在铸液（氰化金钾）中，铸件模是阴模，阴模表面涂银浆，这样的活化处理后使其表面有导电层，接通电流后，在电场中电泳使氰化金钾溶液中的金逐渐沉积在阴模铸件表面上，达到一定厚度即可取出。然后进行退蜡、退银漆和打磨、焊接修整，最后进行表面处理，即压光或喷砂等处理，这样就生产出漂亮的电铸金器。电铸液是电铸的关键原料，配制铸金液方法较简单，就是把高纯度的金溶于 5% KCN 的水溶液中，在空气可自由进入的条件下用力搅拌，便可以制出无色的氰化金酸钾盐［$KAu(CN)_2$］。电铸金器的制作过程归纳起来有以下几个步骤：制造蜡模→上银导电漆→黄金或银电铸→退蜡→（退银漆）→表面修饰（图 3-11 至图 3-16），展示了电铸金器所有基本过程。

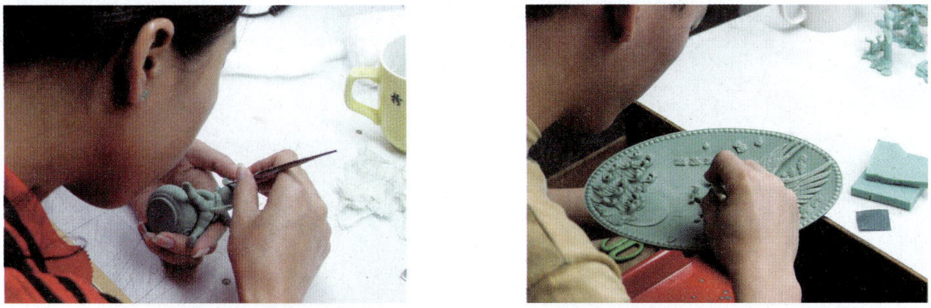

图3-11　雕刻蜡模

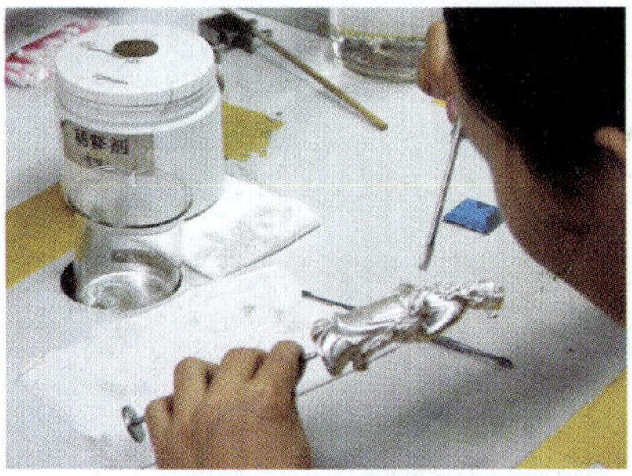

图3-12　涂银层

图3-13　晾干涂银层

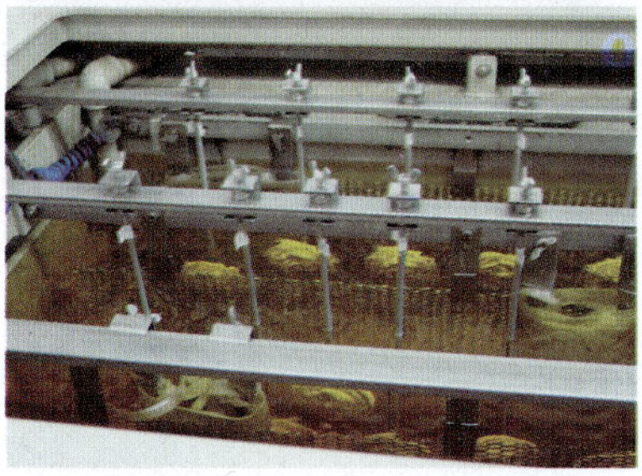

图3-14　电铸金件

图3-15　冲洗金铸件

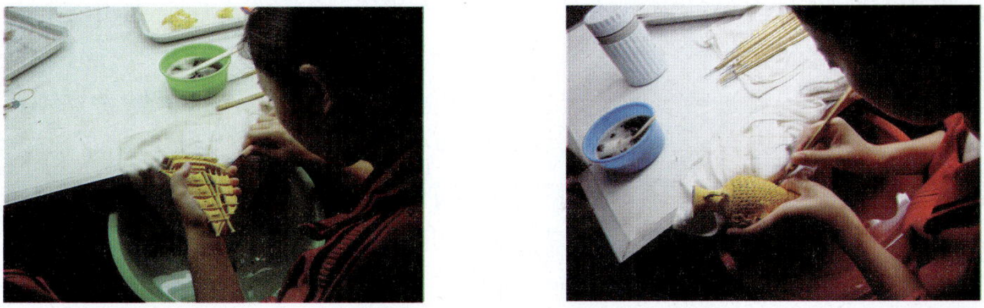

图3-16　压光金铸件

三、金器表面处理

除了传统的抛光和电镀之外，现代表面处理工艺增加了磨砂、定砂、喷砂工艺等，通过这种工艺处理后，首饰表面色泽更加光亮、和谐。还有车花(图3-17)、錾花(图3-18)等工艺,使得首饰表面更加美丽耀眼。

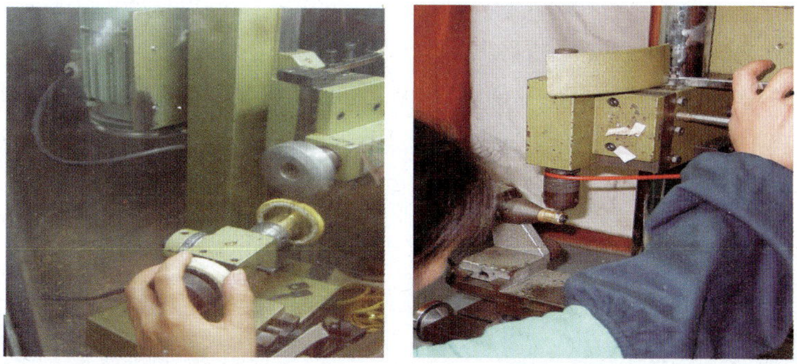

图3-17　车花操作

第四节　机制金链

机制金链的生产过程极其复杂，是一个机械化、自动化程度很高的生产过程。黄金在加工过程中需要经过加热、熔融、锻压、切割、弯曲、退火、抛光、电镀、提纯等工艺，因此对黄金的各种物理化学性质应有一定的了解。链条的生产需要使用多种类型的机器。我们对这些机器的各种性能有所了解和认识才能生产出高质量的金链。

图3-18　錾花操作

一、金料的配制

用于加工链条的黄金原料是按加工成色和要求配制而成的。黄金的成色分为足金、22K、18K、14K、12K、8K等。配金时要严格按照金、银、铜等金属比例投料，否则就达不到K金的要求，也不会显现所需要的颜色。配金最好用含金量为99.9%的金料来配制，在配金的实际工作中，为了确保K金的金含量，常常要投入比规定的比例稍为多些的黄金料。这里尤其要注意的是黄金中不能含有有害元素，例如砷、铅、硫等元素，哪怕在黄金中有害元素的含量是极其微量（0.00n%）的，也会对配金质量产生很大影响，如黄金中含微量砷，K金就会变得十分脆性，甚至会出现豆腐渣状脆裂，这样的金料用来拉丝是不可能的。

现在市场上有配金用的“补口”出售，所谓“补口”就是按比例配好的配金辅助材料，补口的种类很多，有配18K金、14K金的补口，甚至9K金、8K金的补口，也有配不同颜色的K金补口。往往市场上出售的补口都有标号，不同标号表示不同的性质，要配什么样的K金选什么样的补口就行了。配好补口、成型好的金料要用酸洗机或除油机除氧化膜，然后用清洗机清洗，用烘干机烘干后送入下一道工序。

二、制链线、片材的制备

生产出各种款式的链条首先要制备出各种链条所需的不同规格的线材和片材，所制备的材料质量的好坏对成品链的质量有很大影响。由于金具有良好的延展性，可将熔融后初步成型的金属进一步制成更细、更薄的材料。线的拉细是利用各种轧线机、拉丝机、拔丝机来完成的，线的初步轧细是使用各种轧线机，轧线机一般可将线轧至线径 2～5mm 左右。然后用带拔丝模具的拔丝机来进一步地精确拉细。根据需要选择不同直径大小的拉丝模可以精确生产出各种线径大小（直径一般在 0.20～2mm）的线材。片的压薄是通过轧（压）片机来完成的，然后用切片机将较宽的片切成较窄的片，进一步的精确切割则用锯床来完成（图 3－19、图 3－20）。

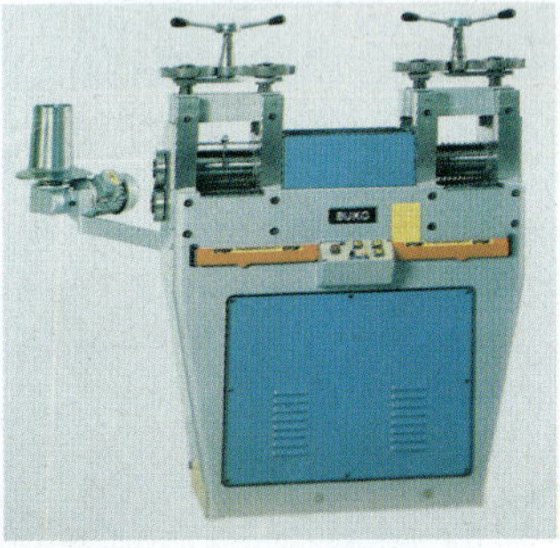

图 3－19　拉丝机

图 3－20　压片、拉丝操作

三、金料的退火

金在轧制、拔丝的过程中其物理性质会发生变化，一般会变硬变脆，延展性下降，经常可以见到起皮、裂纹、掉渣等现象。为避免上述现象的发生，则要在制线的过程中进行退火处理，使金材料在轧制过程中始终保持良好的柔韧性和延展性。

对金材料的退火处理是通过退火炉进行的，让材料处于还原环境下，在氮和氢混合气体作用下升温然后在水中进行淬火（还原）以恢复其柔韧性及延展性。要特别注意的是氮和氢比例一定要适当。氢浓度过高会降低金的延展性。制链前的金线要进行软化（韧炼）处理，软化后的金线使制链过程更容易，制成的链条更柔软，更富有弹性。

在材料准备过程中及送入下一道工序前要用超声波清洗机和酸洗机洗掉材料表面的氧化膜和污垢。

图 3－21　退火炉

无酸化式退火炉(图 3－21)，将锤打好的金链进行退火处理，金链表面不会被氧化。电源电压：220V，50/60Hz，单相；功率：1 500W；最高温度 900℃。

黄金链条的种类、款式多种多样，令人眼花缭乱，这些链条的制作从生产工艺角度来讲是通过两个生产工序完成的，一是基本链形的生产，二是在基本链形的基础上经过锻压（压扁、砸扁）、切割、车花、印花等进一步演化出各种新款链形。

四、基本链型的生产

基本链的生产就是由各种制链机编织各种基本类型链条的过程。链条最基本的组成单位是各种形状的单环，单环和单环之间又构成单环组合，单环及单环组合的延续则构成了链条。基本链型的种类主要取决于制链机的种类和其对线经大小、单环形状、单环数量等的适用范围。每种制链机在线径大小、单环数量、单环种类、单环形状、组合方式都有一定的变化范围，这就决定了生出的链条的款式特点。例如，马爵链由于其单环的变化及基本链环的组合变化而出现不同款式的链条：单环马爵链、双环马爵链、三环马爵链、椭圆环马爵链、菱形双环马爵链等（图 3－22）。每种机器对线径的大小都有一定的适用范围（图 3－23）。

图 3－22　各种式样的链条

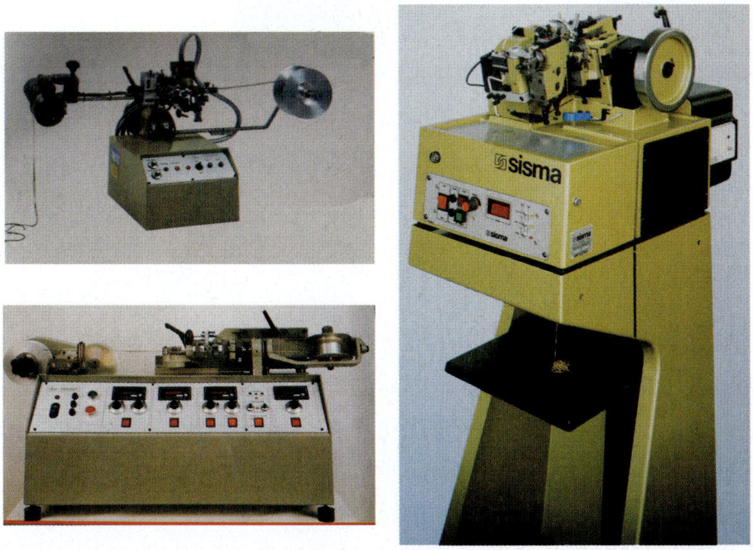

图 3－23　各种制链机

最主要的基本链型有以下几种：

锚链有圆环锚链、椭圆环锚链、日字式锚链等；

马爵链有单环马爵链、双环马爵链、三环马爵链、菱形双环马爵链等；

费加罗（交替式）链有交替式马爵链、交替式锚链、交替式日字链等；

豹眼链有空心豹眼链、实心豹眼链等；

球链有圆球链、椭球链、八面球链、柱球链等；

坦克链有双排坦克链、三排坦克链、多排坦克链等；

其他还有盒子链(威尼斯)链、绳链、日字链、麦穗链、狐尾链、蛇骨链、拜占庭式链等。

最主要的制链机有以下几种：

(1) 威尼斯链制链机［图 3 - 24 (a)］：由四方形板条环相套而成，链也呈四方形，是四大代表链型之一。电源：220V，50/60Hz，单相，400W；加工效率：最大 300 环/min。

(2) 双链制链机［图 3 - 24 (b)］：双条、三条十字链并行焊接成一条，目前世界上流行球形双链、三链机。电源：220V，50/60Hz，单相，3 300W；加工效率：最大 120cm/min。

(3) 花色制链机［图 3 - 24 (c)］：可制作多种样式的链条。该机可在面板上调节所有程序，制链效率大大提高，是新一代制链机的代表。电源：220V，50/60Hz，单相，700W；加工直径：0.3～2mm。

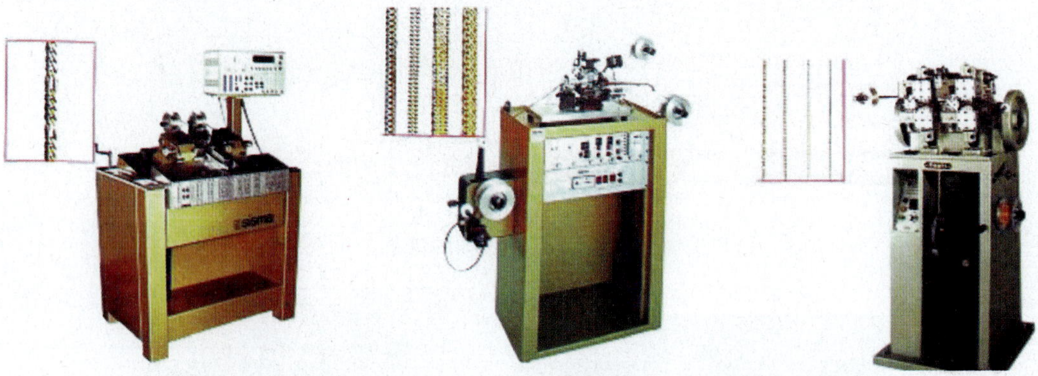

(a) 威尼斯链制链机　(b) 双链制链机　(c) 花色制链机

图 3 - 24　各种制链机

五、链的焊接

制链机编织的单环都有一个接口，在链进入下一个工序前要对接口进行焊接，否则链条容易断开，不利于以后工序的加工处理。对链的焊接要求程度较高，既要焊接牢固又不能表现出焊接的迹象，如凹凸陷、突起等。这就要求有高质量的焊药和良好的处理工艺。对于不同成色的金材料要选择相应类型的焊药，以便取得良好的焊接效果。

链的焊接是通过焊链机自动完成的，在焊接过程中焊药处于还原室内，在氮和氢气体的作用下通过加热使焊药分解来焊接链条。链条在焊接前要在上粉机里均匀地涂上一层滑石粉，其作用是使焊粉更容易粘附。

等离子焊接制链机（图 3－25）：可将金丝弯曲焊接成圆形或椭圆形环，并进行连接。熔接时不使用焊粉，对纯度不会有影响，强度很高。电源：220V，50/60Hz，单相，1 750W；加工直径：0.4～0.9mm。

自动熔接链机（图 3－26）：该机采用等离子熔接技术，强度高，不但能加工马鞭链，而且可以加工十字链。因为熔接时不使用焊粉，所以对金料纯度不会有任何影响，既能加工K金链，又能加工纯金链。电源：220V，50/60Hz，单相，1 750W；加工直径：0.6～1.2mm。

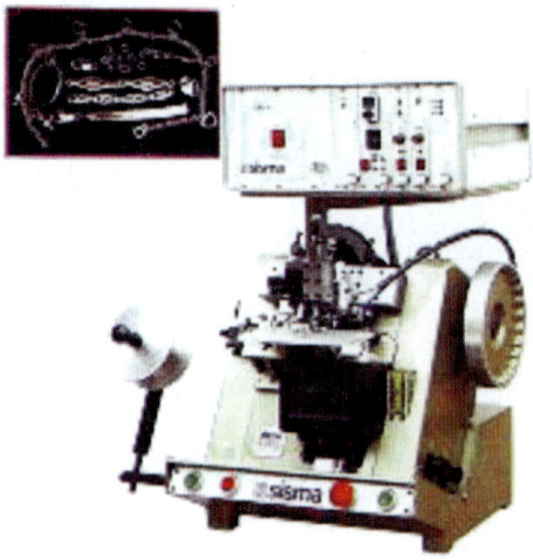

图 3－25　等离子焊接制链机

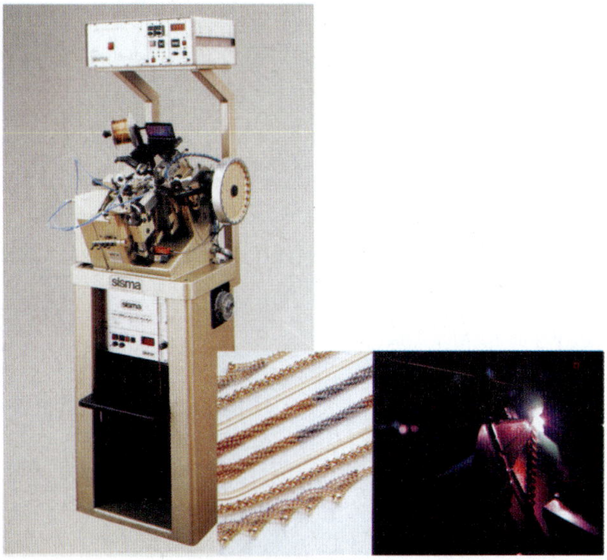

图 3－26　自动焊链机

六、链的锻压

将基本形状的链条置于模具中，然后用冲压机锻压成各种形状，比如扁平马爵链就是马爵链压制成的。压扁链的形状主要取决于基本链的形状和模具的种类，基本链的形状是基础，而模具的种类则决定了链的变化，压扁后的链在线的形状（基本链的线多为圆线）、单环形状、单环的接触方式、链的厚度、宽度等都发生了变化。

另外选择合适的冲压机类型、适当的压力等对压链效果都是非常重要的。

模具是非常重要的配件，金链的形态变化主要依靠模具的类型，现在常用的模具有T114、TI1615、TI2360、TI30 万能模具，这是一种用于锻压链条的万能模具，其用途十分广泛，可根据链条的特点和加工要求更换不同型面的压刀和楔子，这种万能模具的最大特点是可以更换附属部件和易磨损的部件（固定楔子），可以确保工作的准确性和精确度。锻压后链的横断面形状有四方形、板形、椭圆形、渠道形等。

还有 PT19、PT12、PT18、PT24、PT30 模具，这种模具可将链压制成不同的形状。该模具的一个重要特点是有一个带 4 个轨道的坚固的升降系统，并且体积很小。它有一对可更换的楔子，并且还具有“恢复扭曲”的特点，即链的压扁和轴向扭曲。锻压链的横断面形状主要有四方形、板形、椭圆形、钝刀形、纺锤形、半圆形、圆形、帝须形、波浪形、蝴蝶形、四方纺锤形、十字形等。

自动锤打机（图 3 - 27）：该机运作速度快，能保持扁平锤打金链而不会使金链受损。变换模具就能制作花样无穷的金链。电源：220V/380V，50/60Hz，三相，1 500W；最大冲力 15Pa；加工效率：最大 11m/分钟。

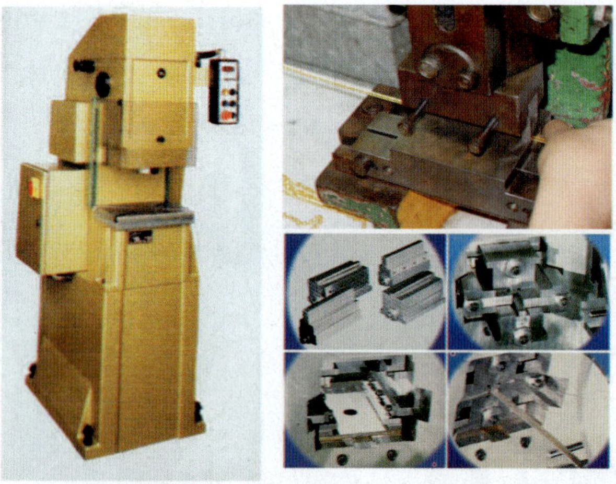

图 3 - 27　锤链机及各种模具

七、链的切割

链的切割就是用各种切割机器沿链的一个面或几个面进行切割，即切掉一部分，使链产生一个方向或几个方向的平面。对链的切割可使链条外表形态的立体感更强，更富于变化，产生更多的款式。

对链条的切割主要考虑以下 3 个方面的参数：

（1）面的形态：主要有平面切割和双面切割两种，一般以平面切割为主，弧面切割相对较少；

（2）切割方向：也即切割的面数，主要有双面切割（上、下）、四向切割（上、下、左、右）、八面切割等；

（3）切割深度：即对链条的切割程度。

对链条的切割最常使用的机器是冰车床，冰车床是将链条冰冻在一个大的圆满柱轮上，由马达带动圆柱轮高速旋转，然后用车刀进行切割（图 3 - 28）。在切割工序中，首先一定要将链条均匀平滑地冰冻在圆柱轮上，不能高低不平，否则会影响切割的深度，使切割后的链条厚薄不一。另外，操作人员对车床掌握的熟练程度对切割也起到关键作用。

在一些链条或戒指的表面有很多美丽精致的花纹和图案，这些图案和花纹都是通过印花和车花工艺制作的。印花一般用于链条，车花用于戒指及链扣、链环等。

印花，就是用模具将花纹或图案压印在链条上。模具上已经制好了花纹和图案将模具安装在轧线机的滚轴上，通过滚轴的转动带动横具的转动，使花纹和图案以负形的形式印在链条上。

图 3-28　冰车床

车花，是利用车花机在戒指和链条表面用车刀车出各种花纹和图案，它不像印花那样有现成的模具图案，而是靠车刀的变化和操作者的熟练技巧来车出各种花纹和图案。

冰车床：这个机器的主要特点是用金刚钻对金链批花非常精确，快速实现工作循环，几乎可以完全回收金屑，工作时间：冰冻：大约 2min；旋转：1r/2min。电源：220/380V，50/60Hz。

金刚钻批花机［图 3-29（a）］：该机采用比较特殊的切削技术，尤其对中粗金链切削工艺非常适合。电源：220V，50/60Hz，三相，700W；加工效率：最大 1.3m/min。

金刚钻批花机［图 3-29（b）］：该机能在对金链平面切削同时完成垂直取槽，是目前世界销售量最大的金刚钻批花机。电源：220V，50/60Hz，三相，750W；加工效率：最大 13m/min。

(a)

(b)

图 3-29　各种制链批花机

八、链条的柔软

链条经过锻压后线与线之间紧密结合在一起，因而整条链显得较硬，柔韧性较差，不能进行较大的弯曲，这时就需要进行链条的柔软处理。经过柔软后的链条其柔韧性特别好。链条的柔软是通过万能曲链机进行的。

图 3 - 30　自动柔软机

自动柔软机（图 3 - 30）：使锤打成形后的金链柔软。电源：220V，50/60Hz，单相，500W。

九、链条的表面处理工艺

链条在生产过程中其表面有很多擦痕，而且其表面的亮度和光洁度也很差，因此任何链条在出厂前都要进行表面处理工作，目的在于增加表面光洁度和亮度，或进行一些特殊处理，使链条表面产生一些特殊的效果。链条的表面处理主要包括各种抛光、电镀、喷砂等。

十、金链抛光

滚光，一般是抛光工序的第一步，是对链条等的初步抛光。根据机器特点滚元可以分为滚动抛光和震动抛光，滚动抛光和震动抛光分别利用滚筒滚动和槽的震动来进行。

滚动过程就是将首饰放入装有介质和清洁剂的滚光筒中或震动槽中，在滚动或震动过程中，链条表面与介质发生摩擦作用，将链条表面的粗痕和污垢抛掉。另外通过滚光也使我们能够发现链条表面的各种缺陷（如砂眼、裂纹等），以便及时进行修补。滚光介质主要是一些圆形、椭圆形、碟形的钢珠、钢针，各种形状的玛瑙等。介质中还要放入稀释到一定浓度的清洗剂。滚光机的种类较多，主要有圆筒滚光机、八角滚光机、震动滚光机等。

磁性抛光，有些戒指（包括链条）形状较为复杂，其凹陷（如深沟等）处和暗处较多，这时仅靠滚光机就不够了，磁性抛光正好能解决这一问题。磁性抛光机是利用不断变化的电磁场使极细的针随着磁场的变化而快速移动，从而对戒指的表面及暗处起到抛光的作用（图 3 - 31）。

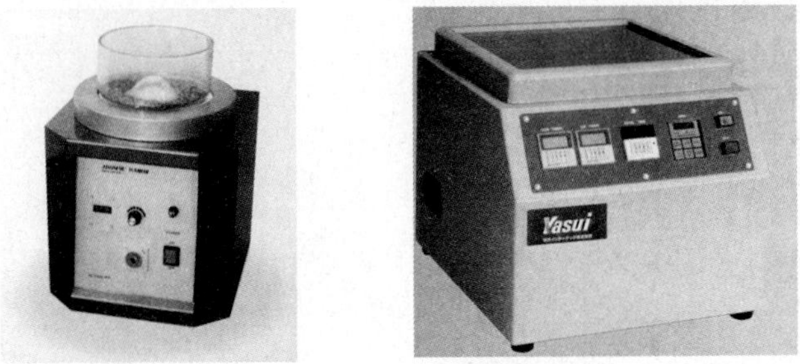

图 3 - 31　磁力抛光机

布轮抛光，属于精确抛光，一般是最后一道抛光过程。布轮抛光可以极大地提高首饰表面的光洁度和亮度。布轮抛光是将布轮、毛刷、毛毡等安装在马达转轴上，马达的高速转动带动了布轮的高速转动，让首饰表面与高速转动的布轮产生摩擦，从而达到精细抛光的目的。

电镀工艺，就是在链条的表面镀上一层金属。它是利用阴阳离子的吸附作用使电镀液中的金属阳离子吸附在作为阴极的链条的表面。链条在电镀前一定要清洗干净，另外电镀使用的水要使用无杂质的蒸馏水。电镀是比较复杂的一种工艺，在前面章节中作过一些介绍。

喷砂工艺，是利用压缩空气的压力将砂粒高速喷射在首饰的表面上，使其表面产生磨砂状。喷砂面的粗细取决于砂粒的大小，粗砂喷出的砂面较粗，而细砂喷出的磨砂面较细腻。

第四章 制作首饰的贵金属材料及回收

无论多么晶莹美丽的宝石如果没有配上贵金属的托架，都不能称之为珠宝首饰，没有金属托架的宝石是不能佩戴的。珠宝玉石需要设计制作才能构成金光灿烂、华贵艳丽的珠宝首饰。制作珠宝玉石首饰托架的大多是贵金属。自然界中贵金属的种类不多，而且数量也很少。贵金属主要包括金、银和铂族元素，铂族元素又分铂（Pt）、钯（Pd）、铑（Rh）、铱（Ir）、锇（Os）和钌（Ru）6种元素。贵金属主要有以下几个特点：

（1）贵金属在地壳中含量非常稀少，分布又很分散，很难富集形成贵金属矿床。就是在贵金属富集的矿床上开采、选矿和提炼它们也非常困难。因此生产冶炼贵金属成本高，当然价格就很昂贵。科学家们对地壳中贵金属元素的平均含量作了如下估算（表4－1）。

表4－1　贵金属在地壳中的平均含量表

元素	银（Ag）	金（Au）	钯（Pd）	铂（Pt）	铑（Rh）	铱（Ir）	钌（Ru）	锇（Os）
含量（g/t）	0.1	0.005	0.01	0.005	0.001	0.001	0.001	0.001

（2）贵金属的化学性质非常稳定，尤其金、铂不易氧化和变色，不溶于强酸和强碱，只溶于王水。贵金属的色泽光彩夺目，金光灿烂的黄金富贵无比，银光辉辉的铂金又十分珍贵，为美丽的珠宝钻石首饰制作提供最为理想的金属材料。

（3）贵金属有特殊的使用性能，有的对电、热、光有特殊的效应，在一些特定条件下具有良好性质。贵金属常常用于现代科学的尖端技术领域。

（4）贵金属具有非常好的加工性能。它们大多有极好的延展性，可拉成极细小的丝，压成极薄层的箔，多数是制作首饰的好材料。

现在，首饰制作采用的贵金属主要是金、银和铂。下面将分别介绍这几种贵金属及其回收方法。

第一节 金的特性及其回收方法

金，可以说是对人类最具诱惑力的金属，没有任何一种金属能超过黄金的魅力。从古至今黄金素被称为“百金之王”、“五金之首”。这不仅仅因为黄金是人类最早发现的贵金属，几千年人类文明的精美首饰工艺品得以将其传递到现代，黄金还是现代社会财富的象征，是国家财政储备货币、世界贸易的硬通货。也可以说黄金同时具备了价值尺度、流通手段、储备手段、支付手段和世界货币五种职能。

根据科学考察发现，早在公元前12 000年古埃及人就知道黄金。公元前4 000年埃及人

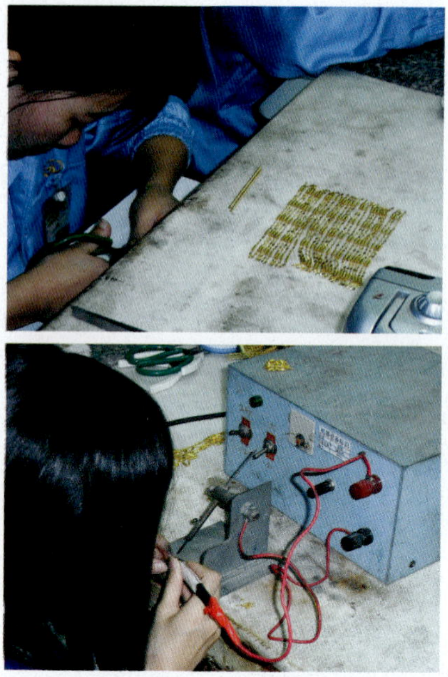

图 3 - 36　手工制作金链

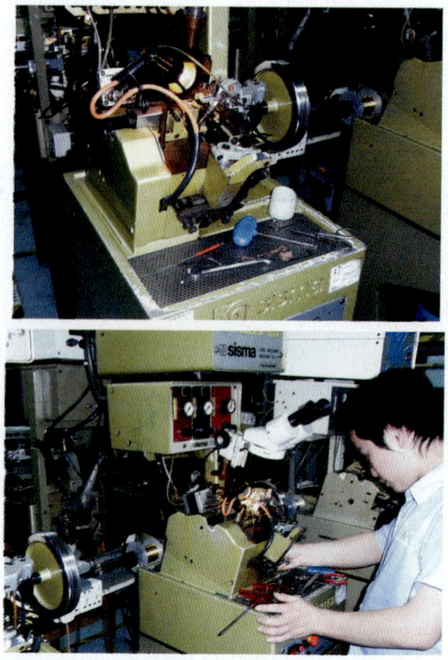

图 3 - 37　机制链设备操作

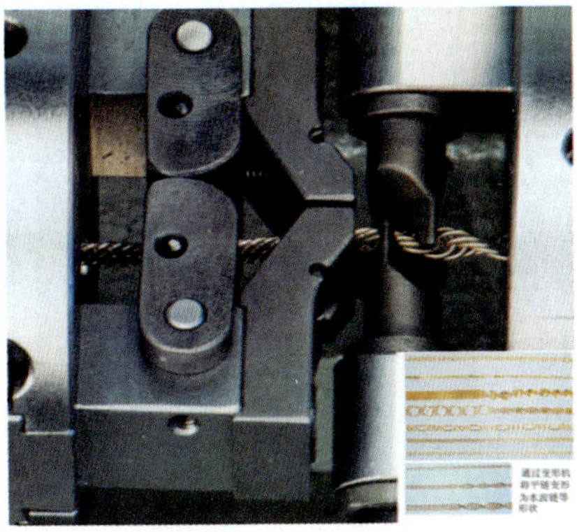

图 3-34　变形制链机

适合男性佩戴的项链。

(5) 点滴链：由小珠和小的棱柱组成，中间用细金链连接，这种链的特点是克重轻，装饰性强。

(6) 点棍链：链身刻有菱形花纹，略粗大，比较适合中老年人佩戴。

(7) 肖邦链：此款项链从光泽上属亚光效果，与各种宝石坠相配都非常适合。

(8) 冰花链：环扣结构，由雪花状个体相连而成，链身较宽，适合于单戴或搭配较大项坠。

(9) 蛇骨链：光泽强，链身有质感，但容易折损佩戴时要非常注意。

(10) 刀片链：与蛇骨链光泽相似，只是链身呈扁平状可以刻上各种几何图案。

(11) 刀片编织链：这种项链一般由红、黄、白三色的刀片链编织而成，有三股、六股、九股之分，是通过专用的编链机编织而成的（图 3-35）。因为链身豪华典服，所以适合在较隆重的场合佩戴。

图 3-35　编织链机及编织项链

欧米伽链。俗称项圈，与黑珍珠等豪华项坠相配更能显示出佩戴者的个性。

除了上述的项链品种外，市场上还有各种组合型的链条，也有深受消费者喜爱的其他品种，如水扁链，这是一种由水波链和扁平状细链组合而成的项链，将两种风格的链条结合在一起，有非常好的装饰效果。类似的还有星扁链，这是一种由满天星和扁平链组合而成的项链。

总之，机制金链制作设备复杂，调试很是麻烦，而且掌握设备和制作的技术要求较高，但是，只要一旦掌握设备操作技术，机制链的加工速度很快，质量好，产品花色品种繁多。现在许多金饰品加工企业仍采用人工加工金链，尤其足金或千足金的金链，人工金链制作往往配有机器加工，人工只做焊接和配扣等工作（图 3-36、图 3-37）。而 K 金、铂金项链款式复杂，制作精美则主要通过机器制作。

上色工艺，市场上见到的黄金饰品不仅有黄色的，还有粉红、桃红等颜色，这些颜色是通过上色电焊机上色的。

十一、链条的后期制作

图 3-32　链扣自动焊接

链条的后期制作是指制好后的链条要按照加工要求切成一定的长度，并焊接链扣、链钩的工序。链的切断是利用自动切链机来进行的，其切割精度高。链扣、链钩的焊接一般是通过电弧焊接机、酒精电焊机及高热水焊机进行焊接。电弧焊接机是利用电弧在瞬间产生的高温并在一定压力下来焊接的（图 3-32）。这种焊接机一般适合于黄金饰品链扣、链钩的焊接。酒精焊接机一般也只适用于黄金的焊接工作。高热水焊机能产生近2 000℃的高温，特别适合于铂金的焊接工作，因为铂金的熔点非常高，一般的焊接机达不到铂金的焊接要求。

十二、配（饰）件的制作

配（饰）件的制作是指链扣、链钩及各种小饰件如耳饰品、耳针、耳背、吊坠、胸针等的生产过程。它们都是利用各种专门的机器生产的。常见的链扣（钩）类型有鱼钩扣、长鱼钩扣、弹簧扣、盒子扣、椭圆扣等（图 3-33）。

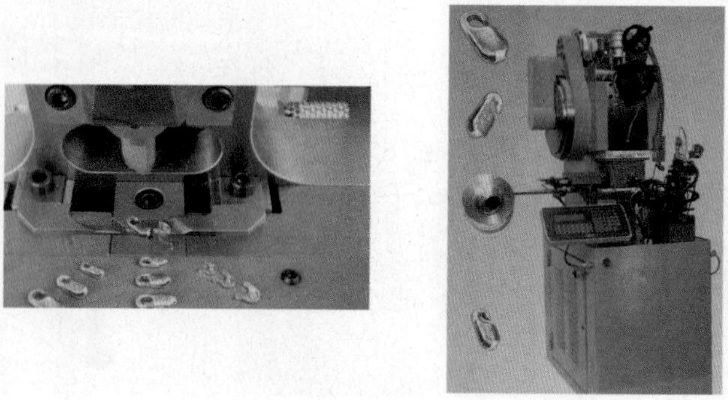

图 3-33　机制链扣

常见的金项链品种有：

（1）水波链：水波项链是最早出现在我国市场上的链条品种，由于它款式轻巧，耐用性高，易于修理，一直是市场上畅销不衰的首饰品种。近些年来，又衍生出许多新的变化品种，如双水波。双水波链克重轻，价格低，美观大方，深受消费者欢迎。水波链由普通平链通过专用机器（变形制链机）弯曲而成的（图 3-34）。

（2）满天星链：满天星也是较为传统的项链款式，在一条细链上轧有小的亮点，闪闪发光，宛如天上的星光，因此得名。满天星链也是克重轻、装饰效果非常好的项链种类之一。

（3）盒子链：也被称为盒仔链，由一个个四方的小金零件构成，光泽强而且不易扭曲，即使损坏，修理也非常容易，适合搭配各种项链。

（4）绳子链：链身似扭转的麻绳，坚固耐用。但用金量较大，佩戴时略显沉重，是一种

第四章　制作首饰的贵金属材料及回收

无论多么晶莹美丽的宝石如果没有配上贵金属的托架，都不能称之为珠宝首饰，没有金属托架的宝石是不能佩戴的。珠宝玉石需要设计制作才能构成金光灿烂、华贵艳丽的珠宝首饰。制作珠宝玉石首饰托架的大多是贵金属。自然界中贵金属的种类不多，而且数量也很少。贵金属主要包括金、银和铂族元素，铂族元素又分铂（Pt）、钯（Pd）、铑（Rh）、铱（Ir）、锇（Os）和钌（Ru）6 种元素。贵金属主要有以下几个特点：

（1）贵金属在地壳中含量非常稀少，分布又很分散，很难富集形成贵金属矿床。就是在贵金属富集的矿床上开采、选矿和提炼它们也非常困难。因此生产冶炼贵金属成本高，当然价格就很昂贵。科学家们对地壳中贵金属元素的平均含量作了如下估算（表 4－1）。

表 4－1　贵金属在地壳中的平均含量表

元素	银（Ag）	金（Au）	钯（Pd）	铂（Pt）	铑（Rh）	铱（Ir）	钌（Ru）	锇（Os）
含量（g/t）	0.1	0.005	0.01	0.005	0.001	0.001	0.001	0.001

（2）贵金属的化学性质非常稳定，尤其金、铂不易氧化和变色，不溶于强酸和强碱，只溶于王水。贵金属的色泽光彩夺目，金光灿烂的黄金富贵无比，银光辉辉的铂金又十分珍贵，为美丽的珠宝钻石首饰制作提供最为理想的金属材料。

（3）贵金属有特殊的使用性能，有的对电、热、光有特殊的效应，在一些特定条件下具有良好性质。贵金属常常用于现代科学的尖端技术领域。

（4）贵金属具有非常好的加工性能。它们大多有极好的延展性，可拉成极细小的丝，压成极薄层的箔，多数是制作首饰的好材料。

现在，首饰制作采用的贵金属主要是金、银和铂。下面将分别介绍这几种贵金属及其回收方法。

第一节　金的特性及其回收方法

金，可以说是对人类最具诱惑力的金属，没有任何一种金属能超过黄金的魅力。从古至今黄金素被称为“百金之王”、“五金之首”。这不仅仅因为黄金是人类最早发现的贵金属，几千年人类文明的精美首饰工艺品得以将其传递到现代，黄金还是现代社会财富的象征，是国家财政储备货币、世界贸易的硬通货。也可以说黄金同时具备了价值尺度、流通手段、储备手段、支付手段和世界货币五种职能。

根据科学考察发现，早在公元前 12 000 年古埃及人就知道黄金。公元前 4 000 年埃及人

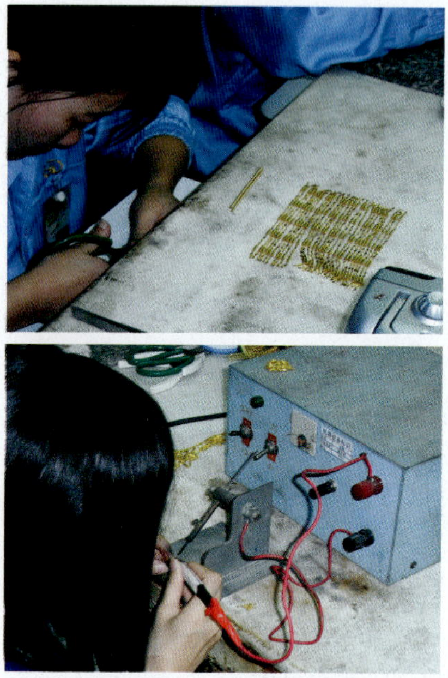

图 3－36　手工制作金链

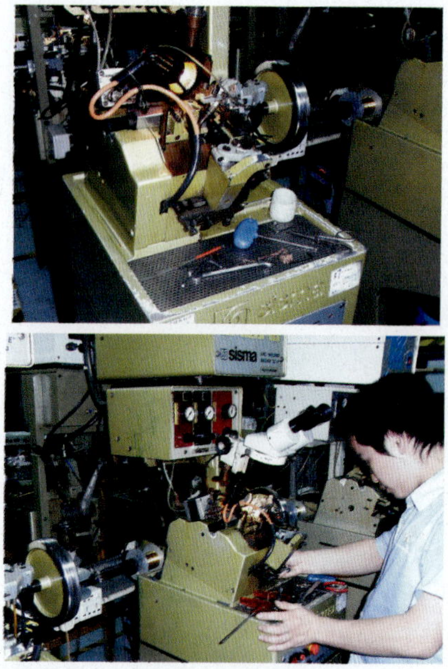

图 3－37　机制链设备操作

就已经采集黄金、白银，并已广泛应用。世界最早的采金工人是苏美尔人。黄金能被人类最早发现和利用，主要是自然界中黄金能呈自然金状态存在。再者由于黄金不易氧化，金灿灿的光泽容易被人发现和惹人喜欢。黄金的柔韧性及可加工性更是工艺品、首饰品制作的好材料。世界各国古代制作出不少精美的黄金饰物、工艺品，有的工艺着实让人惊叹不已。尤其以古埃及、印度、伊朗和美洲、非洲等一些国家和地区，出土的黄金饰品尤其精美。

远在 4 000 年前，我国在商代之前就开始淘金、采金和制作饰物，从藁城和安阳出土的文物中发现许多金丝、金箔（薄度达到 0.01mm），反映出古代金匠的黄金加工技艺已非常精湛，甚至出现了金质贝币和贴金贝币。东周时期楚国已使用含金 90%的金币，也就是后人称为的郢爰金版。战国时代的出土文物中还发现含金量高达 99%的“金饼”。稍后年代的黄金制品如金碗、金钵、金杯、金柄刀以及金鸟、金兽，尤其是宗教庙宇中的神龛佛像和舍利金棺等黄金制品，加工得就更加精美了。例如满城汉墓出土的镏金长信宫灯就是精品，陕西法门寺出土的金棺和金宝塔其加工也是非常之精湛。这都说明了中国是文明古国，拥有悠久的历史和灿烂文化。

远在夏商时代有人就懂利用矿物的晶体形态、颜色、光泽、硬度等来确认金矿物，逐渐掌握了氧化试验法、焰色试验等化学鉴定方法。汉代已能熟练利用物理、化学方法鉴定金矿物。远古时代我国把所有金属通称为“金”，也就是所谓的金、银、铜、铁、锡“五金”。西周之前又将铜锡合金、白金、赤金及青铜称为“金”。战国以后“金”就专指黄金了。

一、金的物理性质

金，原子系数为 79，原子量为 196.966 5，原子体积为 10.2cm^3/mol，具面心立方晶格。在 20℃时晶格常数为 4.072 4×10^{-10}m。金有 22 个同位素，但天然金只有 197 的同位素体。

金的密度很大，室温 X 射线测定的数值为 19.299g/cm^3，通常采用 19.3g/cm^3。自然金的密度随其成色的减低而变小，常在 12.1～19.1g/cm^3之间。

金的熔点为 1 064.43℃。金的沸点为 2 707℃。金的硬度和延伸率在不同状态下是有很大差别的，表 4－2 列出几种状态中金的硬度和延伸率。

表 4－2　金的硬度和延伸率

状　态	HV（kg/mm^2）	δ（%）
铸 态	33	30
冷加工，60%	60	4
退火态	25～30	45
电沉积	110～120	—

资料来源：黄振卿．简明黄金实用手册．长春：东北师范大学出版社，1991。

金的延展性在所有金属中排在第五位，在压延下的加工性能方面排第一位。我国商代就能加工 0.01mm 厚的金箔，西汉就已加工出 0.14mm 直径的金丝。现代人类已能批量生产 2.3μm 厚度的金箔和 10μm 直径的金丝。极薄的金箔可达到透明，所透的光为绿色。金的抗拉强度冷加工 60%时在室温下为 230MPa，退火态时在室温下为 126MPa。由此可知，金具有极为良好的可锻性和延展性。同时金还具有良好的导热性和导电性，其导电性能仅次于银和铜。自然界金往往与银、铜等金属结合。由于金的纯度不同，金的颜色也有明显变化，民间常说的“七青、八黄、九紫、十赤”就是指其金含量分别为70%、80%、90%和纯金。纯度不同的金其物理性质也有差异，相对而言，金的纯度越高其可锻性、延展性也越强。

二、金的化学性质

金最主要的特征是化学活性低，也就是说在空气中、在潮湿的环境下金也不起变化。在高温下金不与氢、氮、硫和碳起反应，这是因为金原子内部4f电子层全部充满，是一种高密度、高电离能的重金属元素。与同族元素铜银相比，其核电荷数及质量数增加很多，而原子半径却大体相近。金的外层电子云的变形小、离子极化能力强、电负性高，对外层S层电子的束缚力也较强。金虽属于铜族元素，但其化学稳定性很强，与铂族元素性质十分接近。金在水溶液的电极电位很高，所以各种强酸对金都不起作用。

但是金在一些特殊溶液和环境下也会起反应。金溶于王水是众所周知的。金还溶于饱和氯的盐酸、含有氧的碱金属和碱土金属的氰化物溶液，首饰铸件的“炸金”操作就是基于金的这一特性。金在含氰化钾水溶液中形成的化合物是 $KAu(CN)_2$，即把高纯度的金溶于5%KCN的水溶液中，在空气可自由进入的条件下用力搅拌，便可以制出无色的氰化金酸钾盐。首饰镀金就需要氰化金钾溶液中金的沉积。其常用置换或吸附方法有锌置换、离子交换树脂和活性炭吸附。在有强氧化剂存在时，金又能溶解于碘酸、硝酸。有二氧化锰存在时金溶解于浓硫酸。金的其他溶剂还有氯水、溴水、碘、碘化钾、碘加酒精等。这就是金首饰遇到汞、酒精、碘等综合物或一些化妆品会改变颜色的原因。汞具有很强的捕金性能，在10～30℃时金在汞中的溶解度为0.15%～0.20%（原子），20℃时汞在金中的溶解度为16.7%（原子）。

在所有情况下金溶解都是形成相应的配位化合物，而不是简单地以金离子出现。金的化合物有两种价态，即一价金和三价金。金的化合物是不稳定的，易还原成金属，可以烧熔成金。这些金离子可以形成许多无机化合物和有机化合物，如氧化亚金、卤化亚金、硫化亚金、金氰化物等一价化合物和氧化金、卤化金、硫化金，并易于和氧、硫、氨和铵构成络合物。金可以与镁、锌、锰、铅等金属构成互合物。自然界中的金矿物有铜金矿、金钯铜矿、等轴金锇铱银矿、锑金铂矿、黑铋金矿、四方铜金矿、方锑金矿等。

三、金的产地及产储量

世界黄金生产的十大强国包括南非、美国、澳大利亚、俄罗斯、加拿大、中国、巴西、巴布亚新几内亚、印度尼西亚和加纳。仅南非就累计生产黄金46 197t，现在仍以年产600t左右黄金居世界产金国榜首。美国也是黄金生产大国，拥有43座大型金矿山，年产黄金300多吨，累计生产黄金已达12 650t。澳大利亚是世界黄金产量增长最快的国家，年产黄金260多吨。俄罗斯的黄金产量仍居世界前列。据有关机构分析测算，目前我国黄金资源远景量1.5万～2万t，保有黄金储量4 434t，岩金约为2 786t，砂金593t，伴生金1 235t。黄金资源特点，岩金矿为主，伴生金有较大的比重。

目前，世界上的绝大多数黄金都存在民间，其中大部分制作成金币、金条、首饰制品和纪念品保存，即“藏金于民”。民间储存的黄金总量超过官方的储备，尤其是法国、美国私人黄金储存均达数千吨之多。世界各国中央银行储备的黄金总量在35 000t左右，且多以金锭或金条存放在银行里。目前，黄金储备最大的国家是美国，达到 8 000 多吨；德国、瑞士、法国、意大利等国的黄金储备各自都在 2 000 多吨；荷兰、比利时在 1 000t 以上；日本、澳大利亚、英国等国在 500t 以上；中国的黄金储备达到 400t。各国对黄金储备都非常重视，因为黄金储备的多少关系到国家经济贸易的资信程度，它在稳定国民经济、抑制通货膨胀等方面具有特殊作用。近十年来世界黄金消费量猛增，1993 年世界黄金需求量达 3 538t，仅珠宝首饰业西方国家就需要 2 302t。1994 年世界黄金需求量增加到 3 715t。1993 年中国黄金消费达到 420t，其中大陆为 223 多吨，香港 36 多吨，台湾 160 多吨。

据 USGS 资料，到 2007 年世界黄金累计开采已达到 15.7 万 t，估计因为工业利用等方面原因损耗掉了大约 2.5 万 t 黄金，现世界拥有余下的 13.2 万 t 黄金，政府及中央银行持有 3.2 万 t，民间保存超过 10 万 t 黄金。

根据 2009 年 USGS 资料显示，世界黄金产量、黄金储备和消费市场已经发生了很大变化。中国 2009 年黄金产量达到 300 多吨，成为世界第一黄金生产国。仅大陆的黄金消费就近 500t，已经超过印度成为世界黄金消费第一大国。中国的黄金储备达到 1 054t，位居世界第 5 位（表 4-3，表 4-4）。

表 4-3　世界黄金产量及储量

国　家	金矿产量（t）		金矿储量（t）
	2008 年	2009 年	
美国	233	210	3 000
澳大利亚	215	220	5 800
巴西	50	50	2 000
加拿大	95	100	1 000
智利	39	40	2 000
中国	285	300	1 900
加纳	75	85	1 600
印度尼西亚	60	100	3 000
墨西哥	50	55	1 400
巴布亚新几内亚	62	65	1 200
秘鲁	180	180	1 400
俄罗斯	176	185	5 000
南非	213	210	6 000
乌兹别克斯坦	85	85	1 700
其他国家	446	460	10 000
世界总量	2 264	2 350	48 000

根据 USGS 资料编译。

表 4－4　世界主要黄金储备国（2008）

国家/组织	黄金（t）
美国	8 133.5
德国	3 412.6
世界货币基金组织（IMF）	3 217.3
法国	2 508.8
意大利	2 451.8
中国	1 054
瑞士	1 040.1
SPDR 黄金信托（ETF 基金）	1 024
日本	765.2
荷兰	621.4

四、金的用途

黄金可用于电子工业、航天工业、现代通讯、化学工业、牙医业和首饰制造业等领域。黄金常用来制作奖杯、奖章和奖牌等。归纳起来黄金主要用途如表 4－5。

表 4－5　黄金主要用途

使用方式	特　　性	用　　途
货币	不氧化，密度大，光泽好	价格稳定而贵重，国际通用硬通货
首饰、奖章	不氧化，易加工，延展性好，易焊接，有韧性，美观	制作珠宝首饰托架，贵重而高雅，利于佩戴和保存，有保值价值
涂层和镀层	防辐射，防腐蚀，保洁，美观，悦目	陶瓷绘图，玻璃涂层，首饰镀金，钢管覆层
焊料	易焊接，耐热，牢固	可作金合金，金镍，金铬镍合金焊料
镶牙	耐腐蚀，耐磨	镶牙美观，实用
喷头	耐磨，耐腐蚀	用于人造纤维工业的喷头
笔尖	不氧化，耐磨	制作高级金笔，含少量铱的金合金

黄金可用于制作电触点、电位仪、热电偶、水压计、形状记忆合金、导电件、火花室等。黄金还用于医疗方面，如 Au^{198} 可用于肝病的检查和癌症的治疗，金盐用于医治肺结核，金箔用于烧伤和皮肤溃疡的治疗等。

五、金的成色和衡制

1. 金的成色

黄金的成色就是指金的纯度和含量。黄金成色有 3 种表示方法，即百分率法、成色法和“K”（Karat）法。百分率法就是以百分比（%）表示金的含量，如含金量为 90%，则表示 100 份物质（可以是金属，也可以是矿物质）中金含量占 90 份。成色法是以千分比（‰）表示金的含量，具体使用时省去千分符号（‰），例如黄金首饰上标记的 750 金则表示含金量为 75%。在 24 份物质中金所占的份额用“K”来表示，如分 2K、9K、14K、18K、24K 等。根据国标规定不用 24K 称谓了，24K 表示 100%纯金，实际上是不可能有纯金的。为此，国标规定将含量 99%的金称足金，99.9%的称千足金。而镶嵌珠宝首饰的托架往往是 18K 或 14K 金合金。也就是说 1K 的金含量为 4.166 6%（表 4-6）。

表 4-6　金及合金的表示方法

	纯度千分数最小值	纯度的其他表示法
金及合金	375	9K
	585	14K
	750	18K
	916	22K
	990	足金
	(999)	(千足金)

2. 金饰品的国家标准

GB/T11887-2000 是在 GB/T11887-1989 实施基础上修改制定的，其中金饰品方面金及其合金规定如下：

(1) 不在括弧内值将优先考虑。金饰品上应打上标识印记，印记内容包括厂家代号、纯度、材质。

(2) 金饰品上纯度前冠以“金”或“K”，如“金 750”或“G18K”。

(3) 饰品太小，在饰品上无法打上标识印记，应附上相应标识。

(4) 饰品上镶嵌有 0.10ct 以上质量的主钻，钻石质量也应标上。

自然界中常见的自然金成色常在 860～920 之间，砂金的成色往往高于岩金。显然矿石中的黄金需要提纯才能达到纯金，但是无论如何精炼提纯黄金含量都不可能达到 100%，一般能达到 99.99%就算高纯度了。首饰制品中纯金的戒指可以达到 99.98%～99.99%，而金项链的含量只能达到 99.96%左右，这是因为项链的焊点较多。目前，先进的科学技术能将黄金提纯到 99.999 999 9%，甚至更纯些，然而含金量却达不到 100%。

3. 自然金名称

人们常将金矿石分为砂金和岩金。金矿床中的金矿没有风化之前称为岩金。风化后的金矿石被冲击到河流、溪谷中就形成砂金。岩金和砂金是未经熔炼的生金，而熔化提炼后的黄金称之为熟金。根据砂金的粒度和形状又被细分为：

(1) 狗头金：呈浑圆或团块状的金块，常达几百至几千克重。

（2）马蹄金：形似马蹄状的块金，质量较大。

（3）锅巴金、脚板金：呈板状的块金，质量较大。

（4）苞谷金：呈粗粒状，形似苞米粒，为粗金（粒度在 2.54mm 以上）。

（5）瓜子金：呈薄片状，为粗金。

（6）麦麸金、芝麻金：呈细片状，如芝麻大小，为中金（粒度在 2.54～1.27mm）。

（7）糠金、毛毛金、灰灰金、汤汤金：粒度逐渐变小，均为细金（粒度在 1.27～0.635mm 之间）。

砂金大多数是明金，即肉眼可以看见的金粒。能在显微镜下观察到的自然金称之为显微金。

4. 金的衡制

国际上通用的金衡除了克、千克外，还采用金衡盎司或盎司来表示黄金的质量。“盎司”的英文为 Ounce，常简写为“Oz”，有的将其翻译成英两。盎司分金衡盎司和常衡盎司，两者是有区别的，一金衡盎司等于 31.103 46g，而一常衡盎司等于 28.349 5g。现在，国际黄金交易中主要采用盎司作为黄金的质量单位，如当前黄金市场报价是一盎司黄金售价为 1 200美元左右（可写作 1 200 美元/盎司）。国外还使用另外 3 种金衡单位，一种较小的金衡单位称为“英钱”，一英钱等于 1/20 盎司，即 1.555 2g。另一种较大的金衡单位称之为“磅”。“磅”与“盎司”相对应，也有金衡磅和常衡磅之分。金衡磅英文名称为 Poundthrust，可简写为 1b. t，一金衡磅等于 373.24g。常衡磅英文为 Pound，缩写为 1b.，一常衡磅等于 453.6g。最小的一种金衡单位是格令，英文是 Grain，缩写为 gr.，一英钱等于 24 格令，也就是一格令等于 64.8mg。“磅”、“盎司”、“英钱”和“格令”的关系是：1 磅（lb. t）＝12 盎司（oz. t）；1 盎司（oz. t）＝20 英钱（dwt）；1 英钱（dwt.）＝24 格令（gr.）。

现在，我国主要使用公制，即“克”和“千克”，例如一枚足金首饰重多少克，每克多少钱等，而不用英钱、盎司等金衡单位。但是，我国近代还有采用传统的十六两制，也就是说一市斤分 16 两。这种两比十两制的量少些，故而称为“小两”。一小两等于 31.25g。非常巧合的是一小两与一盎司相近。

六、金合金的性质及加工

我们知道纯金具有良好的导电性、低而稳定的电阻、极好的柔韧性和延展性、强的防腐蚀和对红外线的反射性能等特性。而金合金则可以根据需要改变纯金的性质和特性。不同的金合金广泛应用于工业的各个领域。例如镶嵌首饰要求镶嵌金的强度要高，有时需要改变颜色或降低价格等，就可以把纯金与其他金属熔炼，构成 18K、14K 或 9K 的合金。还可以在合金中改变其中铜、银、镍和钯等金属元素的含量，就能使首饰构成不同颜色。18K 金合金除其主要成分金（75%）外，其他组分含量变化其颜色就会变化。如多加些紫铜，18K 金就成黄红色；加入钯和镍 18K 金就变成黄白色。

常用的合金分二元金合金和三元金合金。二元金合金主要由包括金在内的两种金属元素组成的合金，三元金合金则是由三种金属元素组成的合金。如金钯合金、金银合金、金镍合金和金铂合金等均为二元金合金。首饰常用的 K 金合金多数都是三元金合金。

金钯合金（AuPd）具有很强的防腐性，硬度不高，可塑性好，易于加工，适用于做电触点材料、热电偶材料、制作假牙，以及用于冶铂工业和喷气发动机的焊料等方面。金钯合金中金含量超过20%时则不溶于HNO_3。

金银合金（AuAg）具有良好的延展性，可以拉伸至直径为1μm的丝材，采用挤压法可加工1μm厚的金箔。金银合金硬度低，金银分别为80%和10%的合金主要用于继电器和调节器上，含银为10%～70%的合金适用于做强腐蚀介质中的轻负荷电触点。

金镍合金（AuNi）有较高的硬度，常用于制作弱电转向的电触点。镍含量在5%～10%的合金在950℃时很快熔化，在快速冷却时硬度高耐腐蚀性强，因而广泛用作焊料。与金铜焊料相比熔点低40℃，可作低焊材料。含铜、锌的镍金合金大量用于首饰加工业。

金铂合金（AuPt）具有极高的耐腐蚀性和高强度，常用于制造人工纤维喷丝头。铂能明显地强化金。用此合金制作滑动电触点不仅导电性好且使用寿命长。

金铜合金（AuCu）也具有良好的抗腐蚀性，常用于首饰的制作、假牙的制作，同时广泛用作焊料。

二元合金用于首饰制作方面较少。首饰制作大多采用三元合金，工业各个领域也广泛利用三元合金。例如，金银铜合金最主要用途是制作首饰和牙科方面，同时也用于电真空焊料、电位计、电刷导电环等；金镍铜合金具良好的流动性和浸润性，广泛用于电真空焊料和电触点；金钯铁合金具较高的电阻率、高机械强度和耐腐蚀性，适用于电学仪器元件和精密电位计等。

首饰合金主要是三元合金，有的是四元合金。这是由于纯金比较软，镶嵌宝石的强度不理想。目前最常用的镶嵌首饰金合金配方是金含量为75%、银含量为17%～19%、铜含量为6%～8%。有时其中加入少量的锌、镍、钯和钴等金属，能改变其加工性能和色泽。

任何18K合金的含金量均为75%，加入25%的银，将成绿色；加入25%的紫铜，将是浅红色；加入16.7%的银和8.3%的铜，首饰颜色为浅黄色；加入12.5%的银和12.5%的铜，首饰将变成玫瑰色；加入5%的银和20%的钯，首饰将成为白色等。

而14K金的含金量为58.5%，加入38.25%的银和3.25%的铜时首饰为浅黄绿色；加入18.75%的银和22.75%的铜时为黄色；加入9%的银和32.5%的铜时则为粉红色。

低成色的9K金合金的金含量为37.5%，加入2%的银和60.5%的铜为红色；加入2%的银、52%的铜、8%铟和0.5%镍，首饰就成为粉红色；加入10%的银、48.7%的铜和3.8%的钯将为黄色；加入58%的银、3%的铟和1.5%的镍首饰就成为白色。

金合金除其颜色改变外，由于金含量随K数的降低而减少，从而降低了首饰的成本。金合金的配制和使用已在前面讨论过，在此不赘述。

七、金的回收

黄金是贵金属，价格非常昂贵，在首饰制作时必须随时注意降低金的损耗。根本上说这就是降低材料成本，提高经济效益。可是在首饰的制作过程中，例如在浇铸、执模、抛光、电镀等工序中都不可避免地损耗黄金。首饰加工中锯、锉和抛光时要收集好黄金的碎屑和粉尘。电镀、炸金的废液以及抛光灰尘要通过化学或物理方法进行回收。显然，黄金碎屑、粉尘及废液的回收是十分重要的工作，同时，还要对有毒物品和毒液进行处理，以减少环境污染。无论是大型首饰加工企业，还是小型首饰工厂都非常重视这个环节。回收时首先是对废料进行分类、取样和分析。这项工作非常重要，操作者应熟练掌握技术，这样可以减少回收工序，降低回收成本和减少金的损耗。废料的分类不仅只是区分液体和固体，还要分析出废料的组成，然后才能确定实施相应的回收方法。下面简单介绍几种黄金回收方法。

1. 从含金废液中回收金

首饰制作过程中的含金废料主要有两种，一是镀金后的废液，二是炸金后的废液。这两种废液都含大量的氰化物，均有毒性。回收黄金后应对废液进行去毒处理，绝不能回收黄金后就直接将毒液排放。用过后的不同类型镀液中的金含量是不同的，一般酸性废镀液含金 4～12g/L；中等酸性镀液含金 4g/L；碱性废镀液含金达 20g/L。回收废镀液金的方法有电解法、置换法、吸附法等。

（1）电解法

这是一种在电解槽镀液中接通直流电，使液体中的金离子迁移到阴极，并在阴极上沉积析出的方法。可以用敞开式电解槽，放入不锈钢电极，镀液温度保持在 70～90℃，直流槽电压在 5～6V，时间在 5～10h，电流密度为 1.5～3A/dm^2。操作时要定时取样分析，金浓度下降到规定限度后，应及时结束电解，换上新的废液继续电解。阴极析出的金达到一定数量后可取出铸成金锭。有的还采用铅作阴极进行二次电解，时间在 25～50h，电流密度为 0.5A/dm^2，二次电解可将废液中的金含量降低到 1mg/L。电解法比较费电，一般需要 15～20kW·h/kg。

（2）置换法

在镀金废液中加入锌粉或锌片，金被置换生成黑色金粉沉淀到槽底。为了加快置换速度，要稀释溶液，适当酸化，pH 值控制在 1～2 左右。然后将置换物过滤，用硫酸溶去锌后洗涤干净，再把置换物烘干，最后烧铸出粗金。

（3）活性炭吸附法

利用活性炭对金氰络合物的较强吸附力将金进行物理吸附，然后在加温加压条件下用 10％NaCN 与 1％NaOH 的混合液进行解吸，再用无离子水将金离子从活性炭上洗下来。活性炭孔隙度大小对其活性影响很大，活性强的炭对金吸附力也强，一般吸附金的活性炭粒度在－10～＋20 目和－20～＋40 目。活性炭对金吸附容量达到 29.74％，金的被吸附率可达 99％。

（4）离子交换法

将含金氰化物液体通过离子交换树脂进行交换，再用硫脲盐酸溶液洗提金，使得树脂再生。有的采用盐酸丙酮溶液洗提金。

（5）溶剂萃取法

实验研究表明，许多有机溶剂可以用来萃取金。例如，对金的氯络离子可用乙酸乙酯、醚、二丁基卡必醇等有机溶剂萃取金。还可采用磷酸三丁酯、三辛基磷氧化物、三辛基甲基胺盐等在其他含金溶液中萃取金。

回收炸金氰化物液体中的金与镀液的回收方法基本相同。目前，国内常用的从废液中回收金的方法主要有 3 种，具体操作如下：

（1）首先保持良好的通风条件，按废料的数量先加入 150～200mL/L 的浓硫酸，注意要选用搪瓷容器。再加入在水浴中浓缩过的废液，并用浓硫酸把 pH 值调节到 2。在搅拌下加入双氧水 2mL/L，加温煮沸就生成棕黑色沉淀物，待其完全沉淀并结成块，沉淀后上层留下黄色或浅绿色清液，将清液倒掉后用蒸馏水洗涤沉淀物，然后再用纯浓硫酸把沉淀物浸没并煮沸，倒去生成的棕黑色浓硫酸。反复多次直至煮沸后的浓硫酸清澈透明，最后将沉淀物洗涤、烘干，就得到黄色海绵金。

（2）保持良好的通风条件，将废液在水浴中浓缩至黏稠状，再用蒸馏水稀释，在搅拌下加入硫酸亚铁，液体中的金呈黑色粉状物沉淀。沉淀物生成后用蒸馏水洗涤数次，并将沉淀物溶于王水，加热赶走二氧化氮，就得到氯金酸。另一种方法就是将沉淀物用盐酸和硝酸先后煮一下，并用蒸馏水洗涤数次，在700～800℃条件下焙烧半小时即可。

（3）保持良好通风条件，用盐酸将废液的pH值调到1左右，同时加温到70～80℃。在搅拌下加入锌粉，直到溶液变成半透明黄白色，此时有大量金粉沉淀下来，操作过程中pH值要保持在1左右不变，这种置换过程可以重复进行，直到无沉淀为止。

我们都知道金溶于王水，王水是由一体积浓硝酸和三体积浓盐酸混合而成的溶液，有比浓盐酸或浓硝酸更强烈的腐蚀作用，使得金铂等难溶金属都能溶于其中。由于混合后的王水生成亚硝酰氯及氯气，故溶液迅速变黄，极不稳定。因此，往往都是在使用前才配制王水。王水对镀件退金或溶金后将如何回收，目前也有以下几种方法：

（1）硫酸亚铁还原法

硫酸亚铁的还原能力较小，它只对贵金属还原，而对其他金属难起作用。利用硫酸亚铁的这一特性，处理含贱金属较多的含金废液就容易了，其还原产生金的含量可达98%以上。硫酸亚铁的还原作用缓慢，对废液中的金不易完全还原，操作时常用锌粉对废尾液作最后的处理，以达到完全回收尾液中的余金。

（2）亚硫酸钠还原法

亚硫酸钠与酸作用容易产生气体二氧化硫，二氧化硫具有还原性。这实际就是用二氧化硫还原剂或者直接用二氧化硫就可以将金氯络离子还原产出金属金。还原前要加热煮沸废王水使其中游离的硝酸或硝酸根除去，这是防止还原物被王水重溶，同时有利于产出大颗粒的黄色海绵金。

（3）亚硫酸氢钠法

用含量25%～60%的NaOH或KOH和碳酸盐溶液将废王水的pH值调到2～4，并加热至50℃，把这一温度保持一段时间后，就可以加入亚硫酸氢钠以沉淀金。为了加速金的沉淀应加入硬脂酸丁酯作凝固剂。这种方法对含金少的废王水处理非常适合，因为此法不需除硝。

在大批量的首饰电镀过程中出现电镀质量问题，往往需要进行退金处理，以便重新电镀。退金处理大多数采用王水来腐蚀首饰表面，退金后的王水可以利用上述方法回收金，从而减少了金的损耗。

如何判断尾液中的金已回收完全呢？这里介绍两种简单方法：有经验的操作者可根据尾液的颜色确定，如尾液无色，则表明金已沉淀完全；还可以用氯化亚锡酸性溶液检查。废液中有金时，加入这种溶液就生成胶体细粒金，并悬浮在溶液中，使得溶液呈紫红色。如废液中金回收完全，尾液的颜色将不会有太大变化。

这里顺便说一下，碘液对黄金也有腐蚀作用，工业上常用碘液来处理腐蚀一些制品上或电子元件上的金。对于含金碘腐蚀液也可采用亚硫酸钠回收其中的金。当饱和的亚硫酸钠溶液加入到含金碘液中时，紫红色的碘液将变成浅黄色，溶液处理后逐渐澄清，将其过滤后就可得到粗金。

2. 从含金废料中回收金

我们知道金的合金种类较多，不同类型的金合金回收有不同的方法。回收之前应对废料进行分类，以减少回收工序和金的损耗。首饰制作中常用的合金主要有金银铜合金、金银镍合金、金铂合金等，以及首饰制作锉或锯下的合金碎屑，这些碎屑中往往含有锉锯掉下的铁碎屑。另外就是首饰抛光灰尘中金的回收。由于首饰用料比较单一，回收方法也相对简单些，可以选用几种固定而有效的回收方法，这样操作起来不仅快捷，而且节省材料和提高金的回收率。从合金废料中回收金的工艺主要包括溶解、金属分离富集、富集液的净化和金属的提取。

回收前选择单一类型的合金的废料，挑选出粗大的杂质，最好对废料焚烧一次以除去其中的易燃物质和油污。注意废料的粒度要细小且尽量均匀，粗大的块体需要进行粉碎，这样溶解含金废料就比较方便。

（1）从金银铜合金废料中回收金和银。

珠宝首饰金属托架的18K金合金多是由金、银、铜组成的合金，其中金含量在75％、银含量变化在0～25％范围内、铜含量变化也在0～25％之间。18K金合金的金含量是固定不变的，然而银和铜含量则有变化，银含量较高时，铜含量则较低，但两者之和为25％。回收这类合金时，银含量较高则可以用电解法分离金、银。一般说来金银合金粉末很难溶解，造液溶解时需要加入一定数量的银在合金原料中，使得金银之比为3∶1，这样原料可溶于王水，还可溶于硝酸。用王水溶解原料时，金则生成氯金酸进入溶液中，银形成氯化银沉淀，不会造成银包裹金而妨碍金的溶解。利用硝酸溶解这类原料时，不会因金含量少而阻碍硝酸对银的溶解。溶解造液的过程将使金、银分别进入溶液或沉淀，过滤后就可达到金银的分离。然后，按照前面介绍的回收方法分别处理溶液或不溶性沉淀物，就可以回收到金属金和银。

（2）从金铂合金废料中回收金和铂。

要求金铂废料是较为均匀的细粒碎屑，用王水将其溶解，加温煮沸溶液使其浓缩，同时赶硝。然后稀释溶液过滤，将残渣滤出后加入硫酸亚铁还原金，从而可得到金粉，洗涤过滤后将金烘干就可以熔炼铸成金锭。往金还原后的溶液里加入氯化铵沉铂，将沉淀物煅烧就可得到粗海绵金属铂。

（3）从金银钯合金废料中回收金、银和钯。

现今流行的18K白金首饰多是由金、银和钯合金的，其中金的含量为75％，银的含量5％，而钯的含量为20％。这类合金的组成均为贵金属，制作首饰的碎屑粉尘都需要回收，这里简单介绍一下回收方法。

要求废料粒度细小，先用王水将其溶解，形成氯化银沉淀，同时在溶液中加入$HAuCl_4$和H_2PdCl_4，将氯化银过滤出来用氨水溶解，用水合肼还原后就可得到银粉。对含金和铂的滤液加温煮沸赶硝，然后加入硫酸亚铁还原金，得到海绵金。回收金后调节溶液的pH值，再用水合肼还原钯，就得到金属钯粉。

（4）从含金抛光灰尘中回收金。

首饰制作中首饰抛光损失的金比较多，任何首饰加工厂对回收抛光灰中的金都很重视。通常首饰抛光灰都采用火法灰吹进行处理，处理之前要对废料进行配料，配制组成和比例是：抛光灰∶氧化铅∶碳酸钠∶硝石＝100∶150∶30∶20，并且需要配入适量的面粉和硼砂。面粉起还原剂的作用，使氧化铅还原生成铅滴吸收抛光灰中的贵金属。硼砂则为低熔点酸性熔剂，用来改善抛光灰性质，降低渣的密度和黏度，这样利于含贵金属的铅与炉渣分离。将含贵金属的铅放进氧化炉内灰吹，铅氧化挥发或生成氧化铅被灰皿吸收，贵金属合金珠则得以分出，这样就可以采用其他方法将金或其他贵金属分离回收。

对含金抛光灰的处理还可以采用湿法，先将抛光灰放进炉中焚烧，除去纤维毛刷等杂物，就可以用王水溶解抛光废料。如废料中含有铂族贵金属，要注意回收。在溶解含贵金属的溶液中先加入硫酸亚铁或二氧化硫还原金，再用氯化铵沉淀分离铂，煅烧就可得到海绵金属铂。

金的回收操作方法较多，操作工艺也较繁琐。上面仅仅是一些简单介绍，需要操作人员在实际工作不断实践，逐渐积累经验，才有可能熟练掌握这门技术。

从废料中回收或提纯金的操作往往是由专门的实验室和专业人员来进行。一般小型工厂没有实验室或专业人员，自己是难以回收提纯黄金的。然而，为了这些小型首饰加工厂的需要，近来一些厂商研制推出黄金回收提纯的小型成套设备，可以比较容易地回收金、银、铂和钯等贵金属。

如香港万事达国际公司推出的 REDOX 贵金属回收提纯系统，这一系统采用国际较先进的化学工艺，配合标准的酸液溶解含贵金属废料，可以在几小时内完成包括金、银、铂和钯的提纯，提纯后的这些贵金属均呈粉状，可直接进行熔炼。这套设备设有化学刷及防烟箱，可减少烟雾和气味。提纯操作只经过 3 次过滤，就可以使溶液彻底净化，操作起来比较容易。提纯的贵金属纯度可以达到 99.99%。该设备体积不大，净重 50kg，每次最大提纯量可达 1kg。

日本也研究出两种贵金属回收装置。一种是从电解抛光的废液中回收贵金属的装置（R20A 型），另一种是从抛光灰等废料中回收贵金属的装置。R20A 型贵金属电解回收装置是从使用过的废液中回收金银，回收成本很低。例如从 40L 的电镀抛光废液（氰化物贵金属电解抛光液）中 24h 可回收 100～120g 金银。无论浓度如何均能从含有各种金属的废液中将 98%的金银回收。该装置中采用一项关键技术，可以很容易地将在特殊处理的极板上析出的贵金属剥离开来，达到金银的完全回收。抛光灰的回收装置是通过燃烧将抛光灰进行灰化，然后用王水将其溶解，再利用还原法回收金，据称该装置可以从 4kg 抛光灰中回收 500g 左右的金。

第二节　铂族金属的特性及其回收方法

铂，是一种非常稀少的贵金属。由于铂的稀有性、稳定性和特殊性，以及银白夺目的金属光泽，其价值比黄金还要昂贵。铂也被称之为白金或铂金。发现铂的历史也非常久远。早在距今 3 000 年前的古埃及时代，人们就开始使用铂金。考古学家曾在古埃及祭师棺木上发现缀有铂金制造的象形文字，经历了漫长的岁月，制品依旧保存完整，仍不失去原有的光泽。但是，当时人们并不认识这种金属。1735 年，西班牙人乌罗阿到秘鲁探险时，在品托河发现了这种白色金属，当时人们认为它是银的一种，称之为“品托河白银”。直到 1750 年一位名叫勃隆莱格的科学家才从科学上将其定名为铂，即白金。从历史上来看，贵金属的运用都是从工艺品、首饰、宗教饰物、器皿制作开始的。铂金以自然铂状态存在在自然界中不多见，而且铂在地壳中分布也非常稀少，加上其难溶性和稳定性给铂金采矿、选矿、冶炼和提纯带来极大困难。铂金的高熔点造成加工十分困难，尤其用原始方法制作加工更加不易。由此，古代制作加工的铂金制品不是很多，留传下来的就更少。

铂被广泛认识的历史仅有 200 余年，当初人们只知道一种铂金，并不清楚与铂金共生、色泽十分相近的其他贵金属元素。随着科学的进步，人们发现与铂金密切共生的贵金属元素还有钌、铑、钯、锇和铱，后来人们称之为铂族元素。

铂族元素中钯（palladium）的命名与当时发现的一颗称为武女星的小行星有关。1803 年一位名为沃拉斯顿的英国人将粗制得到的铂块用王水溶解，随即蒸发掉多余的酸，滴入氰化亚汞后，发现乳黄色沉淀。滤出沉淀物后将它洗涤煅烧得到一种银白色海绵状金属。这种金属的性质与铂不同，被认定为是新元素。

同年晚些时候，沃拉斯顿继续研究处理铂矿时，发现一种鲜艳玫瑰色的结晶体，将这种晶体放在氢气流中还原，得到另一种金属粉末，这就是铑（rhodium）。铑的命名是借用希腊文玫瑰花之意。

另一个英国人坦内特在 1803 年同时发现了铂族元素中的锇和铱。粗铂在王水中溶解后沉淀一种黑色物质，早于坦内特之前有人就多次发现这一现象，只是均误认为石墨而未进行研究。可是，坦内特在 1804 年研究了这些物质，用酸和碱交替处理这种黑色沉淀物，由此分离出两种元素。铱（iridium）是从最后的红色沉淀物中提取出来的元素，故而借希腊文“虹”之意命名为铱。在最后提取过程中发生臭气的元素被命名为锇（osmium），这是借用希腊文“臭味”之意。

铂族元素中的钌是最后发现的元素。1840 年俄罗斯人克劳斯在研究用王水处理铂矿的废渣时，把蒸馏所得的残渣用氯化铵处理后得到氯钌化铵，煅烧后就获得海绵状金属。克劳斯借用“俄罗斯”之意，将这一金属命名为钌（ruthenium）。

铂族元素中的各个元素有着不同的性质，各自的用途也不尽相同。由于铂族金属元素发现较晚，作为首饰、工艺品以及货币的功能远不及黄金和银。然而铂族金属在现代科学、尖端技术领域中得到广泛运用，被誉为“先驱材料”。近代铂金制作的首饰越来越多地为世人喜爱，尤其是钻石的发现，配以铂金作为“永流传”的钻戒更是大放异彩。光彩夺目的钻石由纯白光泽的铂金陪衬，更显高贵典雅。铂金制作的钻戒惹人喜欢的原因主要有以下几点：

（1）镶嵌钻戒的铂金多是含铂 95%（Pt950）的铂合金，相对 18K 黄金合金（含金 75%）来说，其纯度更高，价值更贵。

（2）铂的稀罕程度比黄金更高，采矿、选矿、冶炼和提纯也更加困难。据统计每年世界上生产黄金达 3 300 多吨，而铂金仅有 140 余吨。并且铂金矿产分布极不均匀，主要产在南非等少数国家（占世界储量的 80%以上）。

（3）铂金对强酸、强碱有极强的抗腐蚀能力，能耐高温，不易褪色或变色，是最为稳定的金属，是制作首饰最理想的贵金属材料。

（4）铂金拥有自然的银白色和光泽，使无色透明的钻石更加美丽。铂金不仅不会影响钻石的颜色，更能使宝石放出光彩。如果采用黄金镶嵌会将无色的钻石映出黄色。高品质的钻石只用铂金镶嵌而不用黄金或 K 白金镶嵌已是一条不成文的准则。铂金也具有良好的延展性，易于首饰的镶嵌加工。

(5) 铂金的熔点很高，首饰制作时其难度较大，由此只有技术熟练的工匠才能制作铂金首饰。

(6) 任何人佩戴铂金首饰都不会造成皮肤过敏。

作为首饰的铂金通常以 Pt850、Pt900、Pt950、Pt999 4 大类为主。前两种主要用于钻石或宝石的镶嵌，后两种则制作素铂金首饰，往往不用来镶嵌宝石。Pt900 表明其含铂 90%，含其他金属，如铑、钯等为 10%。Pt999 则表明含铂 99.9%，为千足铂金。最近，国家新的《首饰贵金属纯度的规定及命名方法》开始实施，新版标准增加了“铂金”的叫法，即铂金首饰可称为白金首饰或铂金首饰。99%纯度的铂，可以被称为足铂、足铂金或足白金。首次明确规定“千足铂”的定义，即纯度为 99.9%的铂。

一、铂族金属的物理性质

铂不仅具有优良高温抗腐蚀性，还有很好的热电稳定性和高温抗氧化性。钯对氢有特殊的吸引力，能让体积比它大 2 800 倍的氢在钯中自由通行。铱和铑能抗多种氧化剂的侵蚀，还有很好的机械性能。锇和钌都易于氧化，其氧化物有刺激性，有的还有毒性。锇的物理性质又脆又硬。在 0℃时铂的电阻系数为 0.098 47Ω · cm^2/m。金属铂内含的微量杂质对铂电阻温度系数影响十分敏感，以此可以用铂的电阻比变化来衡量金属铂的纯度。纯的铂金在 0～100℃的电阻温度系数为 0.003 927/℃。

铑对可见光谱具有很大而又均匀的反射能力，并可长期保持其较大的反射率。银具有很大的反射率，但银易硫化而变暗，不能长期保持其反射率。

铱受中子轰击后可变成放射性同位素，其半衰变期为 74 天。这种放射的铱可用于医学领域和射线照相。铂族金属中硬度最大的当属锇和钌。加工、延展性最好的是铂和钯，它们可以被拉成直径 0.001mm 的细丝，还能压成 0.112 7μm 的箔片。但是纯铂和纯钯像纯金一样柔软，根据需要可向铂中加铑或铱，钯中加入银或铜，这样可以增加铂和钯的强度。如镶嵌钻戒就不能用纯铂金，而是用铂铑合金，也就是常见的 Pt900。这主要是纯铂金强度不够，在纯铂中加入 10%的铑才能达到镶嵌的强度要求。铂必须加热才能加工，铱也如此。而锇和钌却不能单独加工，只能用来生产合金（表 4-7）。

大多数铂族金属都能在高温下长时间加热，然而锇和钌具有最大的挥发性，因而，不能在高温下长时间加热。由于铂金具有的高熔点、高沸点、低蒸气压和高温抗氧化、抗腐蚀的优良性能，铂金用作高温容器和耐火材料很多，如铂金坩埚等。

二、铂族金属的化学性质

铂族金属具有极好的抗腐蚀性和抗氧化性，但铂族金属元素之间的抗腐蚀和抗氧化性是有差别的，有的差异很大。

从表 4-8 中可以看到铂的抗腐蚀能力很强，在冷态时盐酸、硝酸、硫酸以及有机酸都不与铂起作用，加热时硫酸对铂略起作用。但是王水无论在冷热状态下都能溶解铂。熔融碱或熔融氧化剂也能腐蚀铂。在温度达到 100℃时，并处于氧化条件下，各类卤氢酸或卤化物起到络合剂的作用，使得铂被络合而溶解。在铂中加入铑或铱，可以提高其抗腐蚀性能。

表 4－7　铂族金属主要物理性质

物理性质 \ 元素	铂	钯	铱	铑	锇	钌
原子序数	78	46	77	45	76	44
原子量	195.078	106.42	192.217	102.905 50	190.23	101.07
晶体结构	面心立方	面心立方	面心立方	面心立方	密集立方	密集立方
晶格常数 A（25℃）	3.922 9	3.289 8	3.839 2	3.803 1	2.734 0	2.705 6
化合价	2～4	2～4	3～4	3～4	4～6～8	3～4～6～8
20℃密度（g/cm^3）	21.35	12.02	22.65	12.44	22.16	12.16
熔点（℃）	1 773	1 552	2 443	1 960	3 050	2 310
沸点（℃）	3 800	2 900	4 500	3 700	5 120	4 180
比热（4.184J/g）	0.031 4	0.058 4	0.030 7	0.058 9	0.030 9	0.055 1
(10～100)℃热导率（0.418 4J/cm）	0.17	0.18	0.35	0.36	0.21	0.25
0℃电阻率（$\mu\Omega \cdot cm$）	9.85	9.93	4.71	4.33	8.12	6.80
0～100℃电阻温度系数	0.003 927	0.003 8	0.004 27	0.004 63	0.004 2	0.004 2
抗拉强度（$0.703kg/mm^2$）						
加工线材	30～35	47～60	300～360	200～300	—	72（c）
退火线材	18～24	21～33	160～180	120～130	—	—
硬度						
加工线材	90～95	105～110	600～700	—	—	—
退火线材	37～42	37～44	200～240	120～140	300～670	200～350
铸造状态	43	44	210～240	—	800	270～450

c—加热工状态

钯是铂族金属中抗腐蚀性最弱的。硝酸能溶解钯，热硫酸、熔融硫酸氢钾也能溶解钯。特别是存在氢化物络合物时，如王水，钯就更容易腐蚀溶解。但是，如果钯中加入其他铂族元素时，将提高钯的抗腐蚀性。铂族金属中铑和铱的化学稳定性最好，即使热王水也难溶解它们。可是用碱金属过氧化合物和碱熔融能氧化铑和铱，氧化后的铑和铱就易被络合剂溶解。此外，熔融的酸式盐硫酸盐也能溶解铑。研究中还发现所有铂族金属都能熔于液态铅、锌和锡中，可利用这一特性在碎化铂族金属中发挥重要作用。

表 4-8　铂族金属的抗腐蚀性能

腐蚀介质		Pt	Pd	Rh	Ir	Os	Ru
H_2SO_4	浓	不	不	不	不	不	不
HNO_3	0.1mol	不	不	不	不	—	不
	70%	不	强	不	—	一般	不
	100℃	不	强	不	不	强	不
王水	室温	强	强	不	不	强	不
	煮沸	强	强	不	不	强	不
HCl　30%	室温	不	不	不	不	不	不
	煮沸	轻	轻	不	不	一般	不
Cl_2	干	轻	一般	不	不	不	不
	湿	轻	强	不	不	一般	不
NaClO 溶液	室温	不	一般	轻	—	强	强
	100℃	不	强	不	不	强	不
$FeCl_3$ 溶液	室温	—	一般	不	不	一般	不
	100℃		强	不	不	强	不
熔融 Na_2SO_4		轻	一般	一般	—	轻	轻
熔融 NaOH		轻	轻	轻	轻	一般	一般
熔融 Na_2O_2		强	强	轻	一般	强	一般
熔融 $NaNO_3$		不	一般	不	不	强	不
熔融 Na_2CO_3		轻	轻	轻	轻	轻	轻

注：不——不腐蚀；轻——轻腐蚀；一般——腐蚀；强——强烈腐蚀。

资料来源：卢宜源. 贵金属冶金学. 长沙：中南大学出版社，1994.

在开放环境中加热钯、铱、铑也会发生氧化，但它们有氧化温度范围，如钯在 350～790℃时发生氧化，铑和铱在 600～1 000℃时发生氧化，高于温度范围时它们表面的氧化层又分解成金属，这时表面又恢复原有的金属光泽。相比较而言，锇的抗氧化性最差，在空气中加热锇就会很快地生成四氧化锇，这种气体对眼睛有刺激作用。而将钌加热到 450℃以上才缓慢生成弱挥发性的二氧化钌。如用氯或溴处理碱金属钌盐时就会生成四氧化钌。一些熔盐，诸如过氧化钠、硝酸钾、亚硝酸钠都能与锇和钌起作用，生成可溶性盐。

熔炼铂和钯时不能与炭接触，高温下炭能熔于铂和钯，降温后部分炭可以析出，但是铂和钯将变脆，这被称之为中毒。通常铂族金属及其合金熔炼时常采用刚玉或氧化锆坩埚，并在真空或有惰性气体保护下的高温电炉中进行，以防炭等杂质混入，从而改变铂族金属的性质。

自然界中铂族元素多存在基性、超基性岩体中，常与硫、砷、锑、铋和碲等形成复杂的化合物，或生成天然铂族合金和天然铂、钯。铂族元素还以固熔体形式出现在硫化物、砷化物中，如黄铜矿、镍黄铁矿等。研究发现世界上 97%的铂族金属均与铜镍硫化物有关。由于自然铂或铂族矿物的密度大、抗氧化、耐磨损，常形成风化、坡积的铂族矿床。

自然界中铂族矿物有 200 多种，可以分为 4 个大类：①自然铂族金属，如自然铂、钯等；②金属互化物，如钯铂矿、铱锇矿、钌锇矿，以及与铁、镍、铜、金、银、铅等形成的金属互化物；③半金属互化物，如铂、钯、铱、锇等可与铋、碲、硒、锑等形成半金属互化物；④硫化物和砷化物，由于铂族元素具有很强的亲硫性，以高价离子和硫、砷形成许多种类的硫砷化物。

三、铂族金属的产地和产储量

铂族金属的生产历史不长，始于 1778 年，最初主要开采利用的是砂铂矿。哥伦比亚是最早主要生产铂族金属的国家，据统计，从 1778—1965 年间该国共生产了 104t 铂族金属。1824 年俄国乌拉尔大型砂铂矿开采后取代哥伦比亚成为世界上最大生产国。俄国 1912 年就生产了 6.5t 铂砂矿，到 1930 年共生产出大约 245t 铂。后来，加拿大也发现和开采铂矿。1936 年加拿大的产量超过俄国。在 1921 年南非也开采铂矿，随后成为世界最大的铂矿蕴藏地和生产国，至今仍然如此。目前，南非、加拿大和前苏联的铂族金属产量占世界产量的 98%。

据统计，1980 年世界上制作铂金首饰耗费的铂金大约为 15t。到 1995 年就增加到 58t。近来，日本和中国对铂金首饰需求的增加，也带动了世界对铂金的需求。1995 年用于首饰制作的铂金较 1994 年增加了 4%，达到 181×100 万盎司，其中日本就占有 81.7%。日本的铂金首饰占整个首饰市场的 33%。美国的铂金首饰在过去的 3 年里也增长了 3 倍。据不完全统计，中国内地在 1995 年制作的铂金首饰也达到了 4 万盎司，目前对铂金首饰的需求正在迅猛增长。

根据 USGS 资料显示，2009 年世界铂钯生产大国仍然是俄罗斯和南非，2009 年世界铂产量 178t，钯产量 195t。而中国的首饰用铂金约 54.5t，占全球首饰铂金用量的 71.5%，成为世界铂金消费第一大国（表 4－9）。

表 4－9　世界铂钯产量及储量

国家/组织	矿产量(kg)				铂族金属储量(kg)
	铂		钯		
	2008 年	2009 年	2008 年	2009 年	
美国	3 580	3 800	11 900	12 500	900 000
加拿大	7 000	5 000	15 000	9 000	310 000
哥伦比亚	1 500	1 200	—	—	—
俄罗斯	23 000	20 000	87 700	80 000	6 200 000
南非	146 000	140 000	75 500	79 000	63 000 000
津巴布韦	5 640	6 000	4 390	4 800	—
其他国家	2 140	2 000	9 500	9 800	800 000
世界总量	188 860	178 000	203 990	195 000	71 210 000

根据 USGS 资料编译。

四、铂族金属的用途

铂族金属具有良好的高温抗氧化、抗腐蚀性，高度的催化活性及高熔点、低的蒸气压、好的延展性、高度热电稳定性、易回收等性能，随着科学技术的发展，铂族金属已广泛应用于石油、化工、通讯、国防和航天等工业、科研的各个领域。铂金钻戒以及铂金首饰的兴起，极大地刺激了铂金的消费。铂金饰品已成为利用铂族金属的重要领域。

铂族金属除用于首饰制作方面，还用于工业、科研等各个领域，归纳起来主要有以下几个方面：

1. 石油工业的用途

现代各国的石油化工都采用铂催化重整法，由此铂、铱的用量非常大。催化剂还可采用铑和钌。石油工业方面钯的消耗超过了铂。

2. 化工方面的用途

(1) 生产硝酸使用的铂网触媒，铂的用量相当大；

(2) 制作铂金镀层衬里，是重要的化工防腐材料；

(3) 制作用来生产人造纤维的铂金合金喷丝头；

(4) 生产高纯和超纯氢气需要钯膜或钯管作过滤元件；

(5) 宇航中需要用铂族金属为材料的燃料电池，这种电源装置具有非常广阔的发展前景；

(6) 铂族金属具有极好的防腐性，是制作阳极的最佳材料。目前，镀有铂金的阳极广泛用于电解生产氯、氯酸盐、过氧化合物、高氯酸盐和氯化氢。

3. 电子和电工方面的用途

(1) 用铂金材料制作印刷电路，常用于宇航等领域；

(2) 用铂金材料制作热电阻或电阻温度计；

(3) 用作弱电领域中的精密触点材料，如汽车中的铂金触点片，还有电话交换机、电子和电器工业等方面；

(4) 铂金还广泛用作精密的电阻材料、磁与电磁线材料。

4. 制作特殊工业设备和仪器仪表

(1) 制作大型铂金坩埚，主要用于生产玻璃纤维、熔化高质量化学玻璃。

(2) 铂金坩埚还用于熔炼和拉制激光材料铌酸钾、钨酸钙单晶。

(3) 铂金坩埚和仪器广泛用于化学分析实验中。

5. 用于航空航天领域

用铂金材料制作喷气发动机的燃料喷嘴，还可制作宇宙飞船锥体的耐高温保护层。

据统计，一段时间以来美国铂的58%用于净化汽车废气的催化剂，12%用于石油化工，10%用于电子工业；钯的46%用作催化剂，40%用于电气电子工业；铑则主要用作催化剂；钌主要用于电气电子工业。

近年来国外已研究出用铂金作催化剂，使污染环境的氧化氮、一氧化碳和碳氢化合物等废气还原或氧化成无毒的氮、氧、二氧化碳和水。

五、铂金首饰的浇铸

前面章节中介绍过18K金合金的浇铸方法和制作工艺，但是铂金的熔点高，熔炼浇铸的操作会不大相同，并且还有相当的难度。在此有必要讨论铂金浇铸中应该注意的问题。

铂金浇铸关键问题主要是温度，制作铂金首饰的合金主要是含铂 90%和含铱 10%的合金，这一合金的熔点达到 1 790℃，其熔化后液态到固态的温度范围1 780～1 800℃。也就是说，铂金熔化不仅要求极高的温度，而且使铂金保持液态可供浇铸的温度范围非常狭窄。目前，铂金浇铸熔化主要采用火炬方式和感应加热方式。火炬熔化有一些难以克服的缺点，如难以掌握确切的熔化温度，还要不时搅拌坩埚中的熔体，这样容易引起铂金的污染。现在熔化铂金的坩埚多是用氧化铝和熔凝氧化硅混合制造的，这种坩埚材料的熔点为 1 649～1 704℃，比铂金熔点还要低。熔化铂金时不小心可能有一些坩埚物质熔进铂金熔体中，在浇铸铂金首饰时铸件上就可能出现砂眼和凹点。

目前铂金熔化多采用感应加热方法，感应加热大都配有温度测量控制装置。显然这种熔化方法可以较为精确地确定熔化温度及时间，还可采用密封式的浇铸，尽可能避免外来杂质的污染，从而可以得到高品质的铂金铸件。但是感应加热熔化铂金仍要采用熔凝氧化硅坩埚，所以熔化时必须注意尽可能不要将坩埚碎屑掉进铂金中，避免对熔体的污染。

由于铂金液态温度范围狭窄，也就是说铂金熔体凝固快，一些工艺复杂、体积较大的首饰在铂金液体没有完全灌满铸模之前就固化了，致使铂金浇铸难度较大，所以铂金首饰设计要充分考虑到这点。例如，市场上常见的主石侧面有长梯形副石的首饰款式，铂金浇铸时就出现中等到严重的收缩孔隙，主要发生在薄壁的远端。对于这种由厚变薄再变厚的首饰，可以采取分解浇铸，合并组装的方法。只要设计精巧，可以收到很好的效果。还可以对薄的地方适当加厚，以确保铂金液体能通过为准，但要准确认定最低厚度有一定困难。

铂金浇铸的通道也是非常重要的一个因素。研究发现，当最初熔融金属凝固成晶粒结构时会形成细小的树枝状晶体，当晶体凝固收缩会形成孔隙，随后的金属熔体又流入这些孔隙，这样最终就形成了无孔的铸件。但是如果金属熔体的流量不足则会形成空隙，也就是在铸件的表面形成凹陷。为避免出现这种现象，浇铸的通道要设计得足够大，使金属熔体能大量流入模型内，并能均匀地将其灌满。坩埚移开热源后，熔的铂金将迅速凝固，由此浇铸时一是要求铸造的首饰模型一次不能铸造太多；二是浇铸通道必须粗而短；三是铸模设计和排列要合理，要有利于浇铸。

熔化铂金的温度非常高，不能采用石膏作为灌浆材料，必须使用耐高温的材料。目前主要利用两种灌浆材料。

用磷酸盐结合的干燥材料，使用时加水将其活化。这种材料能迅速干燥，灌浆后的一两小时后就可以燃烧脱蜡。但是这种材料表面不很光滑，铸件的质量也将受到影响。

目前常用的是磷酸结合剂，这种灌浆材料能使铸模光滑而牢固。但是这种材料操作较复杂，主要掌握以下几方面的要求：

（1）首先要配好管浆材料的各种成分，市场上有配好的这种灌浆材料出售。

（2）保持清洁，不能让灌浆材料混合容器上的原料，否则将影响其成分。

（3）最好使用离子水以降低影响质量的杂质，从而获得铸模光滑的表层。

（4）蜡模灌浆前要把灌浆钢套放置在较为稳固的地方，不能过早移动灌浆后的钢套，以免在灌浆材料中产生翅片或裂纹。

（5）最好有一套完整的操作程序，不要随意改变。

制作铂金首饰的蜡模最好采用植物基蜡，这样的蜡有利于注入胶模，而且变形小。石油基蜡相对要差些。铂金首饰注蜡、植树后就可灌浆，干燥后就要焙烧脱蜡，这是一个相当缓慢的过程。初始阶段就是脱蜡。因为各种蜡的熔点和热膨胀率不尽相同，在长达10～12h的升温过程中要小心控制温度变化。脱蜡的临界点为572℃，在此温度下，氧化硅会发生相变，此时温控非常重要，经过此温后就可以放心加温。现在的焙烧电炉都有先进的电脑自动控温仪，只要调节好温控时间就能得到满意的效果。

铂金的相对密度很大，在离心式浇铸时要考虑到浇铸臂旋转时离心力很大，这对铸模的冲击力会很强，超过限度时将损坏铸模。考虑到这些因素设计铸模要小，浇铸量要尽量少。铂金浇铸时温度太高，大多采用石棉作内衬。

目前，铂金浇铸机种类不少。如日本安井（YASUI）公司的真空离心式铂金铸造机，日本吉田（YOSHIDA）公司的真空压力铂金铸造机。意大利、美国也制造铂金铸机。近来，中国研制成功铂金铸造机，能铸出高品质的铂金铸件。无论使用何种浇铸机，都有温度、时间等操作要求，浇铸时要按这些条件操作。例如铸模的温度可以通过电炉的温控器来控制。浇铸时应记住铂金与铸模的温差很大，而黄金与铸模的温度却十分相近。由于铂金从液体变成固态的温度范围狭窄，造成了快速冷却的铂金浇入温低的铸模中，温低的铸模又加速铂金的冷却。要解决这个难题就必须加快浇铸时间，例如加快离心转速就可能获得较好的浇铸效果。铂金浇铸还需注意：如较大件的铂金可用较低的浇铸温度，小件则需要较高的温度；坩埚熔化温度低于铂金，坩埚容易造成对铂金的污染，为此可用氧化锆漆涂在坩埚上，这将有助于减少污染和铂金易从坩埚分离；浇铸铂金时一定注意保持清洁，高温的铂金极易混合外来物质，这样将造成浇铸质量问题；铂金可以重复使用，但每次用旧的铂金时一定要加入适当比例的新铂金原料。

浇铸后要从铸模中取出铂金铸模，铂金铸模不是石膏而是以氧化硅为主的物质，浇铸之后形成陶瓷性质，清洗起来比较困难。目前常采用的方法是，铂金浇铸待其凝固后乘热将铸模连同钢套放入冷水之中炸洗，这样可以将铂金树上的大部分铸粉分离，然后通过喷砂机或滚筒清洗机将残留的铸粉清除。也可以用氢氟酸来清洗铂金上残余铸粉，但要注意操作安全，因为氢氟酸是一种危险化学品。

镶嵌的铂金首饰不能用高纯铂金，含99.99%铂的高纯铂金延展性很好，但其硬度太低，强度不够，难以镶嵌抓住宝石戒面。目前世界上主要采用铂金合金（Pt950）加工镶嵌宝石。铂金合金有铂铱合金、铂钌合金、铂钯合金和铂钴合金等。最常用的合金主要是铂铱合金，这种合金的黏度低，流动性能好，能在浇铸过程中充填铸件的每个角落，能确保浇铸的成功率。铂铱合金的色泽也很理想，抛光起来比较容易。有的国家珠宝市场喜欢含Pt950或Pt850的铂金合金，如美国流行含95.2%铂和含4.8%钌的合金。含95%的铂和含5%钴的铂金合金流动性能非常好，超过了其他的铂金合金，铂钴合金能浇铸十分精细的铸件。铂钴合金抛光后有微蓝色调，十分适合于钻石镶嵌。铂钴合金的熔点较铂铱合金、铂钌合金更低，其浇铸温度也就低些，收缩率也较小。

铂金浇铸过程中操作不当，铂金铸件表面容易产生一些孔眼。有时由于铂金熔体流入量不足会产生收缩孔，这就需要从首饰设计，改大浇铸通道和调节温度等方面改进技术工艺。铂金铸件表面有的孔眼是由于铂金熔体中混入了气体或坩埚材料碎屑等杂质所引起。只有辨明了产生砂眼原因，才能找到解决的办法。

目前流行的铂金合金镶嵌首饰，尤其是钻石戒指多采用六爪镶嵌，也就是常说的“皇冠”型款式，这种专为钻石设计的款式既能表现钻石的光泽艳丽，又能牢固镶嵌钻石。铂金合金的强度较18K黄金低些，款式设计时要充分考虑到宝石镶嵌的牢固性，皇冠型的六爪就是基于此种考虑。围镶钻石能确保镶嵌牢固，但钻石的台面将被部分遮盖，光泽不能充分反射出来，极大地掩盖了钻石的美丽，这种款式已极少采用了。简单而实用的铂金首饰浇铸起来也会比较容易。

铂金铸件的执模与18K黄金首饰基本相同，但是铂金的强度较低，执模操作时锉磨不能用力过大，留下较大的锉磨痕很难弥补，有可能整个铸件报废。铂金合金的抛光也与18K黄金有所不同，由于铂金合金较软，抛光起来似乎更为困难。铂金首饰采用专门的抛光蜡，抛光起来就容易些。

六、铂金的回收

铂金首饰制作过程中会产生一些铂金碎屑、含铂金粉末的灰尘以及铂金电镀后的残液。由于铂金价格昂贵，回收提纯铂金废料是一项十分重要的工作。铂金的回收也主要包括液态和固态两大类。

从含铂废液中回收铂的工艺方法有许多种，如还原法、萃取法、离子交换法和活性炭吸附法等。目前最常用的是锌置换法，就是先将含铂废镀液的pH值调节到3左右，加入锌粉或锌片置换废液中的金和铂等，过滤废液将残渣滤出，用王水把残渣溶解，用$FeSO_4$还原金，再在溶液中加入NH_4Cl以沉淀铂，然后再回收铂。

回收铂金合金的废物碎屑是目前最为常见的工作，如铂铑合金、铂铱合金等的废品回收。铂铑合金用途十分广泛，回收铂铑非常重要。一般工艺流程是先将废铂铑合金用王水将其溶解，再用NaOH溶液中和，铑作为沉淀物被过滤出来直接回收，从而使铑与铂分离。滤液中铂形成Na_2PtCl_6，加入NH_4Cl后沉淀铂，然后煅烧沉淀铂就可以得到粗海绵铂。

铂铱合金在首饰业中使用比较多，回收分离提纯铂铱非常重要。这一工艺流程比较复杂。先在500～600℃温度下灼烧铂铱废料1h，以除去其中的杂质。然后又用1∶3的盐酸煮沸浸泡废渣1h，再次除去杂质。然后在过滤出的不溶物中加入锌（锌∶不溶物料比是6∶1），构成锌合金化后又加入盐酸溶除锌，再次过滤，在滤渣中加入王水将其溶解，随后加入盐酸赶硝，然后过滤除去残渣，并在滤液中加入$(NH_4)_2S$粗分铂和铱。

在此分两步回收铱和铂：

（1）在滤液中加入NH_4Cl和HNO_2沉铱，过滤后得到粗$(NH_4)_2IrCl_6$，加入$(NH_4)_2S$进行还原溶解，过滤除去滤渣。将滤液反复沉淀精制，加入HNO_2沉铱，形成$(NH_4)_2IrCl_6$，滤出将其烘干煅烧，再用H_2还原就得到纯铱。

（2）将滤渣（粗$(NH_4)_2PtCl_6$）用王水溶解，然后赶硝、蒸发和浓缩，再滤出残渣后加入$NaBrO_3$水解，再次过滤后加入NH_4Cl沉铂，再过滤得到$(NH_4)_2PtCl_6$，随后将其烘干煅烧就得到纯海绵铂。

现代首饰制作中常常需要在黄金或K白金的首饰上电镀铂金以改变其颜色，但有时出现电镀铂金不均或有其他质量问题，需要重新电镀，这就需要脱铂并回收。可以先加热处理镀件，利用基体与铂金的热膨胀系数不同的原理，使镀铂层发生胀裂，将镀铂废件放在750～950℃中氧化条件下加热30min左右。在此温度范围内铂金不会氧化，而金属基体表面则会氧化，用5%NaOH碱液溶解金属基体表面的氧化物，这样铂金镀层就完全与金属基体脱离了。通过振荡铂金层就能脱落，沉入碱液中。在780～950℃温度下，将含铂金的沉淀加热氧化，以升华基体金属，再用碱液煮沸含铂残渣，进一步除去贱金属，然后洗涤余留物，再用王水将其溶解、过滤、赶硝，用水稀释余液，并将pH值调节为5～6，过滤后进一步除渣，用NH_4Cl沉铂可得到$(NH_4)_2PtCl_6$，通过煅烧就能得到纯海绵铂。

七、钯、铱和铑的回收

铂金首饰制作和电镀中不仅仅只是铂，还常用钯、铱、铑等贵金属材料，因此都应注意回收。钯的回收与铂金的操作工艺和化学处理材料均不大一样。首饰制作中常用钯作电镀材料和焊接材料。

电镀钯后的废液先加入硫代尿素沉淀，过滤后将滤渣用王水溶解，煮沸赶硝后稀释，再加入NH_4Cl沉淀出$(NH_4)_2PdCl_6$，然后进行煅烧，再用H_2还原就得到钯。

钯铱合金废料的回收方法有多种，这里简单介绍浓HNO_3回收方法。首先灼烧钯铱合金废料，加入一定比例的盐酸煮沸1～2h。在过滤出的滤渣中加入王水将其溶解，再加入盐酸煮沸赶硝。再过滤的溶液中含钯和铱，此时加入浓HNO_3使钯和铱分离，沉淀出粗$PdCl_2$，就可以回收粗钯。留下的溶液中含有铱，可以通过以前介绍的方法回收铱。

前面介绍过铂铱回收方法，在此简单介绍铱铑回收操作工艺。溶解分离铱铑合金比较困难。目前采用的工艺是将废料置于800℃温度之下，与锡生成易溶于王水的Ir－Rh－Sn合金，利用铱铑的亚硝酸根络酸铵盐、氯络酸铵盐和亚硫酸铵盐的溶解度差异进行铑铱分离，用硫化铵精炼铱，用磷酸三丁酯精制铑。采用这种工艺分别制出纯度99.95%的铱粉和铑粉，回收率可达75%。

铑常用于电镀，铑合金在现代工业中用途比较广泛。如果回收镀液中的铑可以用NH_4NO_2沉铑，从而得到$(NH_4)_2Rh(NO_2)_6$沉淀物，滤出后加入H_2还原，煅烧后就可以得到粗铑。如是从铑合金残渣中回收铑，就需要加入氧化铅和必要的熔剂进行熔炼，可以获得贵铅。用硝酸将其中的金、铂、钯和铅溶解在溶液中，难溶的铑、铱、锇和钌仍留在余下的溶渣中。这时用$KHSO_4$水溶解铑，让铑进入溶液中，与铱、锇和钌分离。用前面介绍的方法可以回收铑，以及铱、锇和钌。

过去对镀铂、镀钯和镀铑废液中的铂、钯和铑回收大多先用盐酸酸化，再用通入硫化氢(H_2S)气体或加入硫化钠，以使其中的铂、铑和钯形成硫化物沉淀，经过滤后将沉淀物烘干，在排风条件下煅烧沉淀物，就可以回收金属铂、钯和铑。

第三节　银的特性及其回收方法

银是一种银白色的贵金属。但相对其他贵金属而言，银在地壳中的蕴藏量最大。银与金一样，很早以前就被人类所发现并加以应用，称之为古代金属。在地壳中银与金往往是密切共生的，银的发现时间应与黄金差不多，从考古中发现人类采集利用金银的历史非常久远，大约距今有5 000多年。我国古代认识利用黄金白银的历史也很早，在唐宋时期银锭已成为贸易货币开始流通。如出土的金朝明昌二年（1191年，南宋期间）的解盐银锭（重达1 986.2g）就是例证。这一期间就有天会、大定、明昌、承安和泰和等年号的银锭。到了明代（1368—1644年），银锭（俗称元宝）作为货币大量流通起来，银与制钱并用，大宗交易用银，民间日常支付用制钱。清朝时银的货币职能进一步发挥，根据银锭的成色、形状、用途的不同，将银锭称为漕锭、方锭、翘角锭、束腰锭、砝码锭、马蹄锭、馒头锭、海关锭等。清朝通常使用的银锭分五十两大锭、十两中锭和不足五两以下的小锭，还有不足一两的为福珠和碎银。世界上最早流通的银币，据说是罗马帝国泰勒尔省的格斯蒙德大公在1486年铸造的。而中国的银币，即银圆流通较晚，到清朝的光绪年间（1828—1889年）才第一次铸造，直到本世纪初还在流通。然而银被人类利用，最早不是作为货币，而是制作工艺品、装饰物品、高级用品（如蜡台、餐具等）和首饰等。

现代社会中银的货币性质已基本被黄金所代替。但银在世界各国常被制作有价纪念银币。银的用途非常广泛，其主要用于胶片的制作和首饰工艺品，还用于电子、电气工业和作接点及焊料。

银在自然界中很少以自然银存在，多数以化合物的形式产出，银矿物种类不少，最常见的有辉银矿、角银矿等。银常与黄金共生，提炼金的过程也是提炼银的过程，并较多地与铅矿、铜矿共生。由此，在现代有色金属采选和冶炼过程中，常常回收作为副产品的金银。

一、银的物理性质

银是面心立方晶格，具有极好的延展性和可塑性，银可拉制直径为0.001mm的细丝。银有非常好的导电性，甚至超过金、铜等金属。

银的蒸气压大于金，其挥发性在高温下相当高，且在氧化气氛下比还原气氛下更高。

银的原子量为107.868 2；相对密度（20℃时）为10.49；晶格常数（nm）为0.408 62；银的熔点在960.5℃；沸点在2 200℃；导热系数（25℃时，W/m · K）为433；电阻系数（25℃时，$\mu\Omega \cdot$ cm）是1.61；银的摩氏硬度仅为2.7，硬度低，所以很柔软。

二、银的化学性质

银制品在空气中陈放时其表面会逐渐生成黑色的膜，这是由于银在室温下也会与H_2S缓慢起作用所致。银的这一缺陷，严重影响了其价值。银不与氧直接化合，但在熔融状态下银能溶解大量的氧。银冷却固化后氧就析出，并时常出现金属喷射现象。银与氢、氮和碳也不直接反应。加热时银易与硫形成硫化银。银还与游离的氯、溴、碘相互作用形成卤化物。

银像金一样不能从酸性水溶液中析出氢，对碱溶液也稳定。银与金不一样的是，银能溶于硝酸和浓硫酸。银和金一样易与王水和饱和含氯的盐酸起作用，不同的是银形成氯化银而沉淀，这样的差异就可以分离银和金。

银往往形成一价化合物，如氧化银、卤化银、氰化银等，还有硫酸银和硫化银等。

氧化银（Ag_2O）是一种黑棕色粉末。在含银的溶液中加入碱就可以获得氧化银。氧化银受热后就分解为银和氧。遇到光照时氧化银则逐渐分解成金属银和氧。将氧化银溶于浓氨水中就可制得爆银，呈黑色粉末状或为带金属光泽的黑色结晶体。干燥的爆银遇到轻微撞击和摩擦就会快速分解，从而产生剧烈爆炸。

卤化银中的氯化银（AgCl）熔点455℃，沸点1 550℃。将温度加热到1 000℃以上时氯化银挥发明显。不溶水的氯化银易溶于氰化钾、氰化钠等。浓盐水可以用来从氯化焙烧的焙砂中浸银。悬浮在稀硫酸中的氯化银极易被负电性的金属（如Zn、Fe等元素）还原成银，这一简单方法被广泛用于精炼银。溴化银的性质类似于氯化银，溶于氨盐、硫代硫酸盐、亚硫酸盐和氰化物溶液，易还原成金属银。碘化银（AgI）是卤化银中最难溶的，不溶于氨水，但溶于 CN^- 和 $S_2O_3^{2-}$ 溶液中。难溶卤化银的感光性能是其最大特性和最重要的性质。在光作用下，它们分解成银和游离卤素。利用卤化银的这一性质可以用来生产照相胶片、相纸和感光膜。感光性最好的是 AgBr，其次是 AgCl 和 AgI。

氰化银（AgCN）的性质接近卤化银，当把碱金属氰化物溶液加入含银的溶液中时，氰化银就以白色沉淀物出现。

硫酸银（Ag_2SO_4）可通过银溶解于热的浓硫酸中制得。硫酸银为无色结晶体，660℃时熔化，温度超过 1 000℃时就分解。硫化银（Ag_2S）是银化合物中最难溶的。在银盐溶液中通入 H_2S 时产生黑色的硫化银。在潮湿空气氧存在下，H_2S 作用于金属银同样形成硫化银。硫化银与稀酸不起反应，浓硫酸和硝酸氧化硫化银形成硫酸盐。在空气中加热时，硫化银便分解成金属银和二氧化硫。

三、银的产地及产储量

银的化学性质较为稳定，具有洁白的色彩、良好的延展性和加工性能，是制作首饰、工艺品、高档餐具等用品和装饰的理想材料。

据 ZURBUHEN 资料，截止到 2004 年，世界累计开采出 445.42 亿盎司白银。

根据 USGS 资料显示，2009 年，世界白银产量 2.14 万 t，保有储量 40 万 t。世界白银主要生产国有秘鲁、中国、墨西哥、智利等国（表 4－10）。

表 4－10　世界银产量及储量

国家/组织	矿产量（t）		储量（t）
	2008 年	2009 年	
美国	1 230	1 230	25 000
澳大利亚	1 930	1 800	31 000
玻利维亚	1 110	1 360	18 000
加拿大	730	700	16 000
智利	1 400	2 000	70 000
中国	2 800	3 000	34 000
墨西哥	3 240	2 500	37 000
秘鲁	3 690	3 900	59 000
波兰	1 190	1 200	55 000
俄罗斯	1 300	1 300	
其他国家	2 680	2 360	50 000
世界总量	21 300	21 350	359 000

根据 USGS 资料编译。

据有关资料统计，全球银饰和银器制作耗银在1994年为221.81×10^6盎司，到1995年达到228.18×10^6盎司，增长了2.8%。银器制作消耗主要增长地区是印度、韩国、印度尼西亚、越南、马来西亚、菲律宾和美国。增长地区主要在亚洲，亚洲银器制作量在1994年为101.21×10^6盎司，1995年达到105.19×10^6盎司，增长了3.9%。

印度是全球最大的银饰和银器的生产国，占世界银器总产量的27.4%。1995年银器制作量为62.7×10^6盎司，比1994年增加了8.2%。印度妇女对银饰非常喜欢，尤其是银脚链和大的银手镯，据说未成年的印度妇女就有10件以上的银脚链。据统计，印度银器消费具有多元化的特点，作为公司礼品的银制品占销售额的四成；结婚饰物和家用银器占两成；而礼品、宗教、奖章和装饰银锭各占一成。印度的银制品成色通常在850～950（含银85%～95%）之间。

泰国也是世界的银器生产大国，1995年的银制作量为26×10^6盎司。泰国生产的银饰在世界上非常出名，制作工艺和传统的风格尤为受欢迎。用于出口的银饰占很大的比重。泰国生产的有全银制品，镶钻石的银首饰和镶有色宝石的银首饰。泰国的银首饰成色在925～950之间。

1995年韩国的银饰产量为6.75×10^6盎司；印度尼西亚的银饰产量为2.74×10^6盎司；日本为1.93×10^6盎司；马来西亚为39万盎司；香港为90万盎司。

2008年，全球白银的需求量为27 340t，比2007年增加3.78%。世界白银消费构成是：工业应用消费15 427t，感光材料消费3 670t，珠宝首饰银器消费5 132t，铸币印章消费1 244t，总需求约27 340t。这些领域的需求分别占总需求量的56.43%、13.42%、18.77%和4.55%。白银在工业中的需求最大，比2007年增加1 057t，主要来自电器、电子生产领域对白银的需求的增长，增幅为7%。德国、美国、日本、印度及中国在该领域的需求增长较快，日本工业用白银连续多年增长。美国消费量最大，2006年其制造业消费量达5 778t，占全球总消费量的22.1%。

20世纪80年代以来，中国白银的消费逐年上升，1985年白银约为900t，1987年达到1 000t，2001年1 525t左右，2003年2 050t左右，2005年达到2 600t。据统计，2006年全国白银消费量达到3 000t，2007年达到3 600t，2008年国内白银消费达到4 500t。多年以来国内白银消费年均增幅超过10%。其中电子电器消费领域约占33%，电工合金焊料占31%，银质工业品、首饰银币占26%、照相感光材料占5%，其他用量占5%。

据权威人士介绍，2009年中国首饰业的白银消费达到800t。

四、银的用途

银是首饰制版的重要材料。用纯银制作模版硬度太低，往往制版前首先要配好所需的银合金，现在常在纯银中加入5%的钯，以使银变硬。这种合金制版时能保持良好的延展性和可锻性，同时制作好的首饰模版又不易变形，这对机镶中的压制胶模非常重要。

国家新标准对饰品也有新规定，在银及其合金方面，纯度分4个级别，即纯度分别为80%、92. 5%、99%和99. 9%，99. 9%纯度的银可被称为千足银。

目前，银首饰或银的工艺美术品采用纯银来制作比较少，因为纯银太软很容易变形，故用950的银合金或850的银合金。后者常用来作宝石镶嵌首饰的金属基托，有时在银托的表面镀上一层金，这样不仅更加美观，同时还可以长期保持其颜色。北京花丝厂用银丝编织的花、鸟、鱼、虫以及船、楼等花丝工艺品造型特别美，也多在其表面用金电镀。

银在首饰工艺品消耗中所占比重不是很大，最大的应该是照相感光材料的消耗，照相用的胶卷、相纸以及电影的胶片都需要卤化银原料。在美国，感光材料占总耗银的50%左右；银的合金还是重要的和经济的电接触材料，银和氧化镉合金是最为理想的高负荷电接触材料；银与锰合金制作的电阻可作标准电阻；银钯制作的热电偶在400℃以下很稳定，可用作标准的温度计；银还是很好的焊接材料，银基合金钎焊料的熔点低，强度高，塑性和加工性能好，在各种介质中有良好的耐腐蚀性以及良好的导电性。银还用于电镀、电池、催化剂、镜子、牙医、轴承等。

五、银的回收

银是价格较高的贵金属，回收银是一项很重要的工作。据有关资料报道世界每年从废料中回收银的数量占银总产量的40%～50%。世界消耗银最多的行业是照相工业，每年达几千吨。显然，从照相用的废液、废料中回收银是最重要的。然而，在此仅讨论与首饰制作有关的废银镀液和废银合金回收的操作工艺。

1. 从废银镀液中回收银的方法

银电镀液多含剧毒的氰化物，回收时要注意操作安全。这种镀液中含银量多在10～12g/L，总氰量在80～100g/L。处理这样含氰的废镀液时不能在酸性环境中操作，以此避免逸出氰化氢。处理后的废液也不能直接排放，一定要将废液中的氰浓度降低到规定标准之下才可排出。从电镀废液中回收银有多种方法，其中常用的有氯化银沉淀法、锌粉置换法、活性炭吸附法和电解法等。常用的氯化银沉淀法的工艺原理是在银废镀液中加入 NaCl 或 HCl 形成氯化银沉淀物，这种氯化银沉淀物不溶于水，但易溶于氰化物、铵的硫代硫酸盐和亚硫酸盐。AgCl 明显溶解于浓盐酸和其他氯化物溶液。AgCl 在 NaCl 的浓溶液中的溶解度为 6.7×10^{-3}mol/l（0.72g/LAg），而在水中就少多了，由此浓食盐水可用来浸银。这些废银镀液的回收方法都必须另行处理尾液。电解法可使银尾液中氰根破坏转化，提取银后就可以直接将尾液排放。废银镀液的电解法可在开口槽中进行，可用不锈钢的阴极和石墨的阳极，接通直流电后阴极析出银阳极放出氧气。电解过程的进行使废液中的银离子逐渐减少，使得槽电压升至3～5V，此时阳极使氢氧根放电并进行脱氰。如尾液中仍含少量氰可加入少量的硫酸亚铁，生成稳定的亚铁氰化物沉淀，尾液排出就不会发生危害。

2. 从废银合金中回收银

含银废合金种类较多，回收银的工艺也应根据合金的成分性质来选择。

（1）从银金合金废料中回收银。

银金合金在首饰制作中使用比较多，合金中银高出金很多时可以直接用电解法来回收银，金则富集于阳极泥中。但当银金比例低于3∶1时，造液时银易于钝化，不能被硝酸溶解，需要配入一定量的银熔融，使其银金比例达到或超过3∶1的比例。也就是采用熔融配银让 Ag∶Au>3∶1，然后将碎化的合金用硝酸溶解，生成 $AgNO_3$ 溶液后加入 NaCl 沉银，沉淀物为 AgCl，用锌或铁置换形成银粉，熔炼后就可得到粗银。沉淀出 AgCl 后，使其干燥再加入 Na_2CO_3 一起熔炼，也能得到粗银。氯化银加碳酸钠熔炼金属银时可加入适当的硼砂和碎玻璃，这样可降低炉渣中的银量。熔炼温度不能过高，时间也不能太长。为减少氯化银的挥发损失，产出的粗银可铸成阳极板作电解提银用，电解银的品位可以达到98%。

（2）从银铜、银铜锌、银镉合金中回收银。

银铜和银铜锌合金多作焊料，前者的银含量最高可达 95%，一般都在 72%左右。银铜锌合金中银含量在 50%左右。而银镉多作接点材料，含银约在 85%。所有这些银合金材料的银含量超过 80%，就可直接铸成阳极进行电解，电解银的含量可达到 99.98%。银含量稍低的银铜合金（银含量为 72%）也可以直接电解，产出的金属银品位略低些（银含量达到 99.95%）。银铜或其他银含量较低的合金，可先用稀硝酸浸出，用盐酸或食盐沉银，再用水合肼还原就可回收银。

（3）从银铜复合金属中回收银。

银铜、银黄铜、银青铜等为银的复合金属，在工业中广泛应用。在首饰的制作中也常采用这种金属材料。但这种金属材料的银含量比较低，一般仅在 2%～12%之间。回收银时还要考虑回收其他金属。目前，回收这类低银合金时常采用硝酸法。具体操作有以下几个步骤：银易溶于硝酸，首先用硝酸浸出银，使其呈硝酸银形式进入溶液中。铜在硝酸溶液中为硝酸铜。工艺条件比较，在室温下用稀硝酸就能浸出银和铜，银浸出率可达 98.9%，铜可达 98.3%。向浸出银的溶液加入 HCl，Ag 就以 AgCl 形式沉淀析出，反应十分完全，而铜则留在溶液中，这样就起到银和铜的分离作用。采用 1∶1 的 HCl 作沉淀剂比 NaCl 更适宜，可避免溶液中引进钠。在室温下就能沉淀银（可达 99.8%的沉淀率）。但不能加入 HCl 太多，过多的 Cl^- 将使 Ag 呈 $AgCl_2^-$ 络离子留在溶液中。然后将 AgCl 从溶液中滤出，用水把夹带的铜洗干净，否则将降低回收银的品位。随后进行还原工序，将沉淀的 AgCl 用水搅动成浆后加入 NH_4OH，使 pH 值大于 9，然后加入 2 倍的浓度在 40%或 80%水合肼（$N_2H_4 \cdot H_2O$）直接还原，就能获得高纯度灰白色的海绵银。银的还原率达到 99.9%。这样操作可循环几次使其还原干净，最后在尾液中加入少量高锰酸钾让其氧化就可排放了。过滤出 AgCl 的溶液中含铜可用铁进行置换。先用石灰中和溶液，使其 pH 值小于 2.5～3.0，这可减少铁量。回收多采用铁屑作置换剂。置换出来的铜含有少量的铁可用 HCl 处理干净。

制作珠宝首饰主要采用上述几种贵金属。但是，市场上需要大量的工艺饰品，主要是用铜、铝等金属及其合金和人造宝石制作。这些工艺饰品价格比较低，款式翻新快，在其外表都镀有金、银，色彩非常亮丽，深受各阶层消费者喜欢。目前，制作铜铝工艺品多采用机镶批量生产，生产工序与贵金属首饰制作基本相同，由于回收不必太严格，所以制作工艺就简单多了。铜铝是非常熟悉的有色金属，在此不再讨论其性质和用途了。

第四节　贵金属的识别和检测

前面介绍过贵金属主要包括金银和铂族金属。贵金属制作的首饰主要分两种：一是镶嵌有珠宝的首饰；另一种为不镶嵌珠宝的首饰。以贵金属种类划分为黄金（或镶嵌）首饰、铂金（或镶嵌）首饰和白银（或镶嵌）首饰 3 类。

黄金珠宝镶嵌首饰又分 24K、18K、14K、9K 等不同的金含量，黄金珠宝首饰多采用 18K 和 14K 金合金镶嵌。目前，珠宝市场十分流行的 K 白金镶嵌首饰则是由 18K 的白色金合金制作。不镶嵌珠宝的黄金首饰主要有 24K 的纯金首饰和 18K 的工艺首饰等。

铂金珠宝首饰主要有 Pt999、Pt950 和 Pt850。国内首饰市场多以 Pt999 制作纯铂金首饰，Pt950 制作珠宝镶嵌首饰，尤其制作钻石镶嵌首饰。

银也分纯银首饰和银合金首饰，通常银合金的银含量为 92.5%，人们常称为“标准银”。银镶嵌珠宝首饰很少采用纯银，常选用硬度较大的银合金制作。

首饰制作加工过程中常常遇到贵金属原料是否纯的问题，不纯的贵金属不仅价格相对低些，主要会影响配制合金的质量，甚至造成首饰毛坯浇铸、锻压的失败，这样会浪费工效和贵重原料。识别价格昂贵的贵金属，尤其区分它们的真与假、纯与不纯（合金）是首饰制作人员的基本要求。

古代人对黄金白银是十分喜爱的，识别黄金的真假和成色有相当的经验，总结出许多至今仍在应用的方法。例如阿基米德（公元前 287－公元前 212 年）密度法是较为科学的测金法，至今还在广泛应用这一原理。这是一个古老和非常著名的辨别黄金成色的传说：阿基米德是古希腊著名的学者。当时一位名叫希罗的国王用 500g 黄金打制了一顶王冠，加工非常精致美观，国王十分喜欢。可是国王总是怀疑金匠制作王冠时掺假，但国王又没有证据。国王知道阿基米德很聪明也有学问就命他鉴定王冠的成色。当时阿基米德知道同体积的物质中金最重（这时铂金等重金属还未发现），要在王冠中掺假其体积就会变大，如何测定王冠的体积呢？阿基米德想了很多办法都未能解决这一难题。一天，阿基米德洗澡进入盛满水的浴缸时，水溢出浴缸的现象启发了他。随即，阿基米德把王冠浸入水中，根据溢出水的多少来确定王冠的体积，再将相同质量的纯黄金放入水中也就知道了其原体积。掺有白银的王冠体积比相同质量黄金的体积要大，即溢出的水更多些。根据这个原理阿基米德为希罗国王解决了一个难题，同时也为世界创造了“阿基米德定律”。民间流传不少识别贵金属真假和成色的方法。

一、贵金属的识别

（一）黄金的识别

有关识别黄金真假和成色的民间方法不少，常用的有所谓的“五官法”和一些其他的方法。

1. 眼看法

金的光泽金黄鲜亮，不易氧化，不会生锈。而铜、铁、锡等金属色泽不一样，氧化锈斑也有极大差异。黄金成色不同呈现的颜色也不同。民间广为流传有关黄金成色的成语，如“七青八黄九五赤”，“黄白带赤对半金”等，也就是说赤黄色的金成色在 95%以上；正黄色的金成色在 80%左右；青黄色的金成色在 70%左右，而黄白带赤的黄金成色在 50%左右。

2. 手掂法

黄金的密度很大，拿在手中有沉甸甸的感觉，这是一般金属（如铜等金属）所没有的。俗话说“沉甸甸是真金，轻飘飘是铜或银”就是这个道理。其实这是一种最粗糙的密度测定法。

3. 手扳法

这是利用黄金的柔软性来识别真假黄金和黄金的成色。纯度高的黄金柔软性好，假黄金或成色低的黄金柔软性低。假黄金或成色低的黄金易折断不易弯曲。

4. 听声法

由于黄金的密度大，韧性强，受振动后频率比其他金属略低些。这就是敲击或抛掷黄金时发出的声音厚实沉闷的原因。成色高低不同，发出的声音也有差别，成色越高声音越沉闷。此外，高成色的黄金掷地后弹跳无力，从一米高的地方将其掷于硬地上通常弹跳不会超过3次，超过就有可能是假金。用此法测验时要金饰平实落地，滚蹦时可能会增加弹跳次数。

5. 牙咬法

纯金的硬度非常低，用牙咬黄金表面会留下牙印。铜或其他合金的硬度远比纯金高，用牙是咬不动的。注意这种方法会给纯金首饰造成一定的损伤。

此外，随着经验的增加和科学的进步，民间又积累了一些较为科学的识别黄金的方法。

6. 火烧法

俗话说“真金不怕火炼”，这是一句至理名言。黄金在1 040℃温度以下时可以保持不熔化、不氧化和不变色，这是其他多数金属所不具备的特点，也是区分于真假黄金的标志。成色不足的黄金或黄金合金用火烧会氧化呈黑色。注意细小的纯金链或18K的细金链火烧时间不能过长，否则细金链将燃烧成球珠。

7. 酸验法

一般的金属都会与三大强酸（硫酸、盐酸和硝酸）起化学反应，而黄金基本不与强酸起化学反应。黄金只溶于王水。

8. 条痕法

雨花石或黑色硅质岩石等切成薄片可以作试金石，民间常采用鹅血或鹅汤煮一下试金石，据说这样试金更加明显。把金置于试金石上一划，根据条痕的颜色，可以断定黄金成色。如黄金条痕呈青色，说明金中含银较多；含铜多时金发硬。现代银行收购黄金时常采用条痕法验金成色，银行都配有标准的金牌，可以比较黄金条痕色泽，鉴别黄金成色准确度较高。这就是根据条痕的反射率和色泽的差异来判断的，观察条痕有“平看色，斜看光”的口诀。明代《天工开物》一书中就记载“金高下者，分七青、八黄、九紫、十赤，登试金石上，立见分明”，这是经验的总结。另外，在黄金划痕上用酸点试看有无反应，起泡或有气体则不是黄金。

9. 水银法

这种方法可以区分粒状砂金和其他共生金属。黄金的密度远远大于水银，金能沉底，其他金属则很少能做到。

正规厂家生产的黄金饰品大多镌有厂名和成色印鉴，这也是黄金真假和成色的判别标记。

在市场上有许多与黄金首饰相似的金属饰物，另外还有许多镀金的首饰和包金首饰。在维修、改制和回收金饰品时区分黄金、镀金、包金是十分重要的。

镀金首饰的颜色与黄金十分相似，但镀金首饰的基底不会是纯金，有可能是K金或其他金属，显然其密度较轻，手感会轻飘飘的，且其硬度较大，柔软性差，佩戴一段时间会褪色。通常要求镀金层应在5μm左右，但是一些厂家为了获利，常镀得很薄，仅有1～3μm。最近日本和意大利的镀金首饰金镀层厚达50μm，有人将其称为“包金”。镀金首饰的印记也与黄金不同，常以“GK”来表示。

包金首饰是指在首饰表面为足金或18K的金箔所包裹，内部金属大多数是银、铜和铜镍合金。银基较柔软包金不易脱落，铜基较硬包金容易剥开。包金厚度一般在十几微米，很少超过50μm，而小于5μm厚的也很少见。包金首饰有时有1/10 18K、1/20 18K的印记，其表明金箔厚度与内基厚度之比，包金成色是18K。包金首饰外表同金首饰一模一样，色泽相同又永不褪色，使人难以辨认。但是，只要仔细观察包金首饰的凹陷处、拐角处、反面等部位，可以看出金箔包皮有凹凸不平、翘边起皮等现象。稍稍剥开包金首饰外表的结合部断口可以看到外黄内白。包金首饰内部材料是银或其他金属，密度较黄金更轻，拿到手上有轻飘飘的感觉。包金首饰硬度较大，弯曲时其外表可能起层。

亚金首饰是近年来新发展起来的一种工艺饰品，具有与黄金相同的外表，同时具有 K 金的加工性质，但其抗酸性和耐腐蚀性比 K 金差。亚金根本不是黄金，也不是黄金合金，而是以铜为主要材料制成的仿金材料，常加入锌和镍等金属。这种亚金黄色中微泛有绿色，手掂感觉轻飘，悬挂时敲击声音清脆。

稀金首饰也是近年来兴起的一种仿金饰品。这种稀金是用稀土金属，如镧、铈、钐、钜、铕、镱等与黄铜熔合而成的，其颜色、光泽、工艺性质均与黄金相似，且耐磨性好，抗腐蚀，不褪颜色。稀金的密度较小，硬度较大，与黄金区分比较容易。

另外，与黄金外表颜色相似的有黄铜，这是由铜和锌熔合而成的合金。黄铜色泛红，而不是纯正的金黄色。黄铜硬度大、重量轻，黄金较柔软，密度大得多。自然界中还有黄铜矿和黄铁矿，其外表颜色与黄金相似。黄铁矿又称愚人金。这两种矿物是硫化物，性很脆，硬度较大，密度较轻，条痕呈黑绿色。它们与黄金差异较大，比较好区别。

关于识别黄金，民间还流传许多说法，有的是不科学的，如传说用舌头舔黄金，有甜味的感觉，而其他金属则没有或有苦味。其实这是不可能的，黄金的溶解度很低，舌头是无法舔出甜味来的。还有传说说用手可以感觉出黄金比其他金属更暖，其他金属则是凉的。金的热传导率的确比其他金属高，但用手摸来确定黄金的真假却不可能。

上述有关黄金的识别方法，仅是经验的总结，有些方法也有科学性，但不十分精确，有时可能会出现失误。现代科学技术进步了，黄金检测不仅定性，而且定量化，可以做化学分析检测，也可以做物理固态检测。目前，一些实验室已可以做精度很高的无损黄金检测，这为黄金首饰的批量检测提供了保证。在下面章节中将简要介绍几种黄金的检测方法。

（二）银的识别

银是一种白色金属，纯度高的银硬度很低，十分柔软，有很好的延展性。纯度低些的银硬度较高，性也较脆。如，所谓的标准银，含银量为 92.5%，这是为做银首饰的硬度需要而配制的银合金。除银合金之外，还有与银相似的金属，如铂金、K 白金、铝等。识别真假银首饰民间也流传一些方法，并归纳出口诀，例如“掂重、看色、查硬度，掷于硬地听声音”，“看茬口、抹银药、硝酸鉴别之”。这里简介几种民间识别银的方法。

（1）白银的密度（10.49）较其他金属有一定差异，比铂金的密度（21.35）和 18K 白金的密度（16.37）低，但比铝等其他金属高。凭经验用手掂量可以初步区分银、铂和铝等金属。

（2）纯银的颜色洁白而光亮，与铂金色泽相似，但两者密度相差较大易区分。K 白金的原色呈米黄色，但其表面常镀铑，有时不易区分。银与 K 白金的密度也有较大差异。铝的金属颜色白而无光，密度更轻，较好区分。成色低的银制品色发黄和发暗。

（3）银的硬度为 2.7，比铂金软，比纯金稍硬，但低于 K 白金，用大头针刻划将留下痕迹。纯银的柔软性较好易于弯曲，但不易折断。成色低的银较硬，不易弯曲。K 白金也较性脆，不易弯曲。

（4）纯银或高成色的银制品抛在硬地上声音发闷，并蹦跳不高。成色低的银制品声音脆，可跳得较高。包银或假银制品也会发出脆声，硬度大蹦跳也高。

(5) 扳断银制品后从其茬口的色泽可以初步判断银的成色。如银饰质地柔软，茬口粗柔，有明显拉伸现象，略带微红色泽，其成色应在95%左右，甚至更高；银饰弯曲较难，硬度较大，茬口白灰色泽，或略带微红，其成色应在90%左右；银饰弯曲难，硬度大，茬口淡红、黄白，或带灰色，其成色在80%左右；如银制品弯曲坚硬，茬口微红、微黄、土黄，其成色在70%左右；银制品性脆，茬口红中带黑、黄中带黑，其成色应低于60%以下。

(6) 用银粉和水银混合成软体状的银药可以识别银的真假和成色高低。将银饰在试金石上划出银的条痕，然后把银药抹在银条痕上，挂银药越多其成色就越高，越少成色就越低。如银的条痕不挂银药，则说明不是银。

(7) 硝酸可以鉴别银的成色。在银制品的锉口处抹上一点浓硝酸，成色高的银制品呈糙米色调，即隐绿或微绿；成色低的银则呈深绿色，有时呈黑色。

(8) 银有一缺点，新的银制品洁白光亮，时间一长就变黑。这是由于银怕硫，遇到硫银就会在其表面生成黑色硫化银，在大都市中空气中含硫成分较高，保管银较困难。这也是银的识别标志之一。

(9) 银制品上的印记也是一种标志。如印有中文的“纹银”则说明其银含量为99.9%，是纯银；“925银”表示含银为92.5%，是首饰银料。英文印记“Silver”或“S”表示是银，“925”则表示银含量。如铜镀银的制品，其印记是“SF”，即为“Silver Fill”的缩写。

上述银的识别方法也多是经验的总结，只是初步的定性识别，精确检测则要求精密的仪器和科学的方法，后面将作讨论。

(三) 铂族金属的识别

首饰制作中常见的铂族金属主要有铂、钯、铑等，但最多的是铂和铂合金。人们将铂族金属统称为铂金或白金。白金容易让人误解为白色黄金，并且目前又流行所谓的K白金，即白色黄金。为避免名称上的误解最好将铂称为铂金。习惯上也不能直接称铂，以铂金称之更为顺口。例如铂首饰，就不如铂金首饰好听。市场上还有钯金首饰。尽管钯金和铂金的颜色十分相似，但两者密度相差较大，铂金更重（相对密度为21.35），钯金（相对密度仅12.06）轻得多。钯金的产量较多，故而其价格也远低于铂金。首饰制作中采用铂钯合金、铂铱合金等材料较多，凭经验很难区分它们。但区分纯铂金、钯金、K白金和银以及其他白色金属较容易。

(1) 高成色的铂金饰品表面呈青白色，光泽柔和。而不锈钢白色中透出灰黑色，光亮不够。白银的颜色洁白，甚至比铂金还白。但戴久后会发黑。K白金的颜色呈米黄色，容易区别于铂金。铂金与铂金合金的颜色比较就不好区分了。

(2) 铂金，尤其是纯铂金的密度是其他金属所不能比的，用手掂量一下，就可区分开来。

(3) 纯铂金的硬度为4.3，延展性较好，柔软性较高，易于弯曲，不容易折断。铂金合金硬度、强度较大。

(4) 铂金与双氧水反应强烈。而不与水银作用，用水银抹在铂金制品表面不粘就是铂金。

(5) 铂金的熔点非常高（1 773℃），一般的焊枪的温度是不能将其熔化的，金银铝和K白金等都不能与其相比。但是用火烧可以初步确定铂金的成色。可用酒精灯将铂金制品烧红，待其冷却后，观察颜色是否改变，如颜色不变化，表明铂金的含量在95%以上；如颜色变成灰色，成色在90%左右；如颜色变黑成色在70%左右；颜色变成乌黑，表明是假铂金。

（6）在铂金的条痕上点些硝酸，15min后用清水冲去，如不改变颜色，表明铂金成色在95%以上；如颜色变为黑灰色，成色在90%左右；如被腐蚀则表明是假铂金。

（7）在铂金条痕上点些王水，稍后用水冲净王水，条痕不改变颜色表明是纯铂金；颜色变为微黄色，则表明是铂金含量在80%；颜色变为微紫色表明铂金含量在60%左右；被王水腐蚀掉的表明是假铂金。这里要注意的是王水腐蚀铂金条痕时间不能超过规定时间，否则王水将所有条痕都腐蚀掉就无法观察了。

（8）铂金首饰也有成色、品名等印记。中文常有“铂”、“铂金”或“白金”，英文用“Pt”表明品名。铂金成色常用品名后面的数字表示，如Pt900表明铂金含量在90%。

铂金与其他金属有着较大的区别，铂金密度大，熔点非常高，抗强酸耐磨损性能好是其最好特征。首饰制作中还常用铂族金属中的钯，人称钯金。钯金与铂金极为相似，但密度相差较大，熔点钯金更低些（1 552℃），且钯金溶解于硝酸、热硫酸等，更容易溶解于王水，这些都是区分钯金的标志。

上面介绍了一些简易识别贵金属的方法，这些方法在首饰制作加工、维修、改制和回收中非常重要。尤其是民间首饰制作加工和维修中掌握这些识别方法很实用。要精确定量分析检测贵金属的成分和含量，需要精密的检测仪器和先进的分析方法。用化学法分析贵金属可以得到精确成分和含量数据，但是贵金属首饰的检测通常是不能损坏饰品的，这就是所谓的无损检测。而化学法分析会损伤饰品，现在检测贵金属多用物理方法。阿基米德检测王冠的密度法就是一种无损检测的物理方法，现在又称为净水力学法。还有反射率法、X荧光光谱分析法、电子探针分析法、图像法等都是无损检测方法。有时还采用轻微损伤检测法，如条痕法就会造成轻微损伤。电子探针分析方法也会造成看不见的细微损伤，但这些方法都可以用于贵金属首饰检测。下面简要介绍这几种检测方法。

二、贵金属的检测方法

1. 条痕检测法

条痕法需要将检测饰品放在试金石上擦划出条痕，这对饰品有轻微损伤。操作时既要条痕清楚也要尽量减少对检测饰品的损伤。条痕检测法实际上是一种半定量的化学分析法。一般说来，饰品检测主要有金、银、铜、镍和铂等金属，这些金属对王水、硝酸、盐酸、硫酸等试剂有不同的反应，根据这些反应的快慢和试剂的种类，可以区分检测金属的成分和含量。金和铂只缓慢溶解于王水，而不溶于其他强酸；银溶于王水，又溶于硝酸；铜和镍既溶于王水，又溶于三大强酸。市场上有专用的试剂出售，常用的有王水，又被称为18号溶液；14号溶液是按1份盐酸、49份硝酸和12.5份的蒸馏水混和而成；纯硝酸称为10号溶液。其他试剂还有纯盐酸、氨水等。条痕法具体操作有以下几个步骤：

（1）将饰品不明显处在干净的试金石上轻轻磨划一条痕迹。

（2）将各种试剂点滴在条痕上观察其反应，根据反应确定饰品的成分和成色。

（3）先滴一滴王水（18号溶液）在条痕上，如条痕在王水中溶解较缓，可持续5秒钟左右，表明饰品是18K以上的金；如条痕迅速消失表明成色较低。

(4) 再划一条痕，用 14 号溶液点滴，如条痕迅速消失表明成色低于 14K；如条痕在溶液中保持 10 秒钟，其成色在 14K～17K 之间。

(5) 最后再划一条痕，用 10 号溶液测试，条痕能保持 10 秒钟，其成色应在 10K 左右。如条痕迅速溶解则表明不含金。

(6) 条痕为白色时可以点滴 10 号溶液（纯硝酸），如条痕迅速消失，并产生白色沉淀物，表明其为银饰品。在滴硝酸处加滴一小滴纯盐酸，如乳白色沉淀物立即扩大，并布满酸滴表明银含量大于 50%；如白色沉淀扩散慢表明银含量低于 50%；如条痕产生绿色或杂色沉淀物表明不含银。

(7) 如白色条痕对 10 号溶液不反应，可用 18 号溶液（王水）点滴测试。条痕在 10 秒钟内不变淡色，表明铂金含量在 75%以上；条痕在 10 秒内变淡，表明铂金含量低于 75%；条痕在溶液中迅速消失表明不含铂金。

观察条痕与各种试剂的反应时间，只是一个相对的时间。如条痕划得很重，在试金石上的条痕粗大，反应就会慢些，反之就会快些。实践多了才能找到较为准确的标准。

各种溶液试剂，包括 18 号、14 号、10 号溶液都具有很强的腐蚀性，操作时要注意安全，与皮肤稍有接触要立即冲洗干净，避免被试剂灼伤。溶液要装在玻璃瓶中，做好标记，置于避光通风处保存。试验后的试金石要清洗干净。

2. 净水力学法（又称密度法）

净水力学法与阿基米德创造的密度法基本相似，也是依据水对物体的浮力来测定密度的。我们知道纯金的密度在 20℃ 时为 19.32g/cm^3，但是有时会有一定误差，误差范围在 0.06 以下，也就是说理论的纯金密度只有一个，而实际测定的是密度范围值。净水力学法鉴别纯金首饰比较快捷而准确。可以用老式的双盘天平，如光电天平等，也可以用较先进的单盘电子天平，只要感量达到 0.000 1g 精度就可以作密度测试。浸液可以用水、酒精、二甲苯等。只要该浸液的密度固定，就可以由公式算出物体密度，进一步就能折算出物体含量。目前常用较精确而方便的电子天平来测试密度。

下面以电子天平为例介绍净水力学法具体操作方法：首先需要感量为0.000 1g的电子天平，均为数字显示；用较大的烧杯盛适量浸液；做一悬挂架，下部可稳定放在天平称重盘上，悬挂架上有一悬挂的载物筛盘，载物筛盘可完全浸泡在烧杯的溶液中。在测试之前要调整好电子天平的零点。

将盛有适量浸液的烧杯放在天平上的支架台面上，支架台面要完全与天平称重盘分开；

将测试物品放在悬挂支架上称重（干称重）后，记下质量 P；

再将测试物品放在载物筛盘上浸没在液体中，称出物品在液体中的质量 P_1，这样就能得到质量差 $A=P-P_1$；

通过公式 $Dm=P/A\cdot D$ 就能计算出物体的密度，根据密度就能确定物品的成色。公式中 D 为浸液的密度。

净水力学法受外部影响较大，其中温度的影响比较显著。由于浸液在不同温度下的密度是不同的，例如乙醇在 16℃ 时，密度为 0.829g/cm^3；在 32℃ 时密度降到 0.810g/cm^3。即使知道浸液的密度，由于浸液的纯度、温度的差异也将影响浸液的密度精度。这样温度校正曲线也不会很精确。另外浸液的表面张力对密度测定结果影响较大。这种方法无法测定空心饰品。

净水力学法测定纯金、纯银等纯的金属饰品较为准确，而对于各种合金密度的测定就很费事。要想测定准确必须知道合金的成分和精确的含量，按照普通的18K、14K合金配比可计算出其密度。如18K合金含金75%、铜17.5%、含银7.5%，其密度可按下面的公式计算：

$$D_m = \frac{1}{K_1/d_1 + K_2/d_2 + K_3/d_3}$$

其中，D_m 为18K金合金密度；K_1、K_2、K_3 为金、银、铜的含量；d_1、d_2、d_3 为金、银、铜的密度。将这些金属的密度和含量代入公式，就得到合金的密度，例如：

$$D_m = \frac{1}{75\%/19.3 + 17.5\%/8.9 + 7.5\%/10.5} = 15.3046\ (\mathrm{g/cm^3})$$

这是一种18K金合金的密度。由于18K合金的配方有许多种，除其中金含量保持不变外，其他成分和含量都可能发生变化，这些变化必将影响其密度。但只要知道合金的成分和含量，就能计算出其密度，例如白色18K合金，除含75%的金外，还含5%的银和20%的钯；绿色的18K合金除含金外，主要含银。不同颜色的合金其成分有差异，但有一定的规律性，掌握了规律就能估测其成分，进而计算出其密度。表4－11列举一些常用金属和合金的密度。

知道测试饰品密度就能从上表查出其归属。最好根据测试金属饰品的外观色泽、条痕以及密度的综合因素考虑，才能较准确地确定其类别。这些方法简单易行，在鉴别金银和铂金的实际工作中也很有用。但是，这些方法还是不很精确，只能作为国家标准检测的辅助方法。下面简单介绍几种用先进的精密仪器无损检测贵金属的方法，这些检测方法需要专用的大型精密仪器，同时需要专门的技术人员才能操作检测。作为贵金属首饰制作人员有必要了解这方面的知识。

表4－11　常用金属和合金的密度

类　别		密度（g/cm³）
铂 金	platinum	21.43
黄 金	fine gold	19.30
钯 金	palladium	12.02
银	silver	10.49
铜	copper	8.90
9K金（黄）	9K gold	11.40
9K金（白）	9K white gold	12.70
14K金（黄）	14K gold	13.50
14K金（白）	14K white gold	14.60
18K金（黄）	18K gold	15.45
18K金（白）	18K white gold	16.37
22K金（黄）	22K gold	17.65

引自周国平编《宝石学》。

表 2-3　七大古滑体分布高程及形成年代情况表

地理位置	滑坡名称	滑面高程	地表高程	热释光年龄(10^4a)
长江北岸	吊岩坪	225	260	28.91
				26.36
				26.82
				25.16
				27.2
	枇杷坪	220	250	24.89
				27.57
				25.35
				27.66
茳溪河两岸(入长江口)	双堰塘	215	240	无
	草街子(江北)	191	220	35.61
	太白岩(江南)	186	255	25.42
				25.14
				36.71
				25.96
				25.72
茳溪河两岸(上游)	安乐寺(江北)	240	275	38.38
				31.5
	万安涧(江南)	230	250	无

在驸马滑坡的勘察中，滑坡后缘拉裂槽中钻孔 ZK1(图 2-15)揭示崩滑具有阶段性发生的特点，块石堆积与粘土堆积成层相间出现。对土样堆积物进行同位素^{14}C 测年工作，结果表明，驸马滑坡土样有两个崩滑事件，分别为 14 350±1 180Ba、21 580 ±2 140Ba(表 2-4)。二层岩滑坡探井 S1-9(图 2-16)发现堆积体下有一枯树(图版 2-4)，同位素^{14}C 测年为 15 540Ba。

表 2-4　驸马滑坡、二层岩滑坡同位素^{14}C 测年情况表

样品类型	采样地点	测定年代(年)	送样日期
木头	二层岩滑坡	15 540±340	2003/11/29
土样	驸马滑坡 20.00～20.20m	14 350±1 180	2003/11/29
土样	驸马滑坡 37.6～37.75m	21 580±2 140	2003/11/29
土样	驸马滑坡 57.05～51.25m	含碳量不足，无法测定	2003/11/29

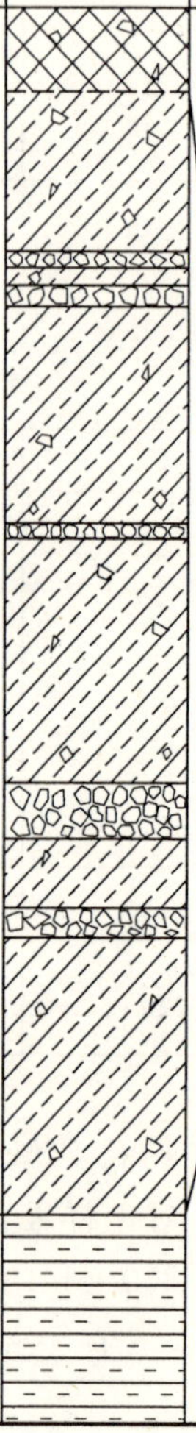

地层代号	层底深度(m)	地层厚度(m)	层底标高(m)	取样点(m)	采取率(%)	风化带	柱状图 1:500	岩性描述	样品	水位
Q_4^{ml}	4.20	4.20	307.78		92, 97			素填土：主要为褐灰色粉质粘土夹砂、泥岩碎块，结构较松散，孔隙率较大。粉质粘土，稍湿，呈可-硬塑状态，芯多为饼状。砂岩块石直径4~25cm，属中风化，泥岩碎石为强风化，土石比为7:3~8:2		4.05
Q_4^{col+dl}	59.80	55.60	252.18	20.00~20.20; 37.60~37.75; 57.05~57.25	91, 96, 93, 90, 97, 95, 92, 98, 94, 96, 90, 94, 96, 92, 97, 91, 98, 94, 92, 90, 93, 94, 96, 91, 97, 94, 93, 90			粉质粘土夹块碎石：灰褐-紫红色，呈可-硬塑状态。夹大量灰白色砂岩、紫红色泥岩块碎石，局部含砂质较重，土石比约为7:3。砂岩块碎石多属中风化；泥岩块碎石直径3~26cm，为强-中风化。粉质粘土岩芯呈饼状、泥柱状，砂泥岩块石岩芯呈棱角状、碎块状、短柱状。另孔深12.1~12.95m段、13.83~14.9m段、25.7~26.45m段、38.5~41.25m段和44.7~46.15m段均为灰色砂岩块石，层理较明显，岩层倾角较大，一般为14°~42°。另在孔深57.5~57.75m段可见光滑镜面，其上分布有平行排列的细小擦痕，倾角约47°		
J_2s	70.15	10.35	241.83		97, 99, 91, 95, 91, 96	中		泥岩：暗紫红色，含大量白云母碎片，局部夹薄层灰白色砂质条带，泥质结构，厚层状构造。质较硬，但浸水或日照下极易崩解，岩芯完整，呈柱状，最大节长74cm。层理较明显，岩层倾角10°		

图 2-15　驸马滑坡 ZK1 钻孔柱状图及驸马测年龄采样位置

由此可以推断，万州地区 15 000Ba、21 000Ba 是滑坡体崩滑事件集中发生的两个时期。三峡地区阶地年代资料表明，二级阶地的形成年代为 24 000Ba。根据关塘口滑坡与和平广场滑坡的地质地貌年龄分析，这两个滑坡的发生年代与二级阶地形成年代相当，或在其后形成。与同位素测年结果相对应。

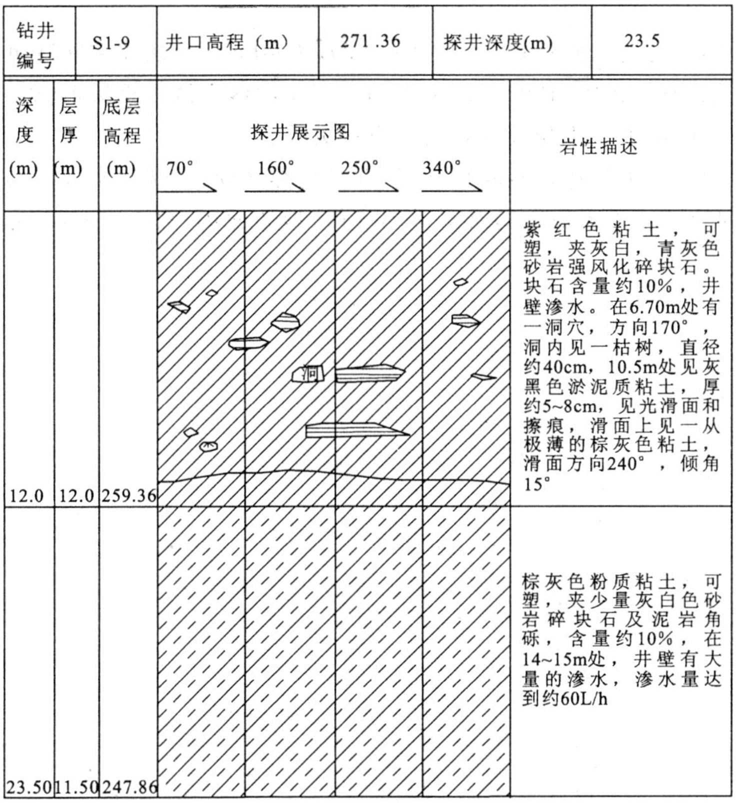

图 2-16　二层岩滑坡探井 S1-9 展示图

第五节　滑坡发生年龄与古气候关系

滑坡的发育与环境、气候有密切的关系。观察表明，多数滑坡是在大量降雨和暴雨时发生的，古滑坡的发育期与第四纪气侯变化有密切的关系。三峡以下长江中下游，河湖相较好地记录了该地区近万年来的气候变化。鄱阳湖北部孢粉资料显示 55～25Ka 夏季风增强，气候温暖湿润；太湖平原北侧 30～25Ka 植被为常绿阔叶林或落叶阔叶林；南京汤山葫芦洞穴中石笋的同位素资料显示 58～28Ka，该区不仅湿润而且温暖（施亚风、于革，2003）。从三峡地区部分滑坡的测年资料分析，在峡区许多滑坡发生在 60～2.3Ka 间（表 2-5）（张年学等，1993）。关塘口滑坡与和平广场滑坡的发生年代 T_2 时期与三峡库区滑坡集中发生年代相对应。

表 2-5　三峡地区部分滑坡的测年结果（张年学等，1993）

滑　坡	年　龄(B. P)
旧县坪西滑体	2.92±0.14(TL)
旧县坪主滑体	5.61±1.68(ESR)
云阳西城	2.7±0.41(ESR)
新滩	4.46±0.89(ESR)

另根据古里雅冰芯的气候资料，12 000Ba 与 15 000Ba 是末次冰期寒冷事件“新仙女木”事件前的两个小暖期（姚檀栋等，1997），雨量充沛。三峡库区上游重钢滑坡测年资料为12 800Ba（殷坤龙，1996），证明滑坡发生与气候降雨有直接关系。

一般来说大中型滑坡的存在时间较长，后期受自然气候、水文地质条件的变化影响会发生多次滑动，因此研究滑坡的形成年龄及形成的气候、地质原因，对滑坡稳定性的研究具有重要意义。

第三章　软弱夹层的基本特征及其成因

第一节　软弱夹层的分布

在万州区一带，出露的地层主要为侏罗系沙溪庙组和遂宁组。其岩性为一套紫红色砂岩、灰白色长石石英砂岩夹紫红色泥质粉砂岩、粉砂质泥岩、泥岩等，厚度较大。其中沙溪庙组在万州区一带出露最广，按岩性的变化又分为若干段，每段又可以分为若干小层。如上沙溪庙组第三段(J_2s^3)分9个层位共31个小层，各小层岩性的相变较大(表1-4)，岩性为褐红、紫红、杂灰黄、灰绿色细砂岩、粉砂岩、粉砂质泥岩及泥岩等。在这一套地层中，夹有数层分布稳定、厚度较大的灰白色、灰绿色泥岩，蒙脱石含量高，遇水膨胀、软化，且剪切强度较低，为蒙脱石泥岩。此外，在厚度较大的紫红色泥岩中，蒙脱石含量亦很高，膨胀性亦很大。

综合地表测绘及钻孔资料，以上两种软弱夹层的分布如下。

(1)蒙脱石泥岩软弱夹层：灰白色，厚度3～80cm，薄者不足1cm，产状稳定、连续，出现于J_2s^{3-5-3}、J_2s^{3-6-2}、J_2s^{3-7-2}中。青龙咀西J_2s^{3-5-3}近底部Ⅴ-02灰白色夹层，厚度5～20cm，露头已泥化呈土状。在该夹层中还见数层这类泥岩薄层：天生桥东J_2s^{3-6-2}层的Ⅵ-02夹层距该层底约12m，厚度3～25cm，下部劈理化，已泥化呈土状，向上过度为蒙脱石泥岩，底面见极薄层蒙脱石泥岩，可见延伸长度40m；周家坝J_2s^{3-7-2}层中灰白色夹层，厚约80cm，层位稳定，可见延伸长度40m，近底部劈理化，已泥化呈土状，向上逐渐过度为薄层状蒙脱石泥岩(图3-1)。

(2)紫红色泥岩：主要出现于紫红色泥岩层面，主要为紫红色泥岩风化产物，成分以伊利石为主，厚度一般<1cm，有的约1mm。钻孔揭示情况见表3-1。

表3-1　钻孔揭露紫红色泥岩软弱夹层统计表

(长江水利委员会综合勘测局，1996)

位置	孔号	夹层分布高程(m)	层位	软弱夹层描述
太白岩	ZK69	205.71～204.11	J_2s^{3-6-1}	层间泥化带发育，软塑状
	ZK67	180.72～179.62		泥岩中层间泥化带发育，间距4～5cm
	ZK65	188.01～178.59		泥岩与粉砂岩层面泥化
吊岩坪	ZK45	230.17～227.26 226.66～222.55		为泥化层面密集带，层间夹泥化带薄层，间距一般3～8cm，最大10cm，局部夹20～35cm紫红色泥化泥岩
桑树坪	ZK65	248.15～246.6	J_2s^{3-7-1}	有8层泥岩薄层，泥化成软塑状粘土
草街子	ZK18	193.51～193.52	J_2s^{3-6-1}	距顶面2.63cm泥岩与砂岩的接触面有1mm的灰白色粘土
		166.60～166.65	J_2s^{3-6-1}	紫红色泥化夹层
枇杷坪	ZK72	211.81～211.91	J_2s^{3-6-3}	二层0.5～1cm软塑状棕红色泥岩，含泥质粉砂岩细角砾及岩屑，具擦痕
安乐寺	ZK15 ZK16 ZK17	235～245	J_2s^{3-6-3} 底部	褐红色泥岩夹层，剪切滑动面

地层年代	厚度（m）	地层柱状简图（1:2 000）	夹层编号	软弱夹层描述
J_2s^{3-9-3}	24.9	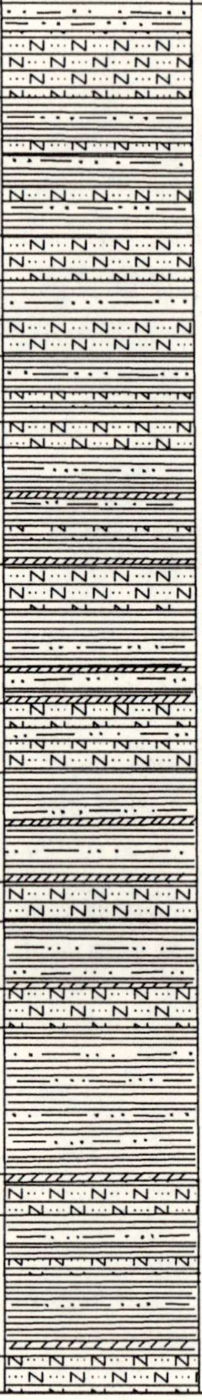		
J_2s^{3-9-2}	35.5			Ⅶ－02：周家坝大桥南东400m处公路边坡上出露，层位稳定
J_2s^{3-9-1}	12.5			Ⅶ－01：吊岩坪之上的黄家坪滑体滑带土，ZK50、ZK55、ZK46揭露；楠木垭滑体群之南山滑体前缘坑槽揭露
J_2s^{3-8-4}	9.65			
J_2s^{3-8-3}	9.0			
J_2s^{3-8-2}	17.3			Ⅵ－02：鸭子沟的天生桥头公路边坡出露，连续性好；楠木垭滑体群之罗家院子滑体前缘剪出口房基开挖揭露灰白色滑带土，层位与此相当
J_2s^{3-8-1}	7.0			
J_2s^{3-7-2}	29.55		Ⅶ－02 Ⅶ－01	Ⅵ－01：太白岩、吊岩坪、枇杷坪、安乐寺、草街子几个大型古滑体的24个钻孔揭露灰白色滑带土；太白岩国本路小学一带大量人工挖孔桩施工皆普遍见及；天城实验小学变形体第三级前缘公路施工开挖及钻孔都提示灰白色滑带土，连续分布；万家涧古滑体前缘坑槽提示，草街子滑体冲沟底有出露。可见该层位夹层分布范围之广
J_2s^{3-7-1}	10.9			
J_2s^{3-6-2}	24.0		Ⅵ－02 Ⅵ－01	
J_2s^{3-6-1}	20.5			
J_2s^{3-5-3}	28.5		Ⅴ－03 Ⅴ－02	Ⅴ－03：万州中学变形体上的ZK39及沙河子滑体群上万县中学东侧的数个工民建钻孔皆揭露到灰白色滑带土
J_2s^{3-5-2}	10.0			
J_2s^{3-5-1}	16.4		Ⅴ－01	Ⅴ－02：五梁桥对岸青龙嘴J_2s^{3-5-3}近底部出露，厚5~20cm；天城实验小学变形体第二级前缘公路施工开挖及其上钻孔都揭露灰白色滑带土，连续性较好，层位与青龙嘴的夹层相当
J_2s^{3-4-5}	8～13			
J_2s^{3-4-4}	38.2			Ⅴ－01：二丝厂变形体的ZK71孔揭露灰白色滑带土
J_2s^{3-4-3}	8～13			Ⅳ－01：百安坝滑体灰白色滑带土，在前缘的308国道及中部尖峰岭、皂角树脚—黄家湾、大石板等处的公路施工揭露，灰白色滑带土连续大面积分布
J_2s^{3-4-2}	34.5		Ⅳ－01	
J_2s^{3-4-1}				

图 3－1　上沙溪庙组地层中蒙脱石泥岩软弱夹层分布柱状图

（长江水利委员会综合勘测局，1996）